Tom's

AP* Calculus

- 수학의 기초가 약한 학생의 입장에서 기술
- 최신 AP Calculus 경향을 완벽하게 반영한 개념 기본서
- Differential Equation & Series 의 독보적 개념 설명

AB/BC

By
Tom Ahn

EBS 출강

한영 외국어 고등학교 출강
KIS (Korea International School Jeju) 출강

Washington University in St. Louis
Systems Science &
Mathematics 석사

개념 정립의
독보적 교재

ON AIR

• 저자 직강 •

동영상(On-Line) 강의 &
Off-Line 수업 문의
저자 E-mail 주소 :
mathcalculus
@naver.com

Tom's AP Calculus

초판 1쇄 인쇄 2015년 12월 25일
초판 1쇄 발행 2016년 01월 01일

지은이 안철홍
펴낸이 류태연

편집 류태연 | **디자인** 김지태 | **마케팅** 김지홍

펴낸곳 렛츠북
주소 서울시 중구 삼일대로 4길 9, 3층 403호
등록 2015년 05월 15일 제2015-000088호
전화 070-4786-4823 | **팩스** 070-7610-2823
이메일 letsbook2@naver.com | **홈페이지** http://blog.naver.com/letsbook21

값 30,000원
ISBN 979-11-86836-31-6 53410

발전된 도서를 위해 오류에 대한 정보나 새로운 제안을 언제든지 받겠습니다.
저자 E-mail 주소: mathcalculus@naver.com

Preface

10년 동안 AP를 가르치고 연구한 경험을 토대로 AP Calculus 교재를 드디어 출간하게 되었습니다. 이 교재를 효과적으로 활용한다면 만점 맞는 것은 생각보다 어렵지 않습니다. 교재를 통해 이론을 빠짐없이 이해하고 이론에 해당하는 기본적인 문제를 연습한다면 누구나 쉽게 접근할 수 있는 과목입니다. 이 책의 특징은 기존 AP Calculus 교재의 문제점을 보안하여 개념에 대한 자세한 설명과 증명을 추가하였고, 지나치게 난해하고 반복되는 문제들은 생략하여 AP Calculus에 꼭 필요한 문제들로 엄선하여 수록하였습니다. AP Calculus의 완벽한 이론을 정립하는데 충분한 교재라고 생각합니다.

책을 출간하며 지난 작업들을 돌이켜보면 예정했던 것보다 많은 시간이 필요했고 기초 자료 준비, 분석, 그외 교정 등 여러 사람들과 함께 준비했던 작업들이 눈앞에 스쳐갑니다. 수험생 여러분에게 이 책이 AP Calculus를 이해하는데 조그마한 도움이라도 되기를 진심으로 바랍니다.

마지막으로 이 책을 준비하면서 늘 저를 지지해주고 힘을 주었던 가족들에게 감사를 전하고 싶습니다. 늘 기도해 주시는 어머니와 작고하신 아버지, 장인, 장모님, 아내와 안승우, 안원주, 안승준 세 아이들, 유진 처제 가족, 누나 가족, 외국에서 생활하는 준상 가족, 두영 가족 모두에게 진심으로 감사를 전하며, 지금까지 지켜주신 하나님께 감사를 드립니다.

2016년 1월

저자 Tom Ahn (안철홍)

Structures & Features

책의 특징

1 수학의 기초가 약한 학생의 입장에서 기술

Calculus를 빠르고 쉽게 끝낼 수 있으며, 만점을 위한 필요한 요소만을 뽑아서 수록하였습니다.

2 탄탄한 실력 구축을 위한 자세한 설명과 해설

이 책의 장점은 자세한 이론의 설명과 증명에 있습니다. 이론의 증명 없이 바로 문제를 풀이하는 오류를 줄이려고 노력한 책입니다. 또한 불필요한 문제는 최대로 줄이고 필수적인 핵심 문제만을 수록했습니다.

3 실전 AP Calculus 문제에 도전하기 위한 기본 문제로 구성

기초를 탄탄히 다져 실전 AP Calculus 문제에 대비하기 위한 개념 문제들로 구성되어 있습니다.

책의 구성

Theorem

Theorem 1-1

If $\lim_{t \to c} F_1(t) = L_1$, and $\lim_{t \to c} F_2(t) = L_2$ then

i) $\lim_{t \to c}[F_1(t) \pm F_2(t)] = \lim_{t \to c} F_1(t) \pm \lim_{t \to c} F_2(t) = L_1 \pm L_2$

ii) $\lim_{t \to c}[F_1(t) \cdot F_2(t)] = \lim_{t \to c} F_1(t) \cdot \lim_{t \to c} F_2(t) = L_1 \cdot L_2$

iii) $\lim_{t \to c}[k \cdot F_2(t)] = k \cdot \lim_{t \to c} F_2(t) = k \cdot L_2$

iv) $\lim_{t \to c} \frac{F_1(t)}{F_2(t)} = \frac{\lim F_1(t)}{\lim F_2(t)} = \frac{L_1}{L_2}$ if $L_2 \neq 0$

v) $\lim_{t \to c} \sqrt[n]{F(t)} = \sqrt[n]{\lim_{t \to c} F(t)} = \sqrt[n]{L}$

vi) $\lim_{t \to c}[F(x)]^n = [\lim_{t \to c} F(x)]^n = L^n$

대다수의 이론은 증명을 원칙으로 했습니다. 이 책에서 증명하지 않은 Theorem은 Advanced Calculus를 대학에서 공부한 후에 증명을 하는 것입니다. 그리고 Theorem은 무조건 암기를 해야합니다.

Theorem에 가장 합당한 Example을 각 단원 마다 다루고 있습니다. Exercise 문제를 스스로 풀기 위해 반드시 이해를 해야 합니다.

Example 3

$f(x)=\frac{1}{x}$ ← Rational Function

$\lim_{x\to 0^+} f(x)=\infty$

$\lim_{x\to 0^-} f(x)=-\infty$

$\lim_{x\to 0} f(x)$ does not exist

Example

특별히 부연 설명이 필요한 부분마다 삽입을 했습니다. 꼼꼼히 체크하시기 바랍니다. Study Tip은 난해한 부분을 추가적으로 설명한 내용입니다.

STUDY Tip

Secant Slope의 값은 "$2+\Delta x$"와 같이 Δx가 자주 나타날 수가 있다. Tangent Slope에서는 $\Delta x\to 0$ 이므로 결과 값이 2가 된다.

Exercise #1-1, #1-2, #1-3 참조

Study Tip

필수적이고 기초적인 핵심 문제만을 수록했습니다. 반복 학습을 통하여 모든 문제를 스스로 풀 수 있어야 합니다.

Exercise

1-01 Find secant slope of the curve $y=x^2$ at $x=1$.

Exercise

Contents

AP Calculus

2015년기준

AP Calculus 시험일자	5월 초
AP Calculus Test 구성	Total 3시간 15분
	Section I. (객관식 45문제 105분 50% 비중) Part A: Non-calculator, 28문제, 55분 Part B: Calculator, 17문제, 50분
	Section II. (주관식 6문제 90분 50% 비중) Part A: Calculator, 2문제, 30분 Part B: Non-calculator, 4문제, 60분
AP Calculus Exam Score	5 -college grades of (A) 4 -college grades of (B) 3 -college grades of (C) 2 -college grades of (D) 1 -college grades of (F)

Chapter 1

Limits and Continuity

OVERVIEW

Differentiation(미분)의 기원은 Slope에 대한 연구에서 출발했고 Integration(적분)은 Area에 대한 연구에서 출발했다. 또한 Chapter1을 배우는 목적은 Differentiation이 Slope+Limit+Continuity에서 정의가 되기 때문이다. 그래서 Limit+Continuity를 정확하게 이해를 해야한다.

Chapter 1

Limits and Continuity

A Calcululs

① Derivative=Slope= $\lim_{x_2 \to x_1} \frac{y_2-y_1}{x_2-x_1}$

② Integral=Area

▶STUDY Tip

Calculus는 Derivative+Integral을 배우는 학문이다.
Differentiation(미분)의 기원은 Slope에 대한 연구에서 출발하고 Integration(적분)은 Area에 대한 연구에서 출발을 한다.

B The Slope of the Secant Line=Secant Slope

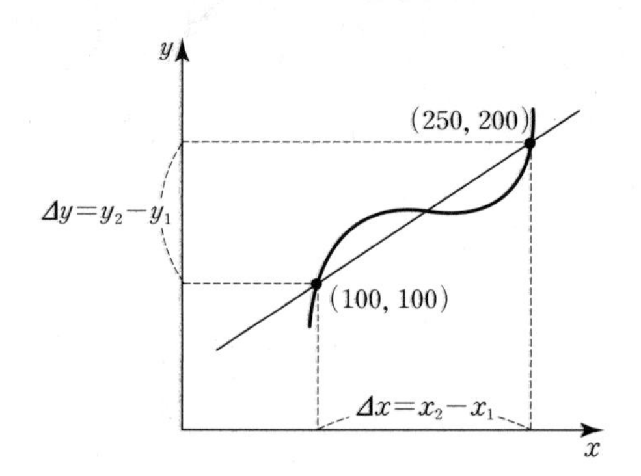

$$\text{Secant Slope}=\frac{\Delta y}{\Delta x}=\frac{y_2-y_1}{x_2-x_1}$$
$$=\frac{200-100}{250-100}=\frac{100}{150}$$

C The Slope of Tangent Line=Tangent Slope

▶STUDY Tip

점 A 에서의 Tangent Slope (접선의 기울기)란 곡선상의 고정 되어 있는 한 점 A 근처에 있는 점 B가 곡선을 따라서 한없이 점 A 쪽으로 움직일 때의 Secant Slope (할선의 기울기)의 값을 의미한다.

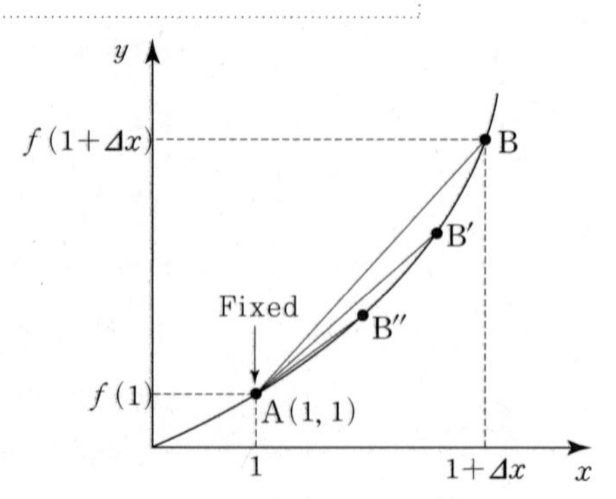

As "B" approaches "A" along the curve
Δx approaches "0"

$$\text{Secant Slope}=\frac{\Delta y}{\Delta x}$$

$$\text{Tangent Slope}=\lim_{\Delta x\to 0}\frac{\Delta y}{\Delta x}$$

◀ STUDY Tip

Tangent Slope가 Derivative (미분) 정의에 해당한다.

Exercise #1-1, #1-2, #1-3 참조

D Limit (an Intuitive Introduction)

A limit exists if and only if the right hand and left hand limits at "c" exist and are equal

$$\lim_{x\to c}F(x)=L \Leftrightarrow \lim_{x\to c^+}F(x)=L \text{ and } \lim_{x\to c^-}F(x)=L$$

Example 1

- $y=x+1$

$$\lim_{x\to 1^+}f(x)=2$$

$$\lim_{x\to 1^-}f(x)=2$$

$$\lim_{x\to 1}f(x)=2$$

- $y=\frac{x^2-1}{x-1}=\frac{(x+1)\cancel{(x-1)}}{\cancel{(x-1)}}=(x+1) \quad \leftarrow (x\neq 1)$

▶ STUDY Tip

$x=1$ 에서는 어느 것도 요구하지 않는다. 즉 함숫값 $f(1)$가 정의되지 않아도 상관없다.

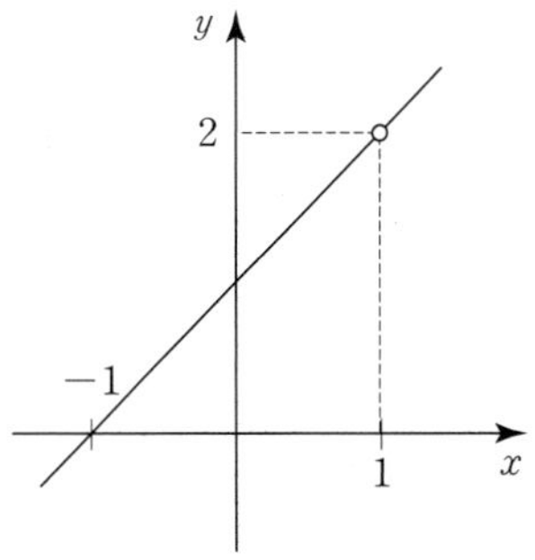

$$\lim_{x\to 1^+}f(x)=2$$

$$\lim_{x\to 1^-}f(x)=2$$

$$\lim_{x\to 1}f(x)=2$$

Example 2

$y=[x]$ ← Step Function

$\lim_{x\to1^+} f(x)=1$

$\lim_{x\to1^-} f(x)=0$

$\lim_{x\to1^+} f(x)\neq\lim_{x\to1^-} f(x)$

$\lim_{x\to1} f(x)$ does not exist

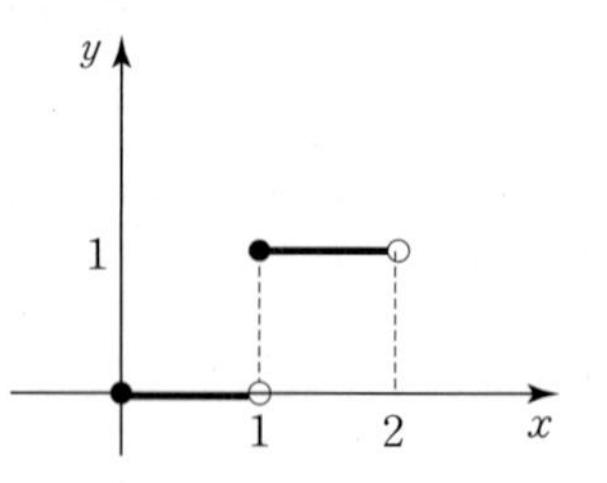

Example 3

$f(x)=\dfrac{1}{x}$ ← Rational Function

$\lim_{x\to0^+} f(x)=\infty$

$\lim_{x\to0^-} f(x)=-\infty$

$\lim_{x\to0} f(x)$ does not exist

E Calulation Techniques

Theorem 1-1

If $\lim_{t\to c} F_1(t)=L_1$, and $\lim_{t\to c} F_2(t)=L_2$ then

i) $\lim_{t\to c}[F_1(t)\pm F_2(t)]=\lim_{t\to c} F_1(t)\pm\lim_{t\to c} F_2(t)=L_1\pm L_2$

ii) $\lim_{t\to c}[F_1(t)\cdot F_2(t)]=\lim_{t\to c} F_1(t)\cdot\lim_{t\to c} F_2(t)=L_1\cdot L_2$

iii) $\lim_{t\to c}[k\cdot F(t)]=k\cdot\lim_{t\to c} F(t)=k\cdot L$

iv) $\lim_{t\to c}\dfrac{F_1(t)}{F_2(t)}=\dfrac{\lim F_1(t)}{\lim F_2(t)}=\dfrac{L_1}{L_2}$ if $L_2\neq0$

v) $\lim_{t\to c}\sqrt[n]{F(t)}=\sqrt[n]{\lim_{t\to c} F(t)}=\sqrt[n]{L}$

vi) $\lim_{t\to c}[F(x)]^n=[\lim_{t\to c} F(x)]^n=L^n$

▶STUDY Tip

함수에 대한 극한의 기본성질은

$\lim_{t\to c} F_1(t)=L_1$

$\lim_{t\to c} F_2(t)=L_2$

각각 수렴하는 경우에만 성립한다.

Exercise #1-4, #1-5, #1-6, #1-7, #1-8 참조

F The Sandwich Theorem and $\lim_{x\to 0}\frac{\sin\theta}{\theta}$

Suppose that

$f(t)\le g(t)\le h(t)$

for all "t" in an open interval except possibly at "c" itself and if

$\lim_{x\to c}h(t)=\lim_{x\to c}f(t)=L$ then

$\lim_{x\to c}g(t)=L$

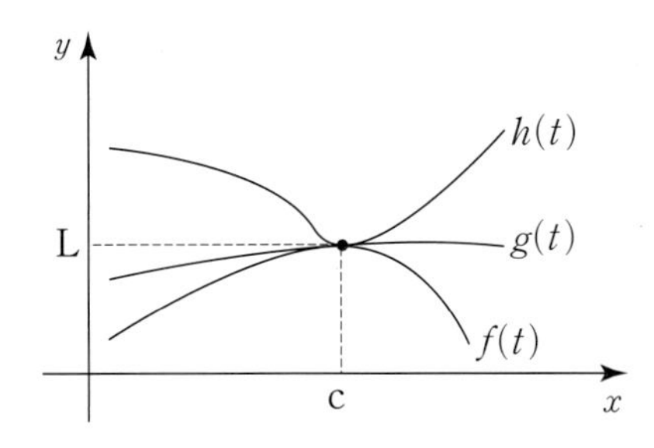

Example 4

Use the Sandwich Theorem

$$\lim_{x\to 0}x^6\sin^4\frac{1}{x}\ (x\neq 0)$$

▶ $0\le\left(\sin\frac{1}{x}\right)^4\le 1$

$0\cdot x^6\le x^6\left(\sin\frac{1}{x}\right)^4\le 1\cdot x^6$

$\lim_{x\to 0}0\cdot x^6\le\lim_{x\to 0}x^6\left(\sin\frac{1}{x}\right)^4\le\lim_{x\to 0}x^6$

$0\le\lim_{x\to 0}x^6\cdot\sin^4\frac{1}{x}\le 0$

$\lim_{x\to 0}x^6\cdot\sin^4\frac{1}{x}=0$ ◀

⊗ Theorem 1-2

$$\lim_{\theta\to 0}\frac{\sin\theta}{\theta}=1$$

▶STUDY Tip

Trigonometric Function의 미분과 적분에 사용되는 중요한 Theorem이며, 반드시 Radian을 사용해야 한다.

proof

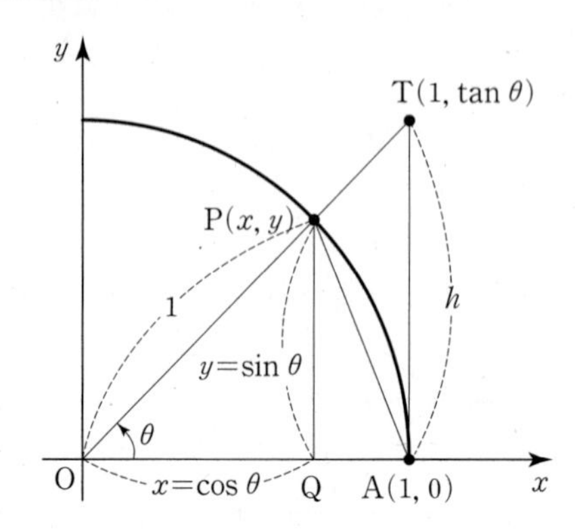

We assume that θ is positive and less than 90°

Area $\triangle$OAP $\le$ Sector OAP $\le$ Area $\triangle$OAT

▶STUDY Tip

Sector OAP의 넓이의 공식 $=\frac{1}{2}r^2\theta$ ← (θ는 Radian)

$$\frac{1}{2}\sin\theta\cdot 1\le\frac{1}{2}\cdot 1^2\cdot\theta\le\frac{1}{2}\cdot 1\cdot\tan\theta$$

$$\frac{1}{2}\sin\theta\le\frac{\theta}{2}\le\frac{1}{2}\tan\theta$$

$$\sin\theta\le\theta\le\tan\theta$$

$$\frac{\sin\theta}{\sin\theta}\le\frac{\theta}{\sin\theta}\le\frac{\tan\theta}{\sin\theta}\quad(\sin\theta>0)$$

$$1\le\frac{\theta}{\sin\theta}\le\frac{\left(\frac{\sin\theta}{\cos\theta}\right)}{\sin\theta}$$

$$1\le\frac{\theta}{\sin\theta}\le\frac{1}{\cos\theta}$$

$$1\ge\frac{\sin\theta}{\theta}\le\cos\theta$$

$$\lim_{\theta\to 0^+}1\ge\lim_{\theta\to 0^+}\frac{\sin\theta}{\theta}\ge\lim_{\theta\to 0^+}\cos\theta$$

$$\lim_{\theta\to 0^+}\frac{\sin\theta}{\theta}=1\leftarrow \text{Ⅰ}$$

$\theta=-\alpha$ $\quad\alpha$ is positive

$$\frac{\sin\theta}{\theta}=\frac{\sin(-\alpha)}{-\alpha}=\frac{-\sin\alpha}{-\alpha}=\frac{\sin\alpha}{\alpha}$$

▶STUDY Tip

$\lim_{x\to c}f(x)=L\Leftrightarrow$

$\lim_{x\to c^+}f(x)=\lim_{x\to c^-}f(x)=L$

이므로 Negative 방향으로도 증명을 해야 한다.

$$\lim_{\theta\to 0^-}\frac{\sin\theta}{\theta}=\lim_{\alpha\to 0^+}\frac{\sin\alpha}{\alpha}=1\leftarrow \text{Ⅱ}$$

form Ⅰ and Ⅱ

$$\lim_{\theta\to 0^+}\frac{\sin\theta}{\theta}=\lim_{\theta\to 0^-}\frac{\sin\theta}{\theta}=1$$

$$\lim_{\theta\to 0}\frac{\sin\theta}{\theta}=1\ ◀$$

Theorem 1-3

$$\lim_{h\to 0}\frac{1-\cos h}{h}=0$$

proof

$$\frac{(1-\cos h)}{\text{h}}\frac{(1+\cos h)}{(1+\cos h)}$$

$$=\frac{1^2-\cos^2 h}{h(1+\cos h)}=\frac{\sin^2 h}{h(1+\cos h)}$$

$$=\frac{\sin h}{h}\frac{\sin h}{(1+\cos h)}=\lim_{h\to 0}\frac{\sin h}{h}\frac{\sin h}{(1+\cos h)}$$

$$=\lim_{h\to 0}\frac{\sin h}{h}\cdot\lim_{h\to 0}\frac{\sin h}{(1+\cos h)}=0$$

STUDY Tip

$$\lim_{h\to 0}\frac{\sin h}{h}=0$$

Theorem 1-4

The combination theorem for limits at infinity

If $\lim_{x\to\infty}f(x)=L_1$, and $\lim_{x\to\infty}g(x)=L_2$

ⓘ $\lim_{x\to\infty}[f(x)\pm g(x)]=\lim_{x\to\infty}f(x)\pm\lim_{x\to\infty}g(x)=L_1+L_2$

ⓘⓘ $\lim_{x\to\infty}[f(x)\cdot g(x)]=\lim_{x\to\infty}f(x)\cdot\lim_{x\to\infty}g(x)]=L_1\cdot L_2$

ⓘⓘⓘ $\lim_{x\to\infty}k\,f(x)=k\lim_{x\to\infty}f(x)=k\cdot L_1$

ⓘⓥ $\lim_{x\to\infty}\frac{f(x)}{g(x)}=\frac{\lim_{x\to\infty}f(x)}{\lim_{x\to\infty}g(x)}=\frac{L_1}{L_2}\,(\mathrm{L}_2\neq 0)$

ⓥ $\lim_{x\to\infty}\sqrt[n]{f(x)}=\sqrt[n]{\lim_{x\to\infty}f(x)}=\sqrt[n]{L_1}$

These result hold for $x\to-\infty$

STUDY Tip

함수에 대한 극한의 기본성질은

$\lim_{x\to\infty}f(x)=L_1$

$\lim_{x\to\infty}g(x)=L_2$

각각 수렴하는 경우에만 성립한다.

Exercise #1–9, #1–10, #1–11, #1–12, #1–13, #1–14, #1–15, #1–16, #1–17 참조

G Rational Funtion, Substitution and Special Case

$\lim_{x\to c^+}=f(x)=\infty$

$\lim_{x\to c^-}=f(x)=\infty$

$\lim_{x\to\infty}=f(x)=0$

$\lim_{x\to-\infty}=f(x)=0$

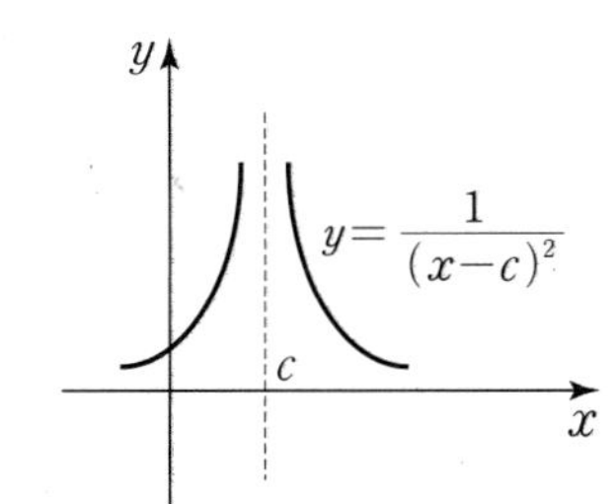

Example 5

Determine the horizontal and vertical asymptotes for $f(x)=\dfrac{2x-12}{x-5}$.

▶

$$\begin{array}{r}
2 \\
x-5\;\big)\;\overline{2x-12} \\
\underline{2x-10} \\
-2
\end{array}$$

$$2x-13=2(x-5)-2$$

$$\frac{2x-12}{x-5}=2-\frac{2}{(x-5)}$$

Horizontal Asymptole $y=2$

Vertical Asymptole $x=5$ ◀

Example 6

Graph $f(x)=\dfrac{2x^3+7x^2-8}{x^2+2x-3}$

▶

$$\begin{array}{r}
2x+3 \\
x^2+2x-3\;\big)\;\overline{2x^3+7x^2+0-8} \\
\underline{2x^3+4x^2-6x} \\
3x^2+6x-8 \\
\underline{3x^2+6x-9} \\
1
\end{array}$$

$$f(x)=2x+3+\frac{1}{x^2+2x-3} \quad ◀$$

$$=2x+3+\frac{1}{(x+3)(x-1)}$$

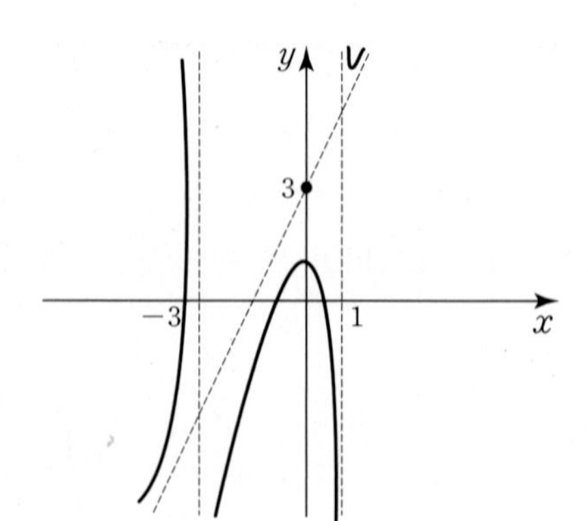

▶STUDY Tip

Exercise #1–18 참조

Substitution

$\lim_{x\to\infty} x\cdot\sin\frac{1}{x}=\infty\cdot 0$ ← (Indeterminate Form)

$x=\frac{1}{h}$ $(x\to\infty\ ;\ h\to 0^+)$

$\lim_{h\to 0^+}\frac{1}{h}\cdot\sin h=1$

Special Case

$\lim_{x\to-\infty}\frac{x^2-3}{7x+4}=-\infty$

$\lim_{x\to\infty}\frac{5x+3}{x^2-1}=0$

H Continuity

Definition 1–5

A function $f(x)$ is continuous at a number "c" if

$\lim_{x\to c} f(x)=f(c)$

The funtion $f(x)$ is continuous at $x=c$
if and only if three of the statement are true

① $f(c)$ exists
② $\lim_{x\to c} f(x)$ exists
③ $\lim_{x\to c} f(x)=f(a)$

$\lim_{x\to c} f(x)=f(c)=L$

Example 6

Show that $f(x)=x^2-x+1$ is continuous function.

① $f(c)=c^2-c+1$

② $\lim_{x\to c} f(x)=c^2-c+1$

③ $\lim_{x\to c} f(x)=f(c)=c^2-c+1$

hold for all real "c".

Definition 1-6 Continuity at an Endpoint

A function $f(x)$ is continuous from the right

$\lim_{x\to 1^+} f(x)=f(1)$

$\Leftrightarrow$

① $f(1)$ exists

② $\lim_{x\to 1^+} f(x)$ exists

③ $\lim_{x\to 1^+} f(x)=f(1)$

A function $f(x)$ is continuous from the left

$\lim_{x\to 4^-} f(x)=f(4)$

$\Leftrightarrow$

① $f(4)$ exists

② $\lim_{x\to 4^-} f(x)$ exists

③ $\lim_{x\to 4^-} f(x)=f(4)$

Point of Discontinuity

- $y=\dfrac{1}{x-1}$ is continuous except $x=1$.

$f(1)=$undefined

- $y=[x]$ ← step function

$f(1)$ exists

$\lim_{x\to 1} f(x)$ ← fail

• $\sin\left(\frac{1}{x^2}\right)$ oscillates between -1 and 1 as $x \to 0$

$f(0)$ does not exist.

Example 7

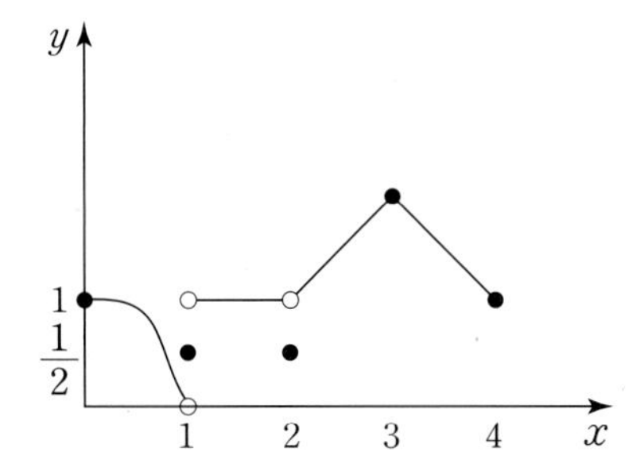

$\lim_{x \to 1} f(x)$ dose not exist.

$\lim_{x \to 2} f(x) \neq f(2)$

$\lim_{x \to 3} f(x) = f(3)$ ← continuous

$\lim_{x \to 4^-} f(x) = f(4)$
$\lim_{x \to 0^+} f(x) = f(0)$
continuity at endpoint

Theorem 1-7

If $f(x) = a_n x^n + a_{n-1}x^{n-1} + \cdots + a_0$ is polynomial funution then $\lim_{x \to c} f(x) = f(c)$.

Theorem 1-8

If $h(x)$ and $f(x)$ are polynomial functions, then

$$\lim_{x \to c} \frac{f(x)}{h(x)} = \frac{f(c)}{h(c)} \quad \text{except } h(c) = 0$$

⊗ Theorem 1-9

If f and g are continuous at "c" then following are also condinuous
i) $f \pm g$
ii) $f \cdot g$
iii) $k \cdot g$ (any number k)
iv) f/g except $g(c)=0$

J Composites of Continuous Function are Continuous Function

▶STUDY Tip

Exercise #1-19, #1-20, #1-21, #1-22 참조

⊗ Theorem 1-10

Suppose that f is continuous at "c" and g is continuous at $f(c)$, then the composite function $g \circ f = g(f(x))$ is continuous at "c".

K Intermediate Value Theorem

▶STUDY Tip

이 정리에서는 "연속"이 반드시 필요하다. 만약 연속이 아니면, $f(a)$와 $f(b)$ 사이에 어떤 "k"에 대하여 $f(c)=k$가 되는 "c"가 a 와 b 사이에 존재하지 않을 수가 있다.

⊗ Theorem 1-11

If $f(x)$ is continuous on the closed interval $[a, b]$ and if k is any number between $f(a)$ and $f(b)$, then there is at least one number "c" in (a, b) such that $f(c)=k$.

⊗ Theorem 1-12

Suppose that f is continuous on $[a, b]$, and if $f(a)$ and $f(b)$ has opposite signs, then there is at least one solution of equation $f(x)=0$ in the interval (a, b).

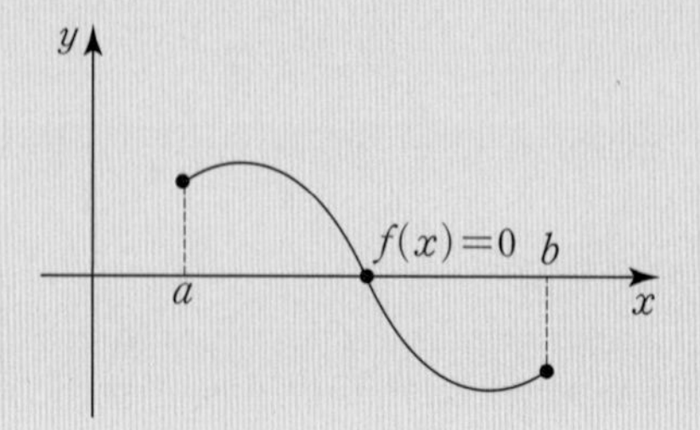

▶STUDY Tip

Exercise #1-23 참조

Exercise

1-01 Find secant slope of the curve $y=x^2$ at $x=1$.

1-02 Find the tangent slope of the $y=2x^2$ at any point.

1-03 Find the line of equation for the tangent to $y=2x^2$ at $(-1, 2)$.

Exercise

1-04 Use the graph of $f(x)$ to find

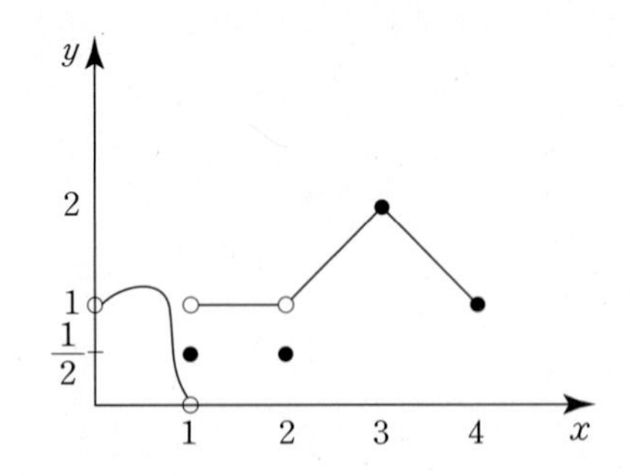

$\lim_{x \to 0^+} f(x) =$

$\lim_{x \to 1^-} f(x) =$

$\lim_{x \to 1^+} f(x) =$

$\lim_{x \to 1} f(x) =$

$\lim_{x \to 2^-} f(x) =$

$\lim_{x \to 2^+} f(x) =$

$\lim_{x \to 2} f(x) =$

$\lim_{x \to 3^-} f(x) =$

$\lim_{x \to 3^+} f(x) =$

$\lim_{x \to 3} f(x) =$

$\lim_{x \to 4^-} f(x) =$

1-05 Find $\lim_{n \to 2} \frac{n^2-4}{n^2+n-6}$.

1-06 Find $\lim_{n \to 3} \frac{n^3-27}{n^2-9}$.

1-07 Find $\lim_{n \to 9} \frac{n-9}{\sqrt{n}-3}$.

Exercise

1-08 Find $\lim_{n\to 0}\dfrac{\sqrt{1+n}-\sqrt{1-n}}{2n}$.

1-09 Find $\lim_{x\to 0}x^4\sin^2\dfrac{1}{x}$.

1-10 Find $\lim_{h\to 0}\dfrac{1-\cos h}{2h}$.

1-11 Find $\lim\limits_{x\to 0}\dfrac{\sin 4x}{x}$.

1-12 Find $\lim\limits_{x\to 0}\dfrac{\tan x}{2x}$.

1-13 Find $\lim\limits_{x\to \infty}\dfrac{x}{8x+2}$.

Exercise

1-14 Find $\lim_{x\to\infty}\dfrac{2x^2+x+3}{8x^2+2}$.

1-15 Find $\lim_{x\to\infty}3+\dfrac{\sin x}{2x}$.

1-16 Find $\lim_{x\to\infty}\dfrac{\cos x}{5x}$.

1-17 Find $\lim_{x \to \infty} (\sqrt{x^2+4}-x)$.

1-18 Find

$$\lim_{x \to 0^+} \frac{20}{x} =$$

$$\lim_{x \to 0^-} \frac{20}{x} =$$

$$\lim_{x \to 0} \frac{2}{x^2} =$$

$$\lim_{x \to \infty} 2\sqrt{x} =$$

$$\lim_{x \to 1^-} \frac{1}{x-1} =$$

$$\lim_{x \to 2^+} \frac{1}{x^2-4} =$$

$$\lim_{x \to 2^-} \frac{1}{x^2-4} =$$

$$\lim_{x \to -\infty} 4x - \frac{1}{x} =$$

Exercise

1-19 Determine the interval for which the function is continuous.

$$f(x)=\begin{cases} x\sin\dfrac{2}{3x}, & x\neq 0 \\ 0, & x=0 \end{cases}$$

1-20 Determine the interval for which the function is continuous.

$$f(x)=10x^7+4x^5+3x^2+3$$

1-21 Determine the interval for which the function is continuous.

$$f(x)=\frac{x+7}{x^2+2x+1}$$

1-22 Verify that $F(x)=\left|\frac{x \cos x}{x^4+7}\right|$ is continuous at every value of x.

1-23 Prove that the given polynomial function has a zero in the indicated interval

$$f(x)=x^3+3x-1 \quad (0,\ 1)\ .$$

예전에 읽은 탈무드의 한 가지 이야기가 떠오른다. 한 랍비(유태인 종교지도자)가 배를 타고 항해를 했다. 많은 부자들과 함께 배를 타고 있었는데 그들은 자신들의 많은 재물을 자랑하고 있었다. 랍비는 그냥 그들의 자랑을 단지 조용히 웃으며 듣고 있었다. 그러나 항해 중에 폭풍우를 만나서 간신히 사람들만 구조되었고 배에 타고 있던 많은 부자들은 거지가 되어 항구 도시에 도착 했다. 그러나 랍비는 그의 지식과 지혜가 항구 도시 사람들에게 인정이 되어 먼 이국에서 훌륭한 학자로 인정받을 수가 있었다.

사람들의 취미는 다양하다. 어떤 사람은 여행이 취미인 사람, 운동이 취미인 사람 등. 만약 수학을 취미로 삼는 다면 우리들의 인생은 어떻게 변화가 될까? 아마도 이 취미하나가 여러분 인생의 선순환(좋은 현상이 끊임없이 되풀이됨)구조를 만들어 낼 것이다. 앞으로 탈무드의 랍비와 같이 인생의 폭풍우를 만나게 될지 그리고 앞으로 우리들은 지구촌 어느 곳에서 살아갈지는 아무도 알 수가 없다. 수학 하나 만이라도 여러분이 상위 0.1%가 된다면 세계 어느 곳에 가더라도 여러분은 그 능력을 인정받을 것이다.

by 안 철 홍

Chapter 2

Differentiation Part I

OVERVIEW

세상의 많은 물리학적, 경제적 현상들은 Differentiation(Slope)을 이용하여 해석이 될 수가 있다. 또한 Differentiation은 Integration을 공부하기 위한 근간이 된다. 이 Chapter에서는 기초적인 계산 방법을 배우게 되며 철저하게 증명을 하는 부분도 있고 어떤 것은 증명이 너무 난해하고 어려워 증명 없이 암기해야만 하는 부분도 있다. 실질적인 Calculus를 배우는 첫 번째 Chapter이다.

Chapter 2

Differentiation Part I

A Derivative

Definition 2-1

$$y' = \frac{dy}{dx} = \lim_{x_2 \to x_1} \frac{f(x_2)-f(x_1)}{x_2-x_1} \quad \leftarrow (\Delta x = x_2 - x_1 \ ; \ x_2 = \Delta x + x_1)$$

$$= \lim_{\Delta x \to 0} \frac{f(x+\Delta x)-f(x)}{\Delta x}$$

$$= \lim_{x_2 \to x_1} \frac{y_2-y_1}{x_2-x_1}$$

$$= \lim_{\Delta x \to 0} \frac{\Delta y}{\Delta x}$$

$$= \lim_{h \to 0} \frac{f(x+h)-f(x)}{h} \quad \text{limit exists}$$

▶STUDY Tip

Derivative(미분)의 표현 방법은 여러 가지가 있다. 모두가 동일한 표현으로 모두를 알아두어야 한다.

Example 1

$y = |x|$ Find $\frac{dy}{dx}$ at 0 .

▶

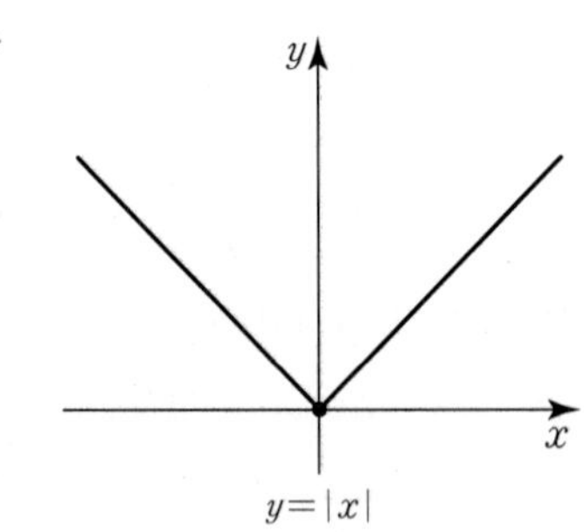

$y = |x|$

$$\lim_{\Delta x \to 0^+} \frac{\Delta y}{\Delta x} = 1$$

$$\lim_{\Delta x \to 0^-} \frac{\Delta y}{\Delta x} = -1$$

▶STUDY Tip

$x=0$에서 좌우의 Limit값이 일치하지 않기 때문에 미분의 값이 존재하지 않는다.

There is no derivative at $x=0$.

B The Derivative of a Constant $y=c$ and Power Rule

$$\lim_{\Delta x \to 0} \frac{f(x+\Delta x)-f(x)}{\Delta x} = \frac{c-c}{\Delta x} = 0$$

Theorem 2-2 Power Rule

If n is a positive integer then

$$\frac{d}{dx}(x^n) = nx^{n-1}$$

proof

$f(x)=x^n$

$f'(x)$

$= \lim_{h \to 0} \frac{f(x+h)-f(x)}{h}$

$= \lim_{h \to 0} \frac{(x+h)^n - x^n}{h}$

$= \lim_{h \to 0} \frac{{}_nC_0 x^n + {}_nC_1 x^{n-1} \cdot h + {}_nC_2 x^{n-2} h^2 + \cdots + h^n - x^n}{h}$

$= \lim_{h \to 0} \frac{\cancel{x^n} + {}_nC_1 x^{n-1} h + \cdots + h^n - \cancel{x^n}}{h}$

$= \lim_{h \to 0} \frac{{}_nC_1 x^{n-1} h + {}_nC_2 x^{n-2} h^2 + \cdots + h^n}{h}$

$= \lim_{h \to 0} {}_nC_1 x^{n-1}$

$= {}_nC_1 x^{n-1}$

$= \frac{n!}{(n-1)!1!} x^{n-1}$

$= nx^{n-1}$

STUDY Tip

- $(a+b)^n$

$= \sum_{r=0}^{n} \frac{n!}{(n-r)!r!} \cdot a^{n-r} \cdot b^r$

$= \sum_{r=0}^{n} {}_nC_r \cdot a^{n-r} \cdot b^r$

⊗ Theorem 2-3 The Constant Multiple Rule

$$\frac{d}{dx}c\cdot f(x)=c\cdot\frac{d}{dx}f(x)=c\cdot f'(x)$$

proof

$$y(x)=cf(x)$$

$$\frac{d}{dx}[y(x)]=\lim_{\Delta x\to 0}\frac{y(x+\Delta x)-y(x)}{\Delta x}$$
$$=\lim_{\Delta x\to 0}\frac{cf(x+\Delta x)-cf(x)}{\Delta x}$$
$$=\lim_{\Delta x\to 0}\frac{c[f(x+\Delta x)-f(x)]}{\Delta x}$$
$$=c\lim_{\Delta x\to 0}\frac{f(x+\Delta x)-f(x)}{\Delta x}$$
$$=c\cdot f'(x)$$

⊗ Theorem 2-4

$$\frac{d}{dx}[f(x)+g(x)]=f'(x)+g'(x)$$
$$\frac{d}{dx}[f(x)-g(x)]=f'(x)-g'(x)$$

proof

$$t(x)=f(x)+g(x)$$

$$\frac{d}{dx}[t(x)]=\lim_{\Delta x\to 0}\frac{t(x+\Delta x)-t(x)}{\Delta x}$$
$$=\lim_{\Delta x\to 0}\frac{[f(x+\Delta x)+g(x+\Delta x)]-[f(x)+g(x)]}{\Delta x}$$
$$=\lim_{\Delta x\to 0}\frac{[f(x+\Delta x)-f(x)]}{\Delta x}+\lim_{\Delta x\to 0}\frac{[g(x+\Delta x)-g(x)]}{\Delta x}$$
$$=f'(x)+g'(x)$$

⊗ Theorem 2-5

$$\frac{d(u_1+u_2+u_3+\cdots+u_n)}{dx}$$
$$=\frac{du_1}{dx}+\frac{du_2}{dx}+\frac{du_3}{dx}+\cdots+\frac{du_n}{dx}$$

C Second Derivatives

$y' = \frac{dy}{dx}$ is the first derivative

$y'' = \frac{dy'}{dx} = \frac{d}{dx}\left[\frac{dy}{dx}\right]$ is called second derivative

$y'' = \frac{d^2y}{dx^2}$

$y^{(n)}, f^{(n)}(x)$, or $\frac{d^ny}{dx^n}$

▶STUDY Tip

Exercise #2-1, #2-2, #2-3 참조

D Quotient Rule

⊗ Theorem 2-6

$$\frac{d}{dx}\left[\frac{f(x)}{g(x)}\right] = \frac{g(x)f'(x) - f(x)\cdot g'(x)}{[g(x)]^2}$$

proof

$$\frac{d}{dx}\left[\frac{f(x)}{g(x)}\right]$$

$$= \lim_{\Delta x \to 0} \frac{\frac{f(x+\Delta x)}{g(x+\Delta x)} - \frac{f(x)}{g(x)}}{\Delta x}$$

$$= \lim_{\Delta x \to 0} \frac{\frac{f(x+\Delta x)g(x)}{g(x+\Delta x)g(x)} - \frac{g(x+\Delta x)f(x)}{g(x+\Delta x)g(x)}}{\Delta x}$$

$$= \lim_{\Delta x \to 0} \frac{f(x+\Delta x)g(x) - g(x+\Delta x)f(x)}{g(x+\Delta x)\cdot g(x)\cdot \Delta x}$$

$$= \lim_{\Delta x \to 0} \frac{f(x+\Delta x)g(x) - f(x)g(x) + f(x)g(x) - g(x+\Delta x)f(x)}{g(x+\Delta x)\cdot g(x)\cdot \Delta x}$$

$$= \lim_{\Delta x \to 0} \frac{g(x)[f(x+\Delta x) - f(x)] - f(x)[g(x+\Delta x) - g(x)]}{g(x+\Delta x)\cdot g(x)\cdot \Delta x}$$

$$= \lim_{\Delta x \to 0} \frac{g(x)\cdot \frac{[f(x+\Delta x) - f(x)]}{\Delta x} - f(x)\cdot \frac{[g(x+\Delta x) - g(x)]}{\Delta x}}{g(x+\Delta x)g(x)}$$

$$= \frac{g(x)\cdot \lim_{\Delta x \to 0} \frac{[f(x+\Delta x) - f(x)]}{\Delta x} - f(x)\cdot \lim_{\Delta x \to 0} \frac{[g(x+\Delta x) - g(x)]}{\Delta x}}{g(x)g(x)}$$

$$= \frac{g(x)\cdot f'(x) - f(x)g'(x)}{(g(x))^2} \quad ;\ g(x) \neq 0$$

Theorem 2-7

$$\frac{d}{dx}[f(x)\cdot g(x)]=f'(x)g(x)+f(x)g'(x)$$

proof

$$\frac{d}{dx}[f(x)\cdot g(x)]$$

$$=\lim_{\Delta x\to 0}\frac{f(x+\Delta x)g(x+\Delta x)-f(x)\cdot g(x)}{\Delta x}$$

$$=\lim_{\Delta x\to 0}\frac{f(x+\Delta x)g(x+\Delta x)-f(x+\Delta x)g(x)+f(x+\Delta x)g(x)-f(x)g(x)}{\Delta x}$$

$$=\lim_{\Delta x\to 0}\frac{f(x+\Delta x)[g(x+\Delta x)-g(x)]+g(x)[f(x+\Delta x)-f(x)]}{\Delta x}$$

$$=f(x)\lim_{\Delta x\to 0}\frac{g(x+\Delta x)-g(x)}{\Delta x}+g(x)\lim_{\Delta x\to 0}\frac{f(x+\Delta x)-f(x)}{\Delta x}$$

$$=f(x)\cdot g'(x)+g(x)\cdot f'(x)$$

▶STUDY Tip

$\lim_{\Delta x\to 0}f(x+\Delta x)=f(x)$

Extending the Rule

$$\frac{d}{dx}[f(x)\cdot g(x)\cdot h(x)]$$

$$=\frac{d}{dx}[f(x)\cdot g(x)]\,h(x)+f(x)g(x)\frac{d}{dx}h(x)$$

$$=\left[\frac{d}{dx}f(x)\cdot g(x)+f(x)\frac{d}{dx}g(x)\right]h(x)+f(x)g(x)\frac{d}{dx}h(x)$$

$$=\frac{d}{dx}f(x)\cdot g(x)\cdot h(x)+f(x)\cdot\frac{d}{dx}g(x)\cdot h(x)$$

$$+f(x)\cdot g(x)\cdot\frac{d}{dx}h(x)$$

$$=f'(x)\cdot g(x)\cdot h(x)+f(x)\cdot g'(x)\cdot h(x)+f(x)\cdot g(x)\cdot h'(x)$$

▶STUDY Tip

Exercise #2-4, #2-5 참조

E Mathematical Induction

$$1+2+3+\cdots+n=\sum_{k=1}^{n} k=\frac{n(n+1)}{2}$$

To see that this formula is true

For $n=1$ $\quad 1=\frac{1(1+1)}{2}=1$

For $n=2$ $\quad 1+2=\frac{2(1+2)}{2}=3$

For $n=3$ $\quad 1+2+3=\frac{3(1+3)}{2}=6$

⋮

It is impossible to prove the formula for all positive numbers.

axiom Mathematical Induction

1. The stalement is true for $n=1$.
2. If the statement is true for $n=k$, it is true for $n=k+1$.

Then the statement is true for all natural number.

Example 2

Prove $1+2+3+\cdots+n=\frac{n(n+1)}{2}$

▶ $\sum_{k=1}^{n} k=\frac{n(n+1)}{2}$

$n=1$ $\quad 1=\frac{2}{2}$ ok

$n=k$ $\quad \sum_{k=1}^{k} k=\frac{k(k+1)}{2}$ assume(true)

$n=k+1$ $\quad \sum_{k=1}^{k+1} k=\frac{(k+1)(k+1+1)}{2}$ show this

$$1+2+3+\cdots+k+k+1=\frac{(k+1)(k+2)}{2}$$

$$\frac{k(k+1)}{2}+k+1=\frac{k(k+1)+2k+2}{2}$$

$$=\frac{k^2+3k+2}{2}$$

$$=\frac{(k+2)(k+1)}{2}$$ done ◀

Example 3

Prove $1+5+9+\cdots+(4n-3)=n(2n-1)$

▶ $\sum_{k=1}^{n}(4\bar{k}-3)=n(2n-1)$

$n=1$; $1=1(2\cdot1-1)=1$ ok

$n=k$; $1+5+9+\cdots+(4k-3)=k(2k-1)$ assume(true)

$n=k+1$; $\sum_{k=1}^{k+1}(4\bar{k}-3)=(k+1)(2(k+1)-1)$ show this

$1+5+9+\cdots+(4k-3)+(4(k+1)-3)$
$=(k+1)(2(k+1)-1)$

$\underline{1+5+9+\cdots+(4k-3)}+(4(k+1)-3)$
$=\underline{k(2k-1)}+4(k+1)-3$
$=2k^2-k+4k+4-3$
$=2k^2+3k+1$
$=(2k+1)(k+1)=(k+1)(2k+1)$
$=(k+1)(2(k+1)-1)$ done ◀

▶STUDY Tip

$\frac{d}{dx}[x^n]=x^{n-1}$

옆의 Theorem은 다른 표현 방법이다.

Theorem 2-8

If u is a differentiable function of x and n is a positive integer, then

$$\frac{d}{dx}[u^n]=n\cdot u^{n-1}\cdot\frac{du}{dx}$$

proof

By mathematical induction and application of product rule

$n=1$; $\frac{d}{dx}(u^1)=\frac{du}{dx}$

$n=2$; $\frac{d}{dx}(u^2)=\frac{d}{dx}[u\cdot u]=\frac{du}{dx}u+u\frac{du}{dx}=2u\frac{du}{dx}$

$n=k$; $\frac{d}{dx}(u^k)=ku^{k-1}\frac{du}{dx}$ is true (assume)

$n=k+1$; $\frac{d}{dx}(u^{k+1})=(k+1)u^k\frac{du}{dx}$ show this

using $\left[\frac{d}{dx}(u^k)=ku^{k-1}\frac{du}{dx}\right]$

$\frac{d}{dx}(u\cdot u^k)=\frac{du}{dx}\cdot u^k+u\frac{d}{dx}(u^k)=\frac{du}{dx}\cdot u^k+u\cdot ku^{k-1}\frac{du}{dx}$

$=(u^k+ku^k)\frac{du}{dx}=(1+k)u^k\frac{du}{dx}$

$=(k+1)u^k\frac{du}{dx}$ done ◀

▶STUDY Tip

$n=1$
$n=2$
$n=k$
$n=k+1$

$n=2$가 추가되어도 완벽한 증명이라 할 수 있다.

Exercise #2-6, #2-7 참조

F Negative Integer Powers

Theorem 2-9

$$\frac{du^n}{dx}=nu^{n-1}\frac{du}{dx} \quad \text{If } n \text{ is a negative integer}$$

proof

$n=-m$ If m is positive, then n is negative.

$$y=u^n=u^{-m}=\frac{1}{u^m}$$

$$\frac{dy}{dx}=\frac{d}{dx}\left(\frac{1}{u^m}\right)=\frac{u^m\frac{d(1)}{dx}-(u^m)'\cdot 1}{(u^m)^2}$$

$$=\frac{-mu^{m-1}\frac{du}{dx}}{u^{2m}}$$

$$=-u^{-2m}\cdot mu^{m-1}\frac{du}{dx}$$

$$=-mu^{-2m+m-1}\frac{du}{dx}$$

$$=-mu^{-m-1}\frac{du}{dx}$$

$$=nu^{n-1}\frac{du}{dx}$$ ◀

STUDY Tip

Exercise #2-8, #2-9, #2-10, #2-11 참조

G Implicit Differentiation

Explicit Form : $y=x^2+4$; $y=f(x)$

Implicit Form : $x^2+y^2=4$; $x^2+y^2-4=0$; $f(x, y)=0$

Example 4

Find $\dfrac{dy}{dx}$ for $y^2=x$

▶

$$y^2=x$$

$$y=\pm\sqrt{x} \Leftrightarrow \underbrace{y=\sqrt{x}}_{\text{(i)}} \text{ or } \underbrace{y=-\sqrt{x}}_{\text{(ii)}}$$

$$\text{(i) } \frac{dy}{dx}=\lim_{\Delta x\to 0}\frac{\sqrt{x+\Delta x}-\sqrt{x}}{\Delta x}$$

$$=\lim_{\Delta x\to 0}\frac{(\sqrt{x+\Delta x}-\sqrt{x})(\sqrt{x+\Delta x}+\sqrt{x})}{\Delta x(\sqrt{x+\Delta x}+\sqrt{x})}$$

$$=\lim_{\Delta x\to 0}\frac{(x+\Delta x)-x}{\Delta x[\sqrt{x+\Delta x}+\sqrt{x}]}$$

$$=\lim_{\Delta x\to 0}\left(\frac{\cancel{\Delta x}}{\cancel{\Delta x}[\sqrt{x+\Delta x}+\sqrt{x}]}\right)$$

$$=\frac{1}{2\sqrt{x}}$$

$$\text{(ii) } \frac{dy}{dx}=\lim_{\Delta x\to 0}\frac{(-\sqrt{x+\Delta x})-(-\sqrt{x})}{\Delta x}$$

$$=-\lim_{\Delta x\to 0}\left(\frac{\sqrt{x+\Delta x}-\sqrt{x}}{\Delta x}\right)$$

$$=-\left(\frac{1}{2\sqrt{x}}\right)$$

$$y'=\frac{dy}{dx}=\pm\frac{1}{2\sqrt{x}}$$ ◀

Theorem 2–10 Implicit Differentiation

$$y^2=x$$

$$\Leftrightarrow \frac{d}{dx}(y^2)=\frac{d}{dx}x$$

$$\Leftrightarrow 2y\frac{dy}{dx}=1$$

$$\Leftrightarrow \frac{dy}{dx}=\frac{1}{2y}=\frac{1}{2(\pm\sqrt{x})}=\frac{1}{\pm 2\sqrt{x}} \quad \leftarrow (y=\pm\sqrt{x})$$

proof

More advanced calculus

▶STUDY Tip

Exercise #2–12, #2–13, #2–14, #2–15, #2–16, #2–17 참조

H Extending Power Rule by Using Implicit Differentiation

Theorem 2-11 Power Rule (Fractional Exponents)

$$\frac{d}{dx}(u^{\frac{p}{q}})=\frac{p}{q}u^{\frac{p}{q}-1}\cdot\frac{du}{dx} \quad \leftarrow (p \text{ and } q \text{ are integers})$$

STUDY Tip

Power Rule의 Exponent (지수)는 Natural Number (자연수)에서 출발하여 Integer (정수), Rational Number (유리수), Real Number (실수)까지 확장이 된다.

proof

$$y=u^{\frac{p}{q}} \Leftrightarrow (y)^q=(u^{\frac{p}{q}})^q=u^p$$

$$y^q=u^p \Leftrightarrow qy^{q-1}\cdot y'=pu^{p-1}\cdot u'$$

$$y'=\frac{pu^{p-1}\cdot u'}{q\cdot y^{q-1}} \quad \leftarrow (y=u^{\frac{p}{q}})$$

$$=\frac{p\cdot u^{p-1}\cdot u'}{q(u^{\frac{p}{q}})^{q-1}}=\frac{pu^{p-1}u'}{q(u^{p-\frac{p}{q}})}$$

$$=\frac{p}{q}u^{\frac{p}{q}-1}u'=\frac{p}{q}u^{\frac{p}{q}-1}\frac{du}{dx}$$

STUDY Tip

- $(u^{\frac{p}{q}})^{q-1}=u^{\frac{p(q-1)}{q}}=u^{\frac{pq-p}{q}}=u^{p-\frac{p}{q}}$

STUDY Tip

- $\frac{u^{p-1}}{u^{p-\frac{p}{q}}}=u^{p-1}u^{-(p-\frac{p}{q})}=u^{p-1-p+\frac{p}{q}}=u^{\frac{p}{q}-1}$

Exercise #2-18, #2-19 참조

I The Chain Rule

Theorem 2-12

If g is differentiable at x and f is differentiable at $g(x)$, then the composition $f\circ g$ is differentiable at x and

$$\frac{dy}{dx}=\frac{dy}{du}\cdot\frac{du}{dx} \quad \leftarrow (y=f(g(x)) \text{ and } u=g(x))$$

proof

$$\frac{dy}{dx}=\lim_{\Delta x\to 0}\frac{\Delta y}{\Delta x}=\lim_{\Delta x\to 0}\frac{\Delta y}{\Delta u}\frac{\Delta u}{\Delta x}$$

$$=\lim_{\Delta u\to 0}\frac{\Delta y}{\Delta u}\cdot\lim_{\Delta x\to 0}\frac{\Delta u}{\Delta x} \quad [\text{Note that } \Delta u\to 0 \text{ as } \Delta x\to 0]$$

$$=\frac{dy}{du}\cdot\frac{du}{dx}$$

STUDY Tip

$y=h(x)=f(g(x))=(f\circ g)(x)$

$y=h(x)$: $y=f(u)$: $u=g(x)$

$$\frac{dy}{dx}=\frac{dy}{du}\cdot\frac{du}{dx}$$

STUDY Tip

Exercise #2-20, #2-21, #2-22, #2-23, #2-24 참조

J Derivatives of Trigonometric Functions

The derivative of the sine

- $y=\sin x$

$$\frac{dy}{dx}=\lim_{h\to 0}\frac{\sin(x+h)-\sin x}{h}$$
$$=\lim_{h\to 0}\frac{\sin x\cos h+\cos x\sin h-\sin x}{h}$$
$$=\lim_{h\to 0}\frac{\sin x(\cos h-1)+\cos x\sin h}{h}$$
$$=\lim_{h\to 0}\left(\sin x\frac{[\cos h-1]}{h}\right)+\lim_{h\to 0}\frac{\cos x\sin h}{h}$$
$$=\sin x\lim_{h\to 0}\frac{[\cos h-1]}{h}+\cos x\lim_{h\to 0}\frac{\sin h}{h}$$
$$=\cos x$$

▶STUDY Tip

$\sin(x+h)=\sin x\cos h+\cos x\sin h$
$\sin(x-h)=\sin x\cos h-\cos x\sin h$
$\cos(x+h)=\cos x\cos h-\sin x\sin h$
$\cos(x-h)=\cos x\cos h+\sin x\sin h$

▶STUDY Tip

$\lim_{h\to 0}\frac{\cos h-1}{h}=0$

$\lim_{h\to 0}\frac{\sin h}{h}=1$

- $y=\sin u$

$$\frac{d}{dx}(\sin u)=\frac{dy}{du}\ \frac{du}{dx}=\cos u\cdot u'$$

Theorem 2-13 Chain Rule

$$\frac{dy}{dx}=\frac{dy}{dz}\cdot\frac{dz}{du}\cdot\frac{du}{dx}$$

$$\lim_{\Delta x\to 0}\frac{\Delta y}{\Delta x}=\lim_{\Delta x\to 0}\frac{\Delta y}{\Delta z}\frac{\Delta z}{\Delta u}\frac{\Delta u}{\Delta x}$$
$$=\lim_{\Delta x\to 0}\frac{\Delta y}{\Delta z}\ \lim_{\Delta x\to 0}\frac{\Delta z}{\Delta u}\ \lim_{\Delta x\to 0}\frac{\Delta u}{\Delta x}\quad\leftarrow\begin{pmatrix}\Delta x\to 0\\ \Delta z\to 0\\ \Delta u\to 0\end{pmatrix}$$
$$=\lim_{\Delta z\to 0}\frac{\Delta y}{\Delta z}\ \lim_{\Delta u\to 0}\frac{\Delta z}{\Delta u}\ \lim_{\Delta x\to 0}\frac{\Delta u}{\Delta x}$$
$$=\frac{dy}{dz}\ \frac{dz}{du}\ \frac{du}{dx}$$

- $y=\sin\left(\frac{\pi}{2}-u\right)$

$$\begin{pmatrix}y=\sin z\\ z=\frac{\pi}{2}-u\\ u=f(x)\\ \frac{dy}{dx}=\frac{dy}{dz}\frac{dz}{du}\frac{du}{dx}\end{pmatrix}$$

$$\frac{dy}{dx}=y'=\sin(z)=\cos z\cdot(-1)\left(\frac{du}{dx}\right)$$
$$=\cos\left(\frac{\pi}{2}-u\right)(-1)\frac{du}{dx}$$
$$=\sin u(-1)\left(\frac{du}{dx}\right)$$
$$=-\sin u\frac{du}{dx}$$

▶STUDY Tip

Theorem 2-14의 증명 과정이다.

Theorem 2-14

$\sin\left(\frac{\pi}{2}-u\right)=\cos u$

$(\cos u)'=-\sin u\frac{du}{dx}$

▶STUDY Tip

증명은 앞 페이지에 있다.

Exercise #5-25, #5-26, #5-27 참조

K Derivatives of Other Trigonometric Function

• $y=\tan x$

$$\frac{d}{dx}\tan x=\frac{d}{dx}\left(\frac{\sin x}{\cos x}\right)$$

$$=\frac{\cos x\sin' x-(\cos x)'\sin x}{(\cos x)^2}$$

$$=\frac{\cos x\cos x+\sin x\sin x}{(\cos x)^2}$$

$$=\frac{\cos^2 x+\sin^2 x}{(\cos x)^2}=\frac{1}{(\cos x)^2}=\sec^2 x$$

• $y=\tan u$

$$y'=\sec^2 u\cdot\frac{du}{dx}=\sec^2 u\cdot u'$$

Theorem 2-15

$$\frac{d}{dx}\sec u=\sec u\tan u\frac{du}{dx}$$

$$\frac{d}{dx}\csc u=-\csc u\cot u\frac{du}{dx}$$

$$\frac{d}{dx}\cot u=-\csc^2 u\frac{du}{dx}$$

▶STUDY Tip

Integral (적분)에서도 다시 사용되는 중요한 공식이므로 암기를 해야 한다.

proof

$\sec x=\frac{1}{\cos x}$; $\csc x=\frac{1}{\sin x}$; $\cot x=\frac{\cos x}{\sin x}$

(Using the Quotient Rule)

▶STUDY Tip

Exercise #5-28, #5-29, #5-30, #5-31, #5-32, #5-33 참조

MEMO

Exercise

2-01 • $\dfrac{d}{dx}(x^6)=$

• $\dfrac{d}{dx}(8x^6)=$

2-02 Find $\dfrac{dy}{dx}$ if $f(x)=x^5+x^3+8x^2-5x+9$.

Exercise

2-03 Find y', y'', y''', y'''' if $f(x)=x^3+8x^2-5x+29$.

2-04 Find $\dfrac{dy}{dx}$ if $f(x)=\dfrac{x^2+3}{x^2-1}$.

2-05 Find the derivative of $f(x)=(x^4+3)(x^3+1)+1$.

2-06 Find the derivative $f(x)=(x^2+3x+2)^5$.

2-07 Find the derivative of $f(x)=(x^2+3x+2)^2(x^2-1)^3$.

2-08 Find the derivative of $f(x)=x^2+\dfrac{2}{x^3}$.

Exercise

2-09 Find the derivative of $f(x)=\dfrac{2}{(x^2+2)^5}$.

2-10 Find the derivative of $f(x)=\left(\dfrac{3x-1}{x+7}\right)^5$.

2-11 Find the derivative of $f(x)=\dfrac{(x-1)(x^2-x)}{x^5}$.

2-12 Find the $\frac{dy}{dx}$ of $2y^2=2x$.

2-13 Find the $\frac{dy}{dx}$ of $x^4+5xy^4+y^4=2$.

2-14 Find the $\frac{dy}{dx}$ of $2x^2+2y^2=2$.

Exercise

2-15 Find the $\dfrac{d^2y}{dx^2}$ if $x^2-y^2=4$.

2-16 Find the slope of the curve if $x^2+3xy+y^2=5$ at $(1,\ 1)$.

2-17 Find the tangent line and normal line of the curve $y^2+3x^2+y=5$ at $(1,\ 1)$.

2-18 Find $\frac{dy}{dx}$ if $y=x^{\frac{1}{3}}$.

2-19 Find $\frac{dy}{dx}$ if $y=(1+x^2)^{\frac{1}{2}}$.

2-20 Find $\frac{dy}{dx}$ if $y=(x^2+x+1)^2$.

Exercise

2-21 Find $\dfrac{dy}{dx}$ at $x=1$; $y=u^2+3u-1$ and $u=x^2+1$.

2-22 Find $\dfrac{dy}{dx}$; $y=\sqrt[5]{(x^2+1)^2}$.

2-23 Find $\dfrac{dy}{dx}$; $y=x\sqrt{1+x^2}$.

2-24 Let $g(x)=\sqrt{x+3}$ and $x=f(t)=t^3+3$. Find $\frac{d}{dt}(g \circ f)$ at $t=1$.

2-25 Find $\frac{d}{dx}\sin(3x)$.

2-26 Find $\frac{d}{dx}\sin(x^3)$.

Exercise

2-27 Find $\dfrac{d}{dx}\sin^3 x$.

2-28 Find $\dfrac{dy}{dx}$ if $2x\cdot y+\cos(y)=0$.

2-29 Find $\dfrac{dy}{dx}$ if $y=\cos^2(5x)$.

2-30 Find $\dfrac{dy}{dx}$ if $y=\sec^2(6x)$.

2-31 Find $\dfrac{dy}{dx}$ if $y=\tan\sqrt{8x}$.

Exercise

2-32 Find $\frac{dy}{dx}$ if $\cos(x+y+1)=y^2\cos x$.

2-33 Find $\frac{dy}{dx}$ if $x\cdot y=\sin(x\cdot y)$.

Chapter 3

Differentiation Part II

OVERVIEW

A ▸ Linearization

B ▸ Differentials

C ▸ Propagated Error

*D ▸ Parametric Equation(BC Topic Only)

E ▸ Derivative of Inverse of Function

F ▸ Derivative of Exponential and Logarithmic Functions

G ▸ Logarithmic Differentiation

H ▸ Derivative of Inverse Trigonometric

Chapter 3 Differentiation Part Ⅱ

▶STUDY Tip

가장 기본적인 근사법 즉 선형근사법을 사용하여 여러 가지 근사문제에 어떻게 적용되는 지를 배우게 된다. 선형근사법 보다 정교한 방법은 추후에 대학 과정에서 배우게 된다.

▶STUDY Tip

Exercise #3-1, #3-2, #3-3, #3-4 참조

A Linearization

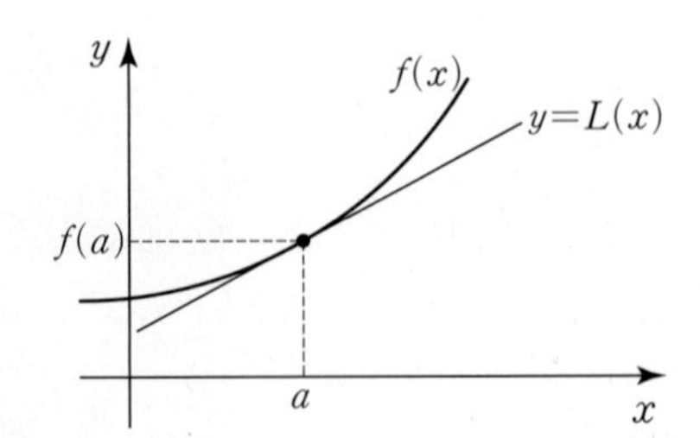

- Slope$=f'(a)$
- Point$(a, f(a))$
- Point−Slope Linear Equation

$$y-y_1=m(x-x_1)$$
$$y-f(a)=f'(a)(x-a)$$
$$y=f'(a)(x-a)+f(a)$$

▶STUDY Tip

$\frac{dy}{dx}$는 순수하게 하나의 기호이지 dy, dx를 독립적으로 해석하지는 않는다. 즉 $\frac{dy}{dx}$(미분을 나타내는기호)는 나누기(÷) 기호가 아니라는 말이다. 그러나 이제부터는 dx(독립 변수x의 미분량), dy(종속변수 y의 미분량)를 새롭게 정의를 내려 특별한 의미를 만들어 낼 것이다.

B Differentials

Theorem 3-1

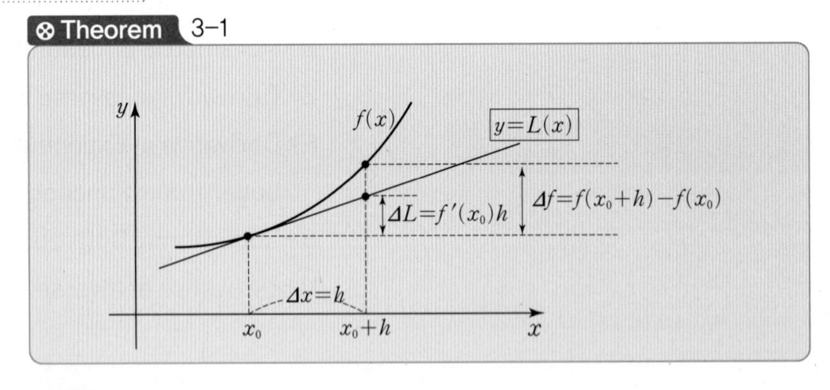

proof

$$\boxed{y=L(x)}=f'(x_0)(x-x_0)+f(x_0)$$
$$L(x_0+h)=f'(x_0)(x_0+h-x_0)+f(x_0)$$
$$L(x_0+h)=f'(x_0)\cdot h+f(x_0)$$
$$L(x_0+h)-L(x_0)=f'(x_0)\cdot h$$

$$\therefore \Delta L=f'(x_0)\cdot h$$

$\Delta L = f'(x_0)h$ is usually described the more suggestive notation.

$$\Delta L = f'(x_0)h$$
$$dy = f'(x_0)dx$$

Definition 3-2

dx = the differential of x
dy = the corresponding differential of y

$f'(x) = \dfrac{dy}{dx}$ ← "division"

now $\dfrac{dy}{dx}$ can be regarded as the ratio of dy and dx.

$\dfrac{d}{dx}[\ \ ]$ ← derivative

$d[\ \ ]$ ← differential

$d[x^3] = 3x^2dx$ ← $d[y] = f'(x)dx$

▶STUDY Tip

Exercise #3-5, #3-6, #3-7 참조

C Propagated Error(Error Propagation)

Definition 3-3

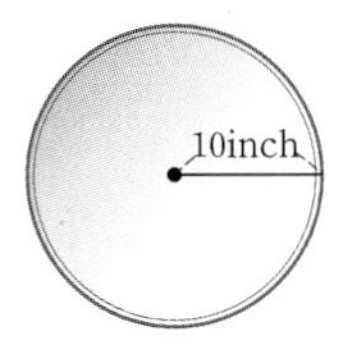

Radius 10inch
±0.1inch ← (Measurement Error)

$f(r) = \pi r^2$
$f(10) = \pi(10)^2$

$f(r+\Delta r) - f(r) = \Delta y$ ← (Propagated Error)

(where $f(r+\Delta r)$ ↑ $f(10\pm0.1)$ and $f(r)$ ↓ $f(10)$)

▶STUDY Tip

과학자가 동전의 반지름을 측정하였다. 정확한 동전의 반지름은 10 inch이나 길이를 측정하는 도구의 측정 한계에 의해 약 ±0.01 inch의 Error는 인정한다고 약속한다. 반지름의 Error ±0.01 inch 에 의해 만들어지는 넓이의 Error는 Differential을 이용하여 추정가능하다. Propagated Error의 표준적인 계산법(Approximation)과 Differential의 정의는 우연하게도 정확하게 일치한다.

- Would you say that the possible error in the volume is large or small?

Definition 3-4

Relative Error in r (Radius)

$$\approx \frac{\Delta r}{r} = \frac{\pm 0.01}{10} = \pm 0.001$$

Relative Error in V (Volume)

$$\approx \frac{\Delta V}{V}$$

Percentage Error = Relative Error $\cdot$ 100

▶STUDY Tip

Relative Error 에 의해서 전체의 크기에서 Error의 크기를 비교할 수 있다.

Relative Error = 0.007 이면

Percentage Error = 0.7%

Exercise #3-8, #3-9, #3-10 참조

★D Parametric Equation(BC Topic Only)

- $\begin{pmatrix} y^2 = x \\ x^2 + y^2 = 1 \end{pmatrix}$ graph, not function

- $y^2 = x$ $\begin{cases} x = f(t) = t^2 & \leftarrow \text{function} \\ y = g(t) = t & \leftarrow \text{function} \end{cases}$

- $x^2 + y^2 = 1$ $\begin{cases} x = f(t) = \cos t & \leftarrow \text{function} \\ y = g(t) = \sin t & \leftarrow \text{function} \end{cases}$

▶STUDY Tip

$\sin^2 t + \cos^2 t = 1$

Theorem 3-5 Parametric Formula

$$\frac{dy}{dx} = \frac{\frac{dy}{dt}}{\frac{dx}{dt}} \quad \left(\frac{dx}{dt} \neq 0\right)$$

proof

$$\frac{dy}{dt} = \frac{dy}{dx}\frac{dx}{dt} \leftarrow \text{(Chain Rule)}$$

$$\frac{dy}{dx} = \frac{\frac{dy}{dt}}{\frac{dx}{dt}}$$

▶STUDY Tip

Exercise #3-11 참조

Theorem 3-6

$$\frac{d^2y}{dx^2}=\frac{dy'}{dx}=\frac{\frac{dy'}{dt}}{\frac{dx}{dt}}$$

proof

$$\frac{dy'}{dt}=\frac{dy'}{dx}\cdot\frac{dx}{dt} \Leftrightarrow \frac{dy'}{dx}=\frac{\frac{dy'}{dt}}{\frac{dx}{dt}}$$

▶STUDY Tip

$$y'=\frac{dy}{dx}=\frac{\frac{dy}{dt}}{\frac{dx}{dt}}$$

Exercise #3-12 참조

E Derivative of Inverse of Function

Theorem 3-7

$$(f^{-1}(x))'=\frac{1}{f'(f^{-1}(x))}$$

proof

$y=f^{-1}(x)$

$x=f(y)$

$$1=\frac{df(y)}{dy}\frac{dy}{dx}$$

$$\frac{dy}{dx}=\frac{1}{\frac{df(y)}{dy}}=\frac{1}{f'(y)}=\frac{1}{f'(f^{-1}(x))}$$

▶STUDY Tip

$x=f(y)$의 양변을 "x"에 대해서 미분을 한다. 좌측은 1이 되며 우측은 Chain Rule을 사용하여 $\frac{df(y)}{dy}\frac{dy}{dx}$가 되는 것이다.

Exercise #3-13, #3-14 참조

F Derivative of Exponential and Logarithmic Functions

Theorem 3-8

$$\frac{d}{dx}a^x=a^x \ln a \quad \text{for any constant } a>0$$

Theorem 3-9

$$\frac{d}{dx}e^x=e^x$$

Theorem 3-10

$$\frac{d}{dx}(\ln x)=\frac{1}{x} \quad ;x>0$$

▶STUDY Tip

옆 3개의 Theorem의 설명은 추후 Integral을 배운 후에 한다. 지금은 암기해야 한다.

Exercise #3-15, #3-16, #3-17, #3-18, #3-19, #3-20 참조

G Logarithmic Differentiation

- Find the derivative of $y=x^{2x}$ for $x>0$.

$y=x^{2x}$

$\ln y=\ln x^{2x}$

$\ln y=2\cdot x\cdot \ln x$

$\frac{1}{y}\cdot y'=2(x\cdot \ln x)'$

$=2\left(\ln x+x\cdot \frac{1}{x}\right)$

$=2(\ln x+1)$

$y'=y\cdot 2\cdot(\ln x+1)$

$y'=x^{2x}\cdot 2\cdot(\ln x+1)$ ◀

▶STUDY Tip

Exercise #3-21, #3-22, #3-23 참조

H Derivative of Inverse Trigonometric

- The Inverse Sine Function

$y=\sin^{-1}x$

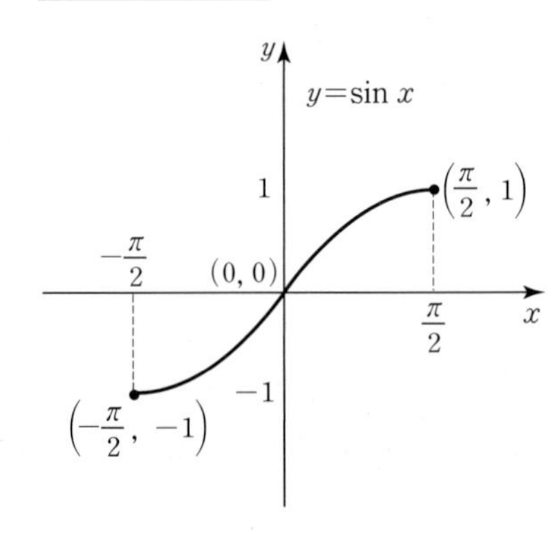

Domain$=\left[-\frac{\pi}{2}, \frac{\pi}{2}\right]$

Range$=[-1, 1]$

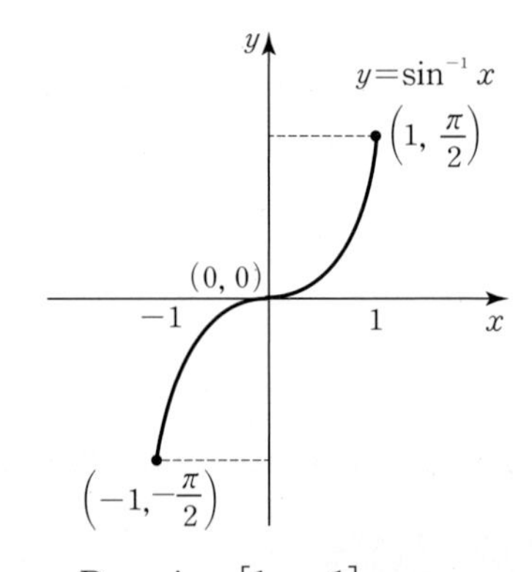

Domain$=[1, -1]$

Range$=\left[-\frac{\pi}{2}, \frac{\pi}{2}\right]$

▶STUDY Tip

Pre-Calculus에서 배운 Inverse Trigonometric의 성질이다. Inverse Function의 성질까지 확실하게 알고 있어야 한다.

$\sin^{-1}x \neq \frac{1}{\sin x}$

- Find $\cos(\sin^{-1}x)$

▶ $\cos[\sin^{-1}x]=\cos\theta$ ← $(\theta=\sin^{-1}x \Leftrightarrow x=\sin\theta)$

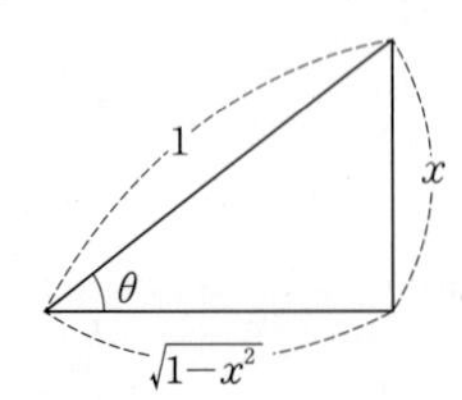

$\cos\theta=\frac{\sqrt{1-x^2}}{1}=\sqrt{1-x^2}$ ◀

- The Inverse Cosine Function

$$y=\cos^{-1}x$$

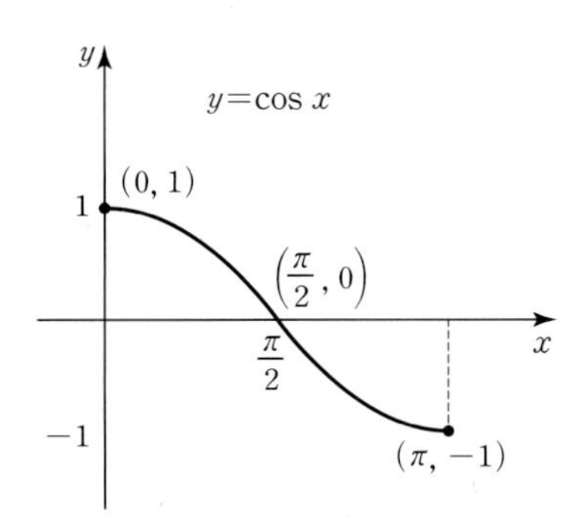

Domain=[0, π]
Range=[−1, 1]

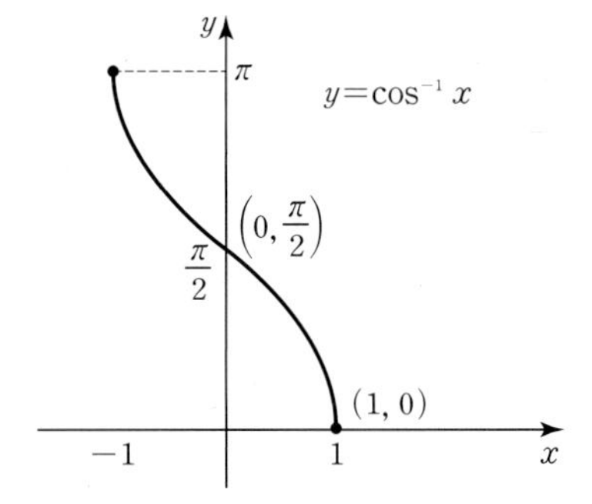

Domain=[−1, 1]
Range=[0, π]

- Find $\sin(\cos^{-1}x)$.

▶ $\sin(\cos^{-1}x)=\sin\theta \leftarrow (\theta=\cos^{-1}x \Leftrightarrow x=\cos\theta)$

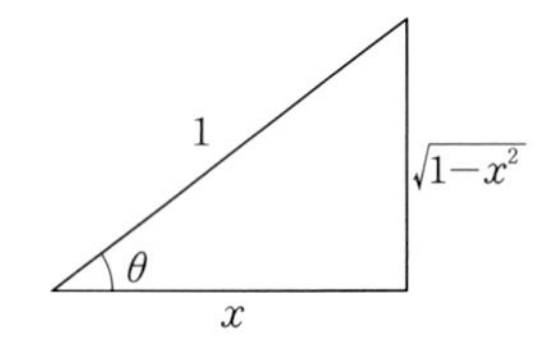

$$\sin\theta=\frac{\sqrt{1-x^2}}{1}=\sqrt{1-x^2}$$ ◀

- Inverse Tangent Function

$$y=\tan^{-1}x$$

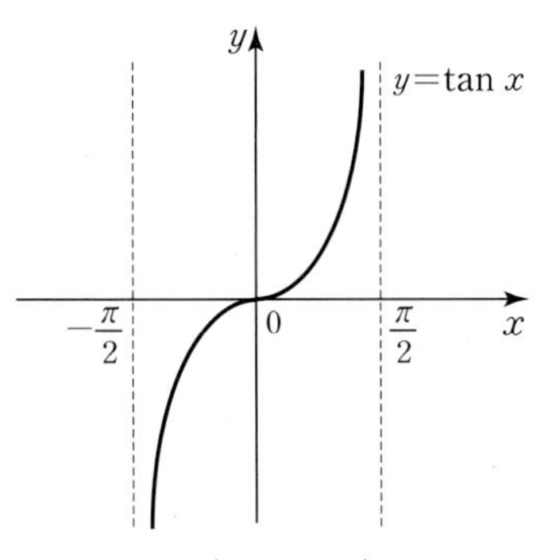

Domain$=\left(-\frac{\pi}{2}, \frac{\pi}{2}\right)$
Range$=(-\infty, \infty)$

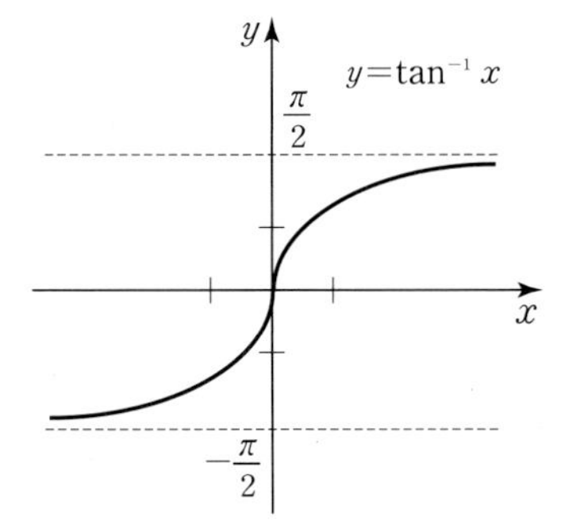

Domain$=(-\infty, \infty)$
Range$=\left(-\frac{\pi}{2}, \frac{\pi}{2}\right)$

• Find $\sec^2(\tan^{-1}x)$

▶ $\sec[\tan^{-1}x]=\sec\theta$ $\left(\begin{matrix}\theta=\tan^{-1}x\\ x=\tan\theta\end{matrix}\right)$

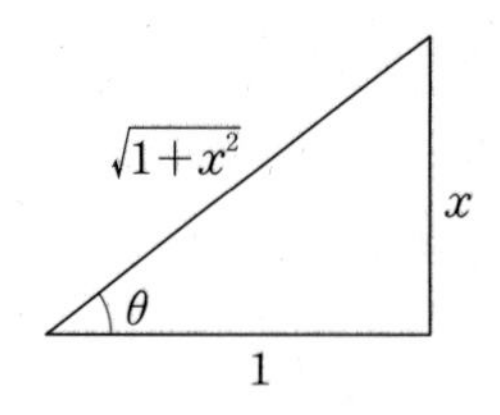

$\sec\theta=\sqrt{1+x^2}$

$\sec^2(\tan^{-1}x)=1+x^2$ ◀

• **Inverse Secant**

$y=\sec^{-1}x$

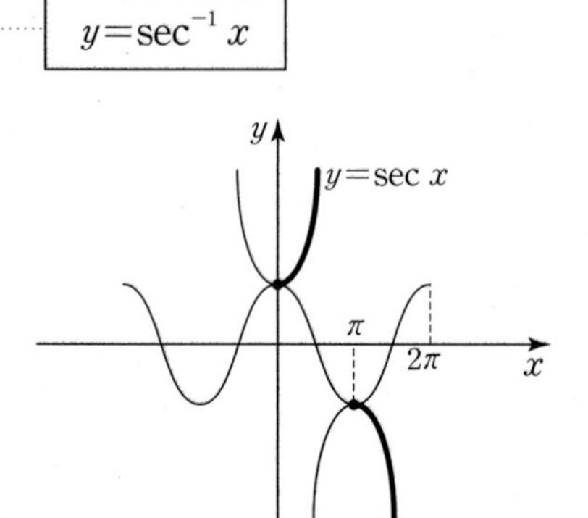

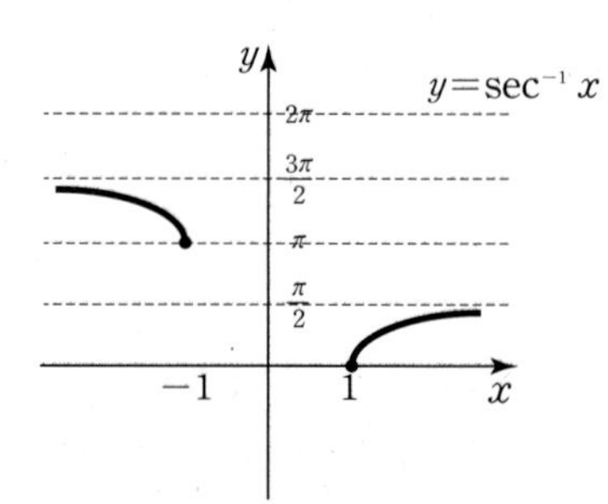

Domain $|x|\geq 1$;

Range $0\leq y<\dfrac{\pi}{2}$ or $\pi\leq y<\dfrac{3\pi}{2}$

[There is no universal agreement about the definition of $y=\sec^{-1}x$]

▶STUDY Tip

Inverse sec와 Inverse csc의 정의는 책마다 다르게 되어 있다. 그러므로 Inverse sec, Inverse csc의 미분과 적분의 공식이 책마다 조금씩 다르다.

• **Inverse** cot

$y=\cot^{-1} x$

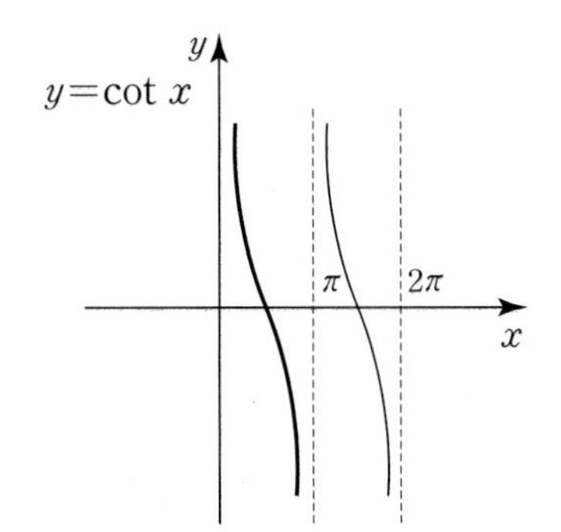

$y=\cot^{-1} x$

y
π
x

Domain $-\infty<x<\infty$

Range $0<y<\pi$

• **Inverse** csc

$y=\csc^{-1} x$

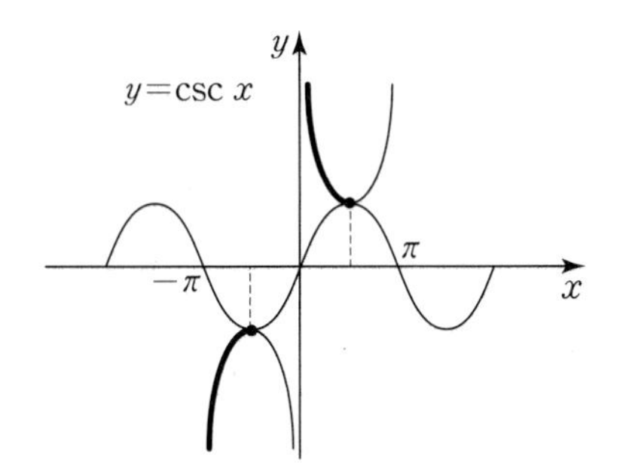

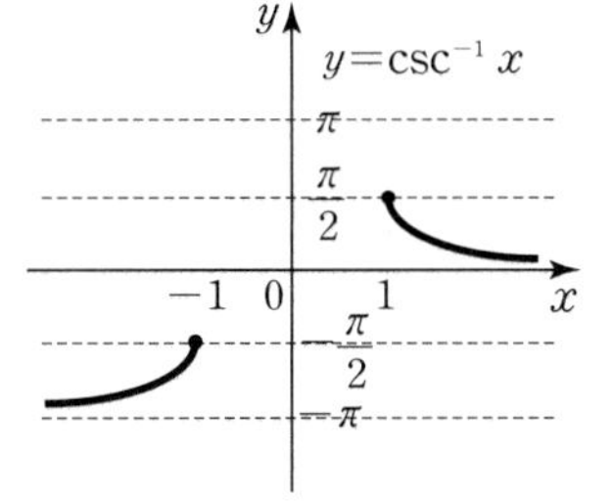

Domain $|x|\geq 1$

Range $0<y\leq\frac{\pi}{2}$ or $-\pi<y\leq-\frac{\pi}{2}$

[There is no universal agreement about the definition of $y=\csc^{-1} x$.]

• Find $\tan(\sec^{-1} x)$.

▶ $\sec^{-1} x = \theta \Leftrightarrow x = \sec\theta$

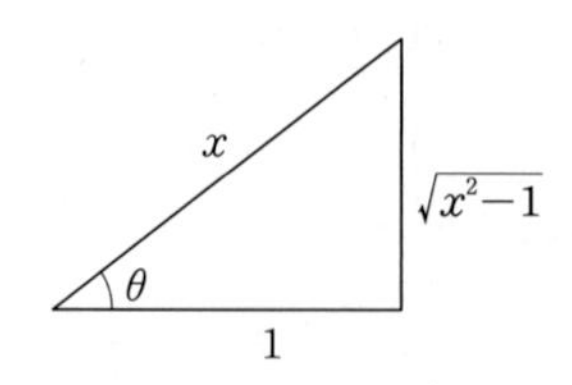

$\tan(\sec^{-1}x) = \tan\theta = \sqrt{x^2-1}$ ◀

• Find $\csc^2(\cot^{-1} x)$.

▶ $\theta = \cot^{-1} x$

$x = \cot\theta$

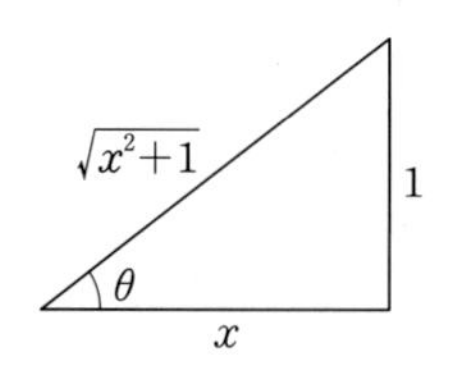

$\csc\theta = \sqrt{x^2+1}$

$\csc^2(\cot^{-1}x) = \csc^2\theta = x^2+1$ ◀

Example 5

$y = \sin^{-1}x$ Find $\dfrac{dy}{dx}$.

▶ $x = \sin y$

$1 = \cos y \dfrac{dy}{dx}$

$$\frac{dy}{dx} = \frac{1}{\cos y}$$

$$= \frac{1}{\cos(\sin^{-1}x)}$$

$$= \frac{1}{\sqrt{1-x^2}}$$ ◀

Example 6

$y=\cos^{-1}x$ Find $\frac{dy}{dx}$.

▶ $x=\cos y$

$$1=-\sin y\frac{dy}{dx}$$

$$\frac{dy}{dx}=\frac{1}{-\sin y}$$

$$=\frac{1}{-\sin(\cos^{-1}x)}$$

$$=\frac{1}{-\sqrt{1-x^2}}$$ ◀

Example 7

$y=\tan^{-1}x$ Find $\frac{dy}{dx}$.

▶ $x=\tan y$

$$1=\sec^2 y\cdot\frac{dy}{dx}$$

$$\frac{dy}{dx}=\frac{1}{\sec^2 y}$$

$$=\frac{1}{\sec^2(\tan^{-1}x)}$$

$$=\frac{1}{x^2+1}$$ ◀

Example 8

$y=\sec^{-1}x$ Find $\frac{dy}{dx}$.

▶ $x=\sec y$

$$1=\sec y\cdot\tan y\cdot\frac{dy}{dx}$$

$$\frac{dy}{dx}=\frac{1}{\sec y\cdot\tan y}$$

$$=\frac{1}{\sec(\sec^{-1}x)\tan(\sec^{-1}x)}$$

$$=\frac{1}{x\cdot\sqrt{x^2-1}}$$ ◀

▶STUDY Tip

- $f(f^{-1}(x))=f^{-1}(f(x))=x$
- $\sec(\sec^{-1}x)=x$

Example 9

$$\frac{d}{dx}[\cot^{-1}x]$$

▶ $y=\cot^{-1}x \Leftrightarrow x=\cot y$

$$1=-\csc^2 y\frac{dy}{dx}$$

$$\frac{dy}{dx}=\frac{1}{-\csc^2 y}$$

$$=\frac{1}{-\csc^2(\cot^{-1}x)}$$

$$=\frac{1}{-(x^2+1)}$$ ◀

Example 10

$$\frac{d}{dx}[\csc^{-1}x]$$

▶ $y=\csc^{-1}x \Leftrightarrow x=\csc y$

$$1=-\csc y\cot y\frac{dy}{dx}$$

$$\frac{dy}{dx}=\frac{1}{-\csc y\cot y}$$

$$=\frac{1}{-\csc(\csc^{-1}x)\cot(\csc^{-1}x)}$$

$$=\frac{1}{-x\sqrt{x^2-1}}$$ ◀

Theorem 3-11

$$\frac{d}{dx}[\sin^{-1}u]=\frac{dy}{du}\cdot\frac{du}{dx}=\frac{1}{\sqrt{1-u^2}}\cdot\frac{du}{dx}$$

$$\frac{d}{dx}[\cos^{-1}u]=\frac{-1}{\sqrt{1-u^2}}\cdot\frac{du}{dx}$$

$$\frac{d}{dx}[\sec^{-1}u]=\frac{1}{u\sqrt{u^2-1}}\cdot\frac{du}{dx}$$

$$\frac{d}{dx}[\csc^{-1}u]=\frac{1}{-u\sqrt{u^2-1}}\cdot\frac{du}{dx}$$

$$\frac{d}{dx}[\tan^{-1}u]=\frac{1}{u^2+1}\cdot\frac{du}{dx}$$

$$\frac{d}{dx}[\cot^{-1}u]=\frac{-1}{u^2+1}\cdot\frac{du}{dx}$$

▶STUDY Tip

이 공식을 정확하게 암기를 해야 Integral을 이용한 공식을 유도할 수가 있다.

Exercise #3-24, #3-25 참조

Exercise

3-01 Find the linearization of $y=\sqrt{2+x}$ at $x=0$ and estimate $\sqrt{2.1}$ $\sqrt{2.05}$ $\sqrt{2.005}$.

3-02 Find the linearization of $y=\sqrt{2+x}$ at $x=2$ and estimate $\sqrt{4.1}$ $\sqrt{4.05}$ $\sqrt{4.005}$.

Exercise

3-03 Find the linearization of $f(x)=\tan(x)$ at $x=0$.

3-04 Find the linearization of $f(x)=\sin(x)$ at $x=\frac{\pi}{2}$.

3-05 Find dy if $y = x \cdot \cos x$.

3-06 Use differential to approximate $\cos(32^\circ)$.

Exercise

3-07 Use differential to approximate $\sqrt{16.4}$.

3-08 The radius of a sphere is measured to be 10 inch with a possible error in measurement of ± 0.01 inch. Estimate the possible error in the volume of the sphere.

Exercise

3-09 The radius of a sphere is measured to be 10 inch with a possible error in measurement of ± 0.01 inch. Estimate the relative error and percentage error in the volume of the sphere.

3-10 The radius of a circle is measured with possible percentage error of $\pm 1\%$. Estimate the percentage error in the area of the circle.

Exercise

3-11 Find $\frac{dy}{dx}$ if $x=2t+t^2$ and $y=2t+t^3$.

3-12 Find $\frac{d^2y}{dx^2}$ if $x=2t+t^2$ and $y=2t+t^3$.

3-13 Given that function $f(x)=x^5+3x^3+2x+3$ has an inverse function $f^{-1}(x)$, find the derivative of $f^{-1}(x)$, and find the derivative of $f^{-1}(3)$.

3-14 Given that function $f(x)=\pi x+\cos x$ has an inverse function $f^{-1}(x)$, find the derivative of $f^{-1}(1)$.

Exercise

3-15 Find the derivative $y=e^{x^3}$.

3-16 Find the derivative $y=3^{x^2}$.

3-17 Find the derivative $y=x^2 e^{\frac{1}{x}}$.

3-18 Find the derivative $y=ln\,x^2$.

3-19 Find the derivative $y=ln(x^2+x+1)$.

3-20 Find the derivative of $y=x^2\cdot ln\,x^2$.

Exercise

3-21 Find $\dfrac{dy}{dx}$ if $y = ln\dfrac{x^2\sqrt{x+1}}{(x+1)^2}$.

3-22 Find $\dfrac{dy}{dx}$ if $y = \dfrac{x^2\sqrt{x+1}}{(x+1)^2}$.

3-23 Find $\dfrac{dy}{dx}$ if $y^{\frac{5}{3}} = \dfrac{x^2\sqrt{x+1}}{(x+1)^2}$.

3-24 $\frac{d}{dx}(\sin^{-1} x^3)$.

3-25 $\frac{d}{dx}(\tan^{-1}(2\sqrt{x}))$.

MEMO

Chapter 4

Applications of Derivative

OVERVIEW

Derivative의 응용은 Grape에서 출발하여 매우 많은 응용문제를 만들 수 있다. 본 Chapter에서는 많은 응용문제에서 가장 기본이 되는 Grape를 그리는 방법을 집중적으로 다룬다.

Chapter 4 Applications of Derivative

▸STUDY Tip

모든 사람들은 적은 비용으로 최상의 결과를 얻으려고 한다. 예를들어 회사의 사장은 손실을 최소화하기 위해 유통비용을 줄이려고 하며 생산성을 극대화시키기 위해 회사의 고용 인력을 적절하게 유지하려고 한다. 이러한 문제를 해결하기 위한 중요한 도구로서 Calculus가 광범위하게 사용되고 있다. 이 책에서는 문제해결의 가장 기본이 되는 그래프 그리는 방법을 집중하서 배운다. 그리고 실용문제들은 각자의 전공분야에서 자세하게 배우게 될 것이다.

A Maximum and Minimum

Definition 4-1

Increasing $\Leftrightarrow f(x_1) < f(x_2)$ whenever $x_1 < x_2$

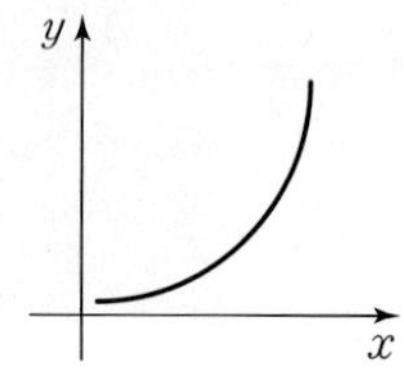

Decreasing $\Leftrightarrow f(x_1) > f(x_2)$ whenever $x_1 < x_2$

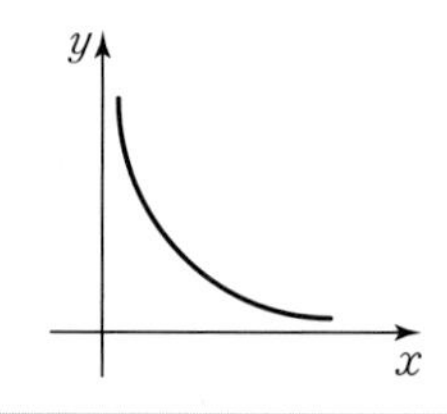

Definition 4-2

For a function f defined on a set S of real number and a number $c \in S$

① $f(c)$ is the absolute maximum [global maximum] of f on S
if $f(c) \geq f(x)$ for all $x \in S$

② $f(c)$ is the absolute minimum [global minimum] of f on S
if $f(c) \leq f(x)$ for all $x \in S$

③ Absolute extreme = absolute max or absolute min

Definition 4-3

① $f(c)$ is a local maximum [relative maximum]
if $f(c) \geq f(x)$ for all x in some open interval containing "c"

② $f(c)$ is a local minimum [relative minimum]
if $f(c) \leq f(x)$ for all x in some open interval containing "c"

③ Local extremum = a local max or a local min

Ⅰ

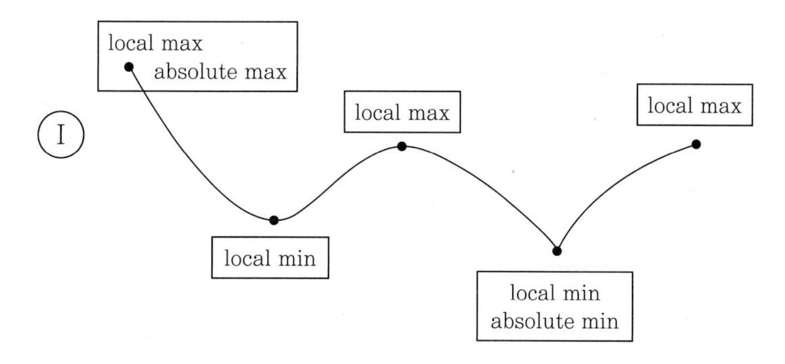

Ⅱ

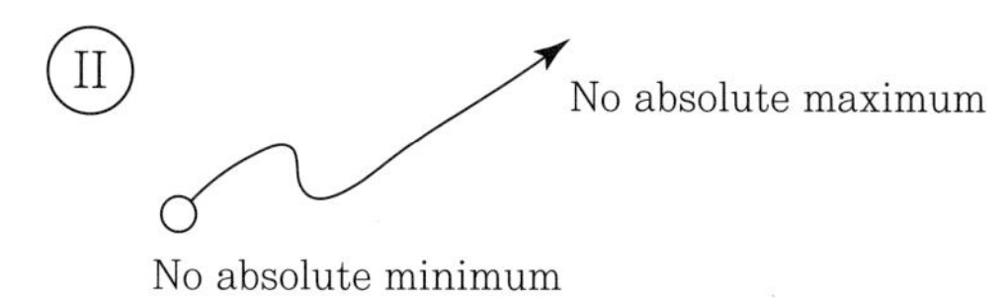

Ⅲ

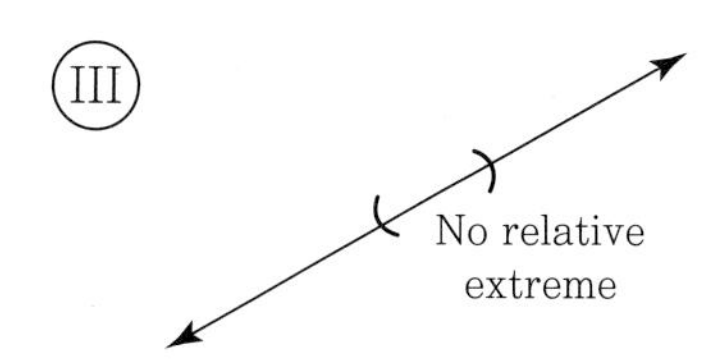

Ⅳ

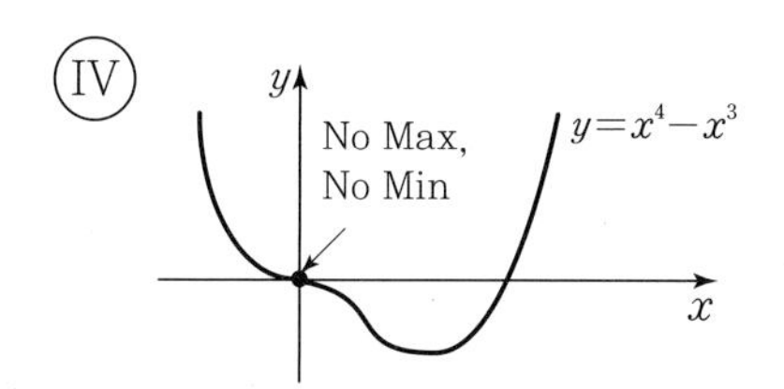

Definition 4–4

The number of "c" in the domain of f is called a <u>critical point</u> of f if
① $f'(c)=0$ or
② $f'(c)$ does not exist

Ⅰ $y=x^2$
$y'=2x$
$y'=0$ at $x=0$

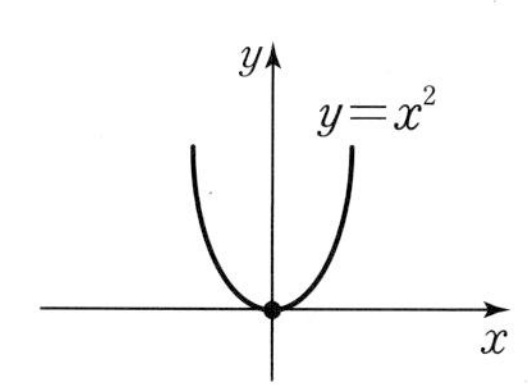

Ⅱ $y=x^3$
$y'=3x^2$
$y'=0$ at $x=0$

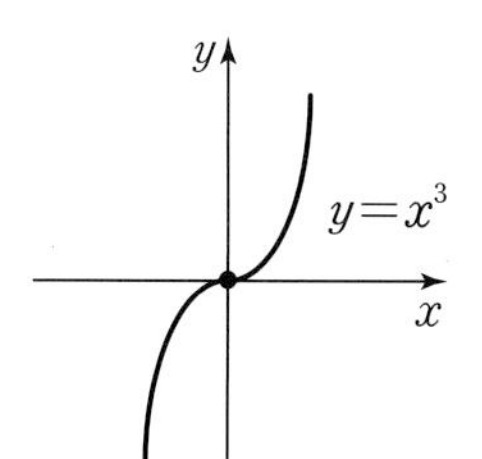

Ⅲ $y=x^{\frac{2}{3}}$

$y'=\frac{2}{3}x^{-\frac{1}{3}}$

$y'=\frac{2}{3\cdot\sqrt[3]{x}}$

y' does not exist at $x=0$

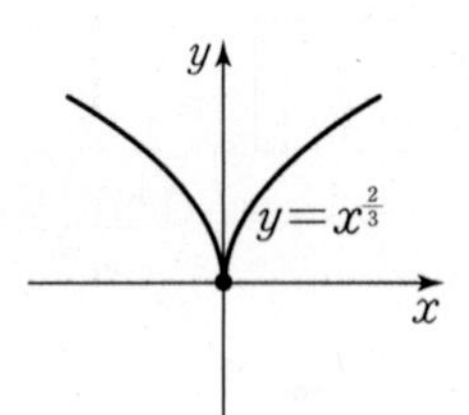

Ⅳ $y=x^{\frac{1}{3}}$

$y'=\frac{1}{3}x^{-\frac{2}{3}}=\frac{1}{3\cdot\sqrt[3]{x^2}}$

y' does not exist at $x=0$

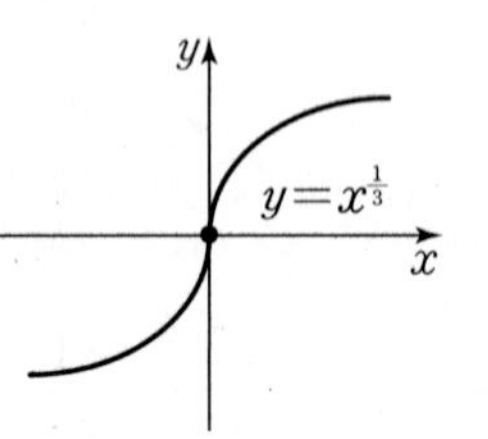

▶STUDY Tip

어떤 점 "c"에서 미분 값이 "0"이 된다면 대부분 그 점에서 최대 또는 최소가 된다. 그러나 반드시 최대 또는 최소가 나온다고 말할 수는 없다. 다시말해서

f has a local extreme at "c"
⇒ either $f'(c)=0$ or $f'(c)$ is not defined

[Either $f'(c)=0$ or $f'(c)$ is not defined
⇒ f has a local extreme at "c"
(이것은 잘못된 논리이다)]

The First Derivative Test (Chapter4 [D])에 의하여 이러한 문제점을 해결할 수가 있다.

• In general(95%)

$f'(c)=0$; Extreme Value

Ⅰ $y=x^2$

$y'=2x$

$y'=0$ at $x=0$

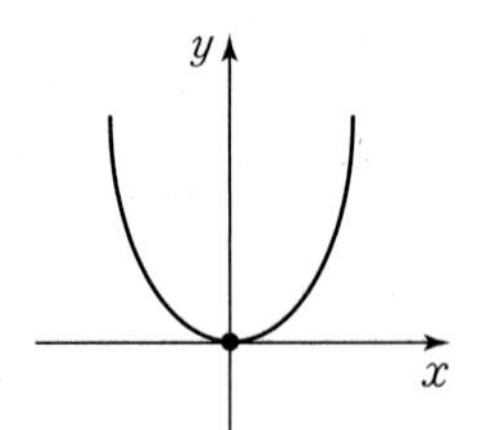

Ⅱ $y=x^3$

$y'=3x^2$

$y'=0$ at $x=0$

No extreme at $x=0$

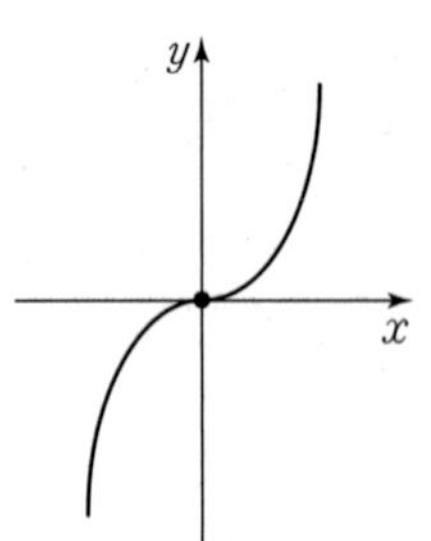

Ⅲ $y=|x|$

$f'(0)$ does not exist

but extreme at $x=0$

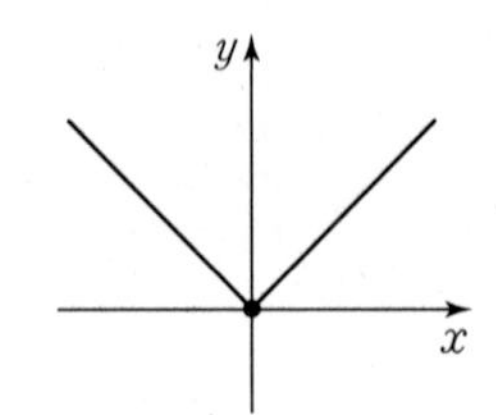

B Concavity

Definition 4-5

The graph of a differentiable function f is
① Concave up if f' is increasing.
② Concave down if f' is decreasing.

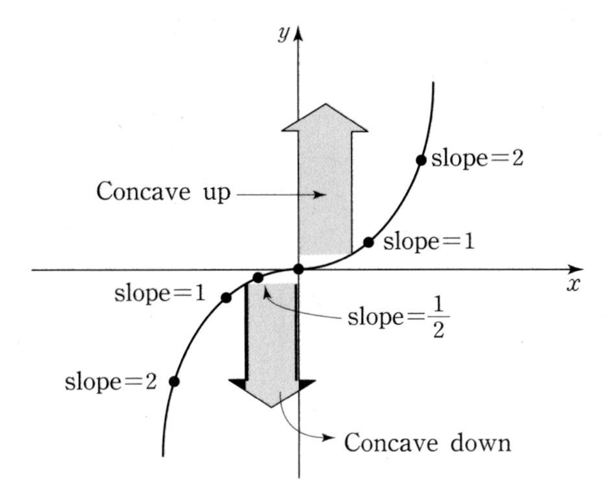

Theorem 4-6

If $f''(x)$ exists
① If $f''(x)>0$ on an open interval (a, b)
then the graph is concave up on (a, b).
② If $f''(x)<0$ on an open interval (a, b)
then the graph is concave down on (a, b).

• $y=x^2$ $y'=2x$ $y''=2>0$ concave up

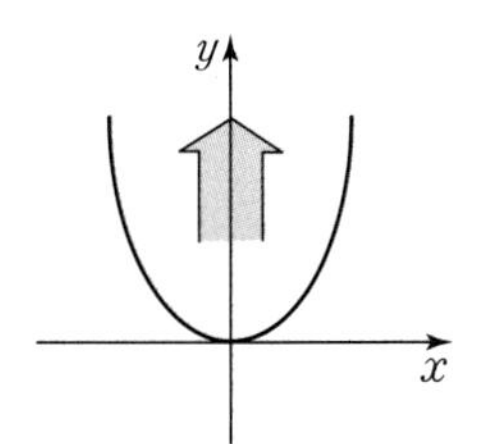

• $y=-\sin x$
$y'=-\cos x$
$y''=\sin x>0$ at $0<x<\pi$ concave up

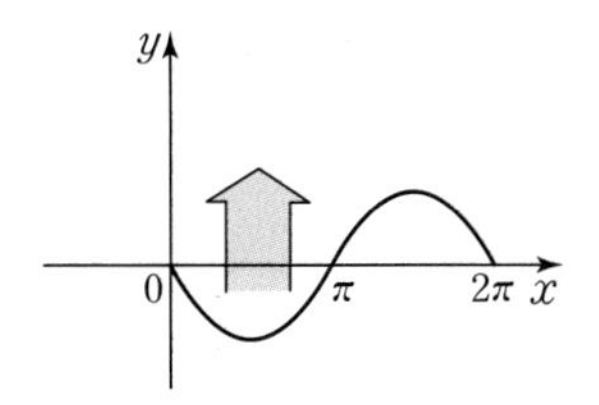

C Point of Inflection

The graph is concave down[up] on one side of "c" and concave up[down] on the other side.

: A point where the concavity changes is called a point of inflection.

- In general(95%)

$f''(c)=0$; Point of Inflection

Ⅰ
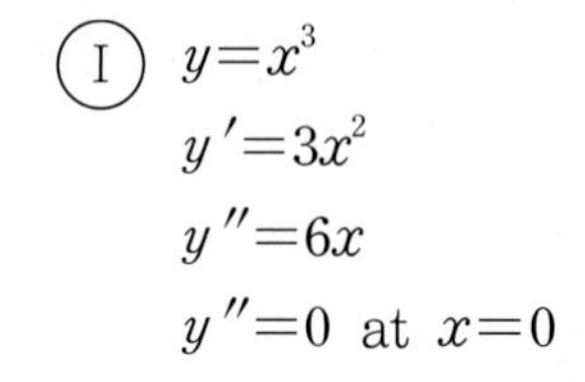
$y=x^3$

$y'=3x^2$

$y''=6x$

$y''=0$ at $x=0$

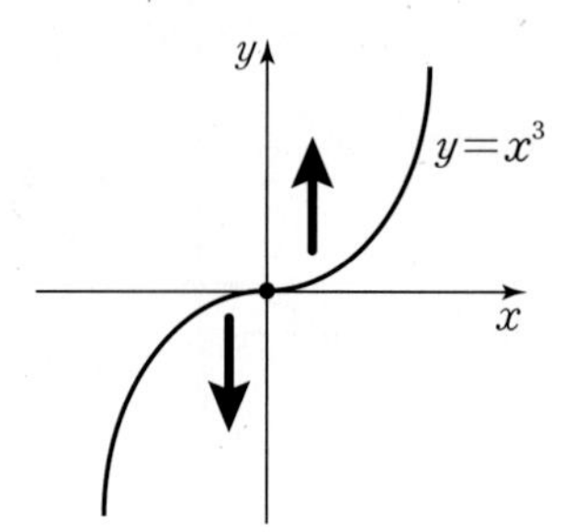

Ⅱ
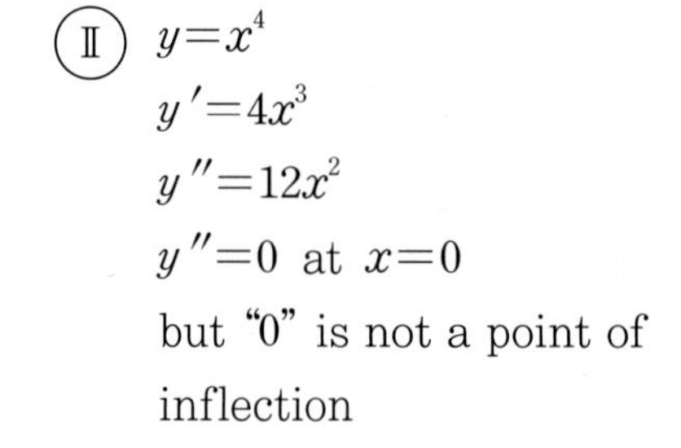
$y=x^4$

$y'=4x^3$

$y''=12x^2$

$y''=0$ at $x=0$

but "0" is not a point of inflection

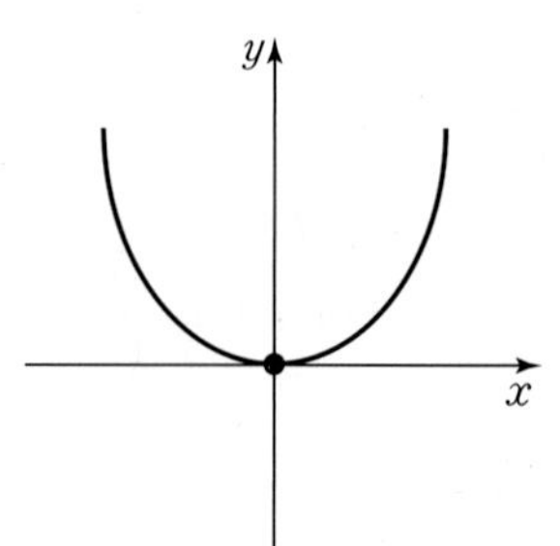

Ⅲ
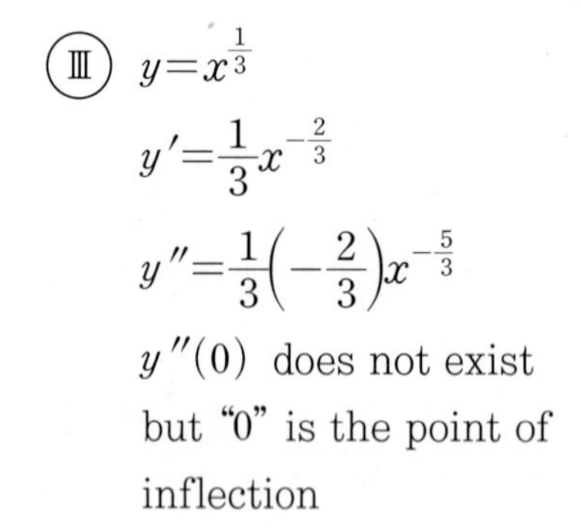
$y=x^{\frac{1}{3}}$

$y'=\frac{1}{3}x^{-\frac{2}{3}}$

$y''=\frac{1}{3}\left(-\frac{2}{3}\right)x^{-\frac{5}{3}}$

$y''(0)$ does not exist

but "0" is the point of inflection

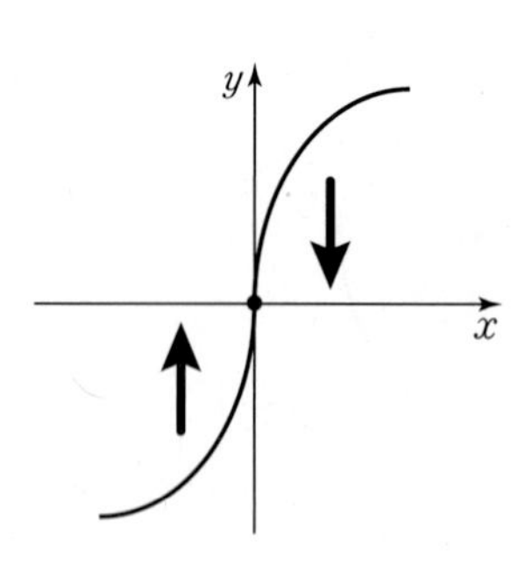

▶STUDY Tip

어떤 점 c에서 두 번 미분 값이 "0"이 된다면 대부분 그 점이 Point of Inflection이 된다, 그러나 반드시 그 점이 Point of Inflection이 된다고 말할 수는 없다. 다시 말해서

f has a an inflection point at "c" ⇒ either $f''(c)=0$ or $f''(c)$ is not defined

[Either $f''(c)=0$ or $f''(c)$ is not defined ⇒ f has a an inflection point at "c" (이것은 잘못된 논리이다)]

이것이 잘못된 논리라고 해서 쓸모가 없는 것은 아니다. 우리에게 Inflection Point에 대한 All Possible Candidates에 대한 정보를 제공한다. 즉 The First Derivative Test (Chapter 4[D])와 동일하게 좌우의 부호를 판단하여 Concave Up, Concave Down을 판단 할 수 있다.

D The First Derivative Test

Theorem 4-7

If f is a continuous (ⓘ) function at a critical point (ⓘⓘ) "c"

(a) If $f'(x)$ changes from negative($-$) to positive($+$) over critical point "c", then $f(c)$ is a local minimum.

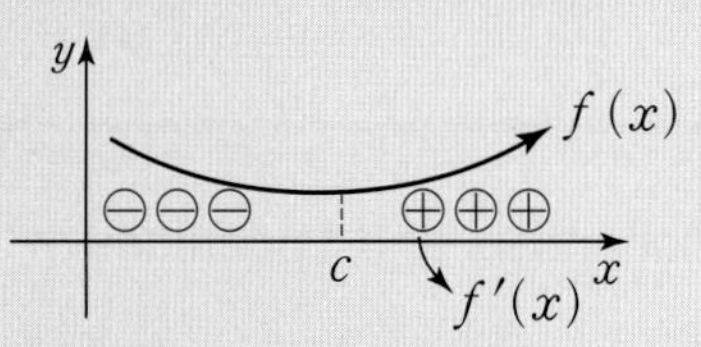

(b) If $f'(x)$ changes from positive($+$) to negative($-$) over critical point "c", then $f(c)$ is a local maximum.

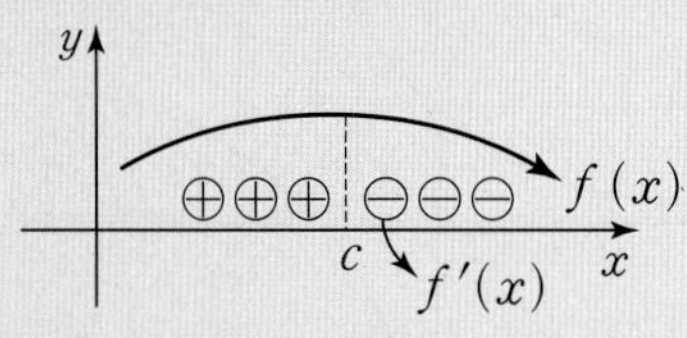

(c) If $f'(x)$ has the same sign over critical point "c", then $f(x)$ does not have a local extremum at "c".

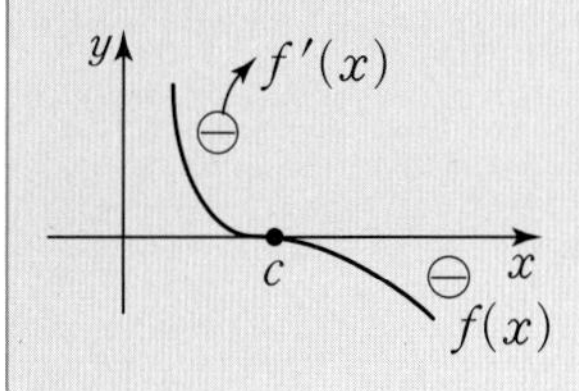

Example 1

Sketch $y=x^4-x^3$.

▶ (Ⅰ) continuous

(Ⅱ) critical point

$y'=4x^3-3x^2$

$=x^2(4x-3)$ ← critical point $0, \frac{3}{4}$

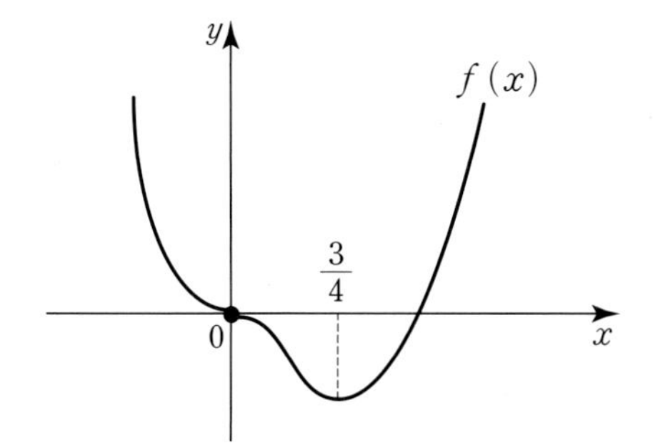

▶STUDY Tip

Exercise #4-1, #4-2, #4-3 참조

E The Second Derivative Test

Theorem 4-8

Suppose that $f(x)$ is continuous
(a) If $f'(c)=0$ and $f''(c)>0$, then $f(c)$ is a relative minimum.
(b) If $f'(c)=0$ and $f''(c)<0$, then $f(c)$ is a relative maximum.
(c) If $f'(c)=0$ and $f''(c)=0$, then inconclusive.

▶STUDY Tip

Exercise #4-4 참조

F Limits and Graphs Involving Exponentials and Logarithms

- $\lim_{x \to \infty} e^x = \infty$
- $\lim_{x \to -\infty} e^x = 0$
- $\lim_{x \to \infty} \ln x = \infty$
- $\lim_{x \to 0^+} \ln x = -\infty$
- $\lim_{x \to \infty} e^{-x} = \lim_{x \to \infty} \frac{1}{e^x} = 0$
- $\lim_{x \to -\infty} e^{-x} = \lim_{x \to -\infty} \frac{1}{e^x} = \infty$

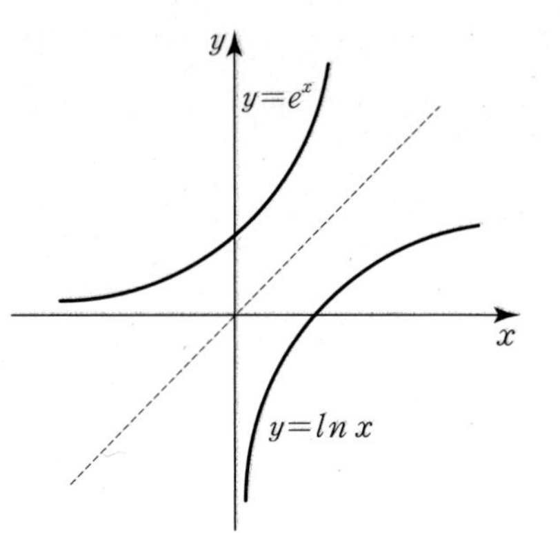

Example 2

Sketch $y=e^{-x^2}$

▶ $y=e^u \leftarrow (u=-x^2)$

$$\frac{dy}{dx}=\frac{dy}{du}\cdot\frac{du}{dx}=e^u(-2x)$$

$$\frac{dy}{dx}=e^{-x^2}(-2x)=0 \text{ at } x=0$$

$$\begin{aligned} y'' &= (e^{-x^2})'(-2x)+(e^{-x^2})(-2x)' \\ &= (e^{-x^2})(-2x)(-2x)+(e^{-x^2})(-2) \\ &= -2e^{-x^2}[(-2x^2)+1] \\ &= 2e^{-x^2}[2x^2-1] \end{aligned}$$

$$f''(x)=2e^{-x^2}[2x^2-1]=0 \text{ at } x=\pm\frac{1}{\sqrt{2}}$$

$f'(x)=e^{-x^2}(-2x)$

⊕⊕⊕ (left of 0) ⊖⊖⊖ (right of 0)

$f''(x)=2e^{-x^2}(2x^2-1)$

⊕⊕⊕ (left of $-\frac{1}{\sqrt{2}}$) ⊖⊖⊖ (between $-\frac{1}{\sqrt{2}}$ and $\frac{1}{\sqrt{2}}$) ⊕⊕⊕ (right of $\frac{1}{\sqrt{2}}$)

▶STUDY Tip

실질적으로 Grape를 그리는 문제는 First Derivative Test를 우선 적용한다.

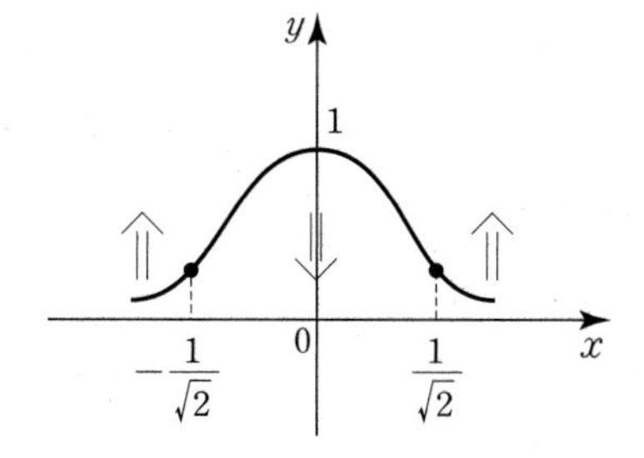

$$\lim_{x\to\infty} e^{-x^2}=0$$

$$\lim_{x\to-\infty} e^{-x^2}=0$$

G The Mean Value Theorem

Theorem 4-9

Let f be continuous on the closed interval $[a, b]$ and differentiable on the interval (a, b). If $f(a)=f(b)$, then there is a least one number "c" in (a, b) such that $f'(c)=0$.

STUDY Tip

Intermediate Value Theorem (Chapter 1 [K])와 비교하여 둘 사이의 차이점을 알아두기 바란다.

Example 3

$y=|x|$

$f(-1)=f(1)$,

but there is no point "c" in $(-1, 1)$ where $f'(c)=0$

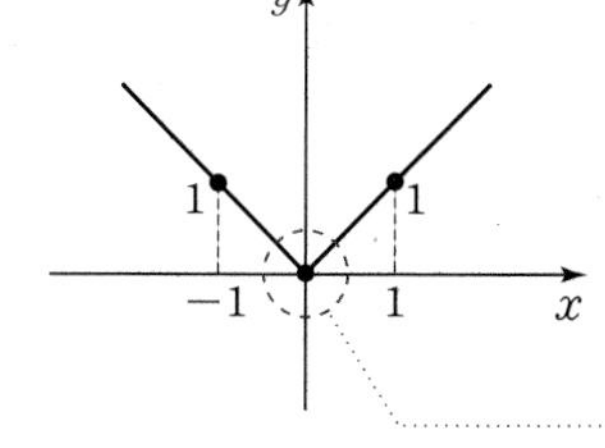

The Mean Value Theorem does not apply unless the function is differentiable at every point on $(-1, 1)$.

STUDY Tip

The Mean Value Theorem은 주어진 구간에서 미분 가능해야만 성립되는 성질이다. Example3는 $x=0$에서 미분가능하지 않다

Theorem 4-10

Suppose that f is continuous on the closed interval $[a, b]$, differentiable on the interval (a, b), then there is at least one number "c" in (a, b) at which

$$f'(c)=\frac{f(b)-f(a)}{b-a}$$

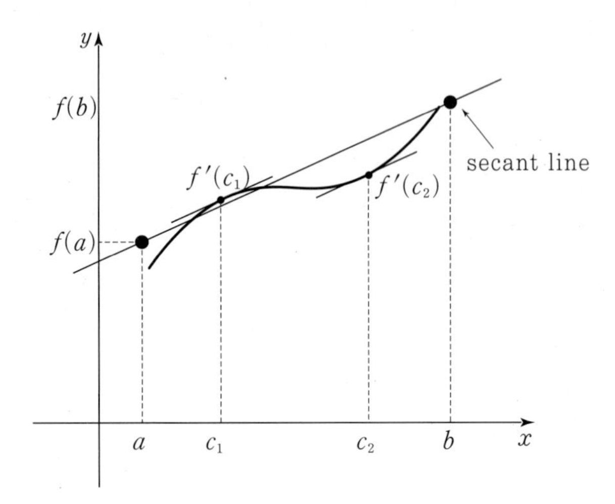

▶STUDY Tip

Exercise #4-5 참조

★ **H** Indeterminate Forms and L'hospital's Rule

$[\frac{0}{0}$ or $\frac{\infty}{\infty}]$, called Indeterminate form (BC Topic Only)

Theorem 4-11 L'Hospital's Rule

If f and g are differentiable on (a, b), except possibly at "c" and $\lim_{x\to c}\frac{f(x)}{g(x)}$ has the indeterminate form $\frac{0}{0}$ or $\lim_{x\to c}\frac{\infty}{\infty}$, then

$$\lim_{x\to c}\frac{f(x)}{g(x)}=\lim_{x\to c}\frac{f'(x)}{g'(x)}=\mathrm{L}$$

$\lim_{x\to c^-}\frac{f(x)}{g(x)}$ $\lim_{x\to c^+}\frac{f(x)}{g(x)}$ $\lim_{x\to \infty}\frac{f(x)}{g(x)}$ $\lim_{x\to -\infty}\frac{f(x)}{g(x)}$

also hold.

★ **I** Additional Indeterminate Form(BC Topic Only)

$\infty-\infty$, $0\cdot\infty$, 0^0, 1^∞, ∞^0

▶STUDY Tip

0^0, 1^∞, ∞^0에 대한 계산은 추후에 자세히 배우게 된다.
(Chapter 7 [F])
Example 12,13,14
지금은 $\infty-\infty$, $0\cdot\infty$의 계산에 집중한다.

Exercise #4-6, #4-7, #4-8, #4-9 참조

Exercise

4-01 Locate the local extreme (relative extreme) for $f(x)=6x^{\frac{5}{3}}-12x^{\frac{2}{3}}$.

4-02 Find the absolute extreme of $f(x)=2x^{\frac{2}{3}}+1$ on $[-1, 3]$.

4-03 Find the local extreme of $y=2x+\frac{2}{x}+1$.

Exercise

4-04 Use the second derivative test to find the relative extreme of $f(x)=x^3-3x^2+7$.

4-05 Use the mean value theorem to find a value of "c" for $f(x)=x^3+4$ on the interval $[-1, 1]$.

4-06 The indeterminate form $\frac{0}{0}$

• Find $\lim_{x \to 0} \frac{\sin x}{x}$.

• Find $\lim_{x \to 0} \frac{1-\cos x}{x}$.

4-07 The indeterminate form $\frac{\infty}{\infty}$; Find $\lim_{x \to \infty} \frac{3x^2+2}{x^2-4}$.

Exercise

4-08 The indeterminate form $\infty - \infty$; Find $\lim_{x \to 0}\left(\frac{2}{x} - \frac{2}{\sin x}\right)$.

4-09 The indeterminate form $0 \cdot \infty$; Find $\lim_{x \to \infty} x \sin\left(\frac{4}{x}\right)$.

MEMO

Chapter 5

Integration

OVERVIEW

Integration(적분)을 한마디로 정의 한다면 Differentiation(미분)의 "역" 연산이 된다. 그리고 Differentiation(미분)은 기원은 Slope에서 출발했다면 Integration(적분)의 기원은 Area에서 출발한다.

Chapter 5

Integration

A Integration

Definition 5-1

$F'(x)=f(x)$

We call such a function F an antiderivative of f.

▶STUDY Tip

$F(x)$; $\frac{1}{3}x^3+c$

Antiderivative

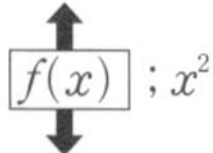

$f(x)$; x^2

Derivative

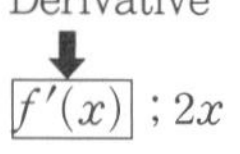

$f'(x)$; $2x$

Example 1

Find an antiderivative of $f(x)=x^2$.

▶ Antiderivative$=F(x)$

$$\frac{d}{dx}\left[\frac{1}{3}x^3+1\right]=x^2$$

$$\frac{d}{dx}\left[\frac{1}{3}x^3+2\right]=x^2$$

$$\frac{d}{dx}\left[\frac{1}{3}x^3+c\right]=x^2$$

$F(x)=\frac{1}{3}x^3+c$ ◀

Example 2

Find an antiderivative of $f(x)=-\sin x$.

▶ Antiderivative$=F(x)$

$$\frac{d}{dx}\left[\cos x+1\right]=-\sin x$$

$$\frac{d}{dx}\left[\cos x+2\right]=-\sin x$$

$$\frac{d}{dx}\left[\cos x+c\right]=-\sin x$$

$F(x)=\cos x+c$ ◀

Theorem 5-2

If $F(x)$ and $G(x)$ both antiderivative of $f(x)$

then $\boxed{F(x)=G(x)+c}$

proof

$f(x)=x^2$

$F(x)=\frac{1}{3}x^3+c_1 \Leftrightarrow \frac{1}{3}x^3=F(x)-c_1$

$G(x)=\frac{1}{3}x^3+c_2 \Leftrightarrow \frac{1}{3}x^3=G(x)-c_2$

$\frac{1}{3}x^3=F(x)-c_1=G(x)-c_2$

$F(x)=G(x)-c_2+c_1$

$F(x)=G(x)+c$ ◀

Definition 5-3

$\int f(x)dx=F(x)+c$ if and only if $F'(x)=f(x)$.

▶STUDY Tip

$\int \square dx=\triangle \Leftrightarrow \triangle'=\square$

$\int 1\, dx=x+c$

$\int 2x\, dx=x^2+c$

$\int 3x^2\, dx=x^3+c$

$\int \cos x\, dx=\sin x+c$

$\int sec^2 x\, dx=\tan x+c$

$\int \frac{3}{2}x^{\frac{1}{2}}\, dx=x^{\frac{3}{2}}+c$

Antiderivative is "guesswork"

▶STUDY Tip

Exercise #5-1 참조

⊗ Theorem 5-4

$$\int x^k dx = \frac{x^{k+1}}{k+1} + c \quad (k \neq -1)$$

▶STUDY Tip

$\frac{d}{dx}[F(x)+c] = \frac{d}{dx}F(x) = f(x)$

$\int f(x)dx = F(x)+c$

Example 3

$\frac{d}{dx}\left[\int f(x)dx\right] = f(x)$ Prove it :

$\frac{d}{dx}[F(x)+c] = f(x)$ ◀

Example 4

$\int \frac{d}{dx}f(x)dx = f(x)+c$ Prove it :

$\frac{d}{dx}[f(x)+c] = \frac{d}{dx}f(x)$ ◀

Example 5

$\int \frac{d}{dx}F(u)dx = F(u)+c$ Prove it :

▶STUDY Tip

상황을 쉽게 설명을 하기 위하여 예를 들어서 설명을 하고 있다. 증명은 자명한 사실이다.

▶ $\int \frac{d}{dx}(x^2+4)^2 dx = (x^2+4)^2 + c$ ← $(u = x^2+4 \,;\, F(u) = u^2)$

$\Leftrightarrow \frac{d}{dx}[(x^2+4)^2+c] = \frac{d}{dx}(x^2+4)^2 + \frac{d}{dx}[c] = \frac{d}{dx}(x^2+4)^2$

$\Leftrightarrow \frac{d}{dx}[(x^2+4)^2+c] = \frac{d}{dx}(x^2+4)^2$

$\Leftrightarrow \frac{d}{dx}[u^2+c] = \frac{d}{dx}u^2$ ← $(u = x^2+4 \,;\, F(u) = u^2)$

$\Leftrightarrow \frac{d}{dx}[F(u)+c] = \frac{d}{dx}F(u)$ ◀

Theorem 5-5

$$\int c\cdot f(x)dx=c\cdot\int f(x)dx$$

proof

$$\int\square dx=\triangle \Leftrightarrow \triangle'=\square$$

$$\frac{d}{dx}\left(c\cdot\int f(x)dx\right)$$

$$=c\frac{d}{dx}\int f(x)dx$$

$$=c\cdot f(x)\quad\leftarrow\left(\frac{d}{dx}\int f(x)dx=f(x)\right)$$

Theorem 5-6

$$\int[f(x)+g(x)]\,dx=\int f(x)\,dx+\int g(x)\,dx$$

proof

$$\int\square dx=\triangle \Leftrightarrow \triangle'=\square$$

$$\frac{d}{dx}\left[\int f(x)dx+g(x)dx\right]$$

$$=\frac{d}{dx}\int f(x)dx+\frac{d}{dx}\int g(x)dx$$

$$=f(x)+g(x)$$

- $\int[f(x)-g(x)]\,dx=\int f(x)dx-\int g(x)dx$
- $\int[f_1(x)+f_2(x)+f_3(x)+\cdots+f_n(x)]dx$

  $=\int f_1(x)dx+\int f_2(x)dx+\int f_3(x)dx+\cdots+\int f_n(x)dx$

Example 6

$\int 3\sin x\,dx$

▶ $=3\int \sin x\,dx$

$=3\cdot(-\cos x)+c$

$=-3\cos x+c$ ◀

Example 7

• $\int (x+x^2+x^3)dx$

▶ $=\int x\,dx+\int x^2\,dx+\int x^3\,dx$

$=\frac{x^2}{2}+\frac{x^3}{3}+\frac{x^4}{4}+c$ ◀

• $\int (3\cos x-2x^2+7x+4)dx$

▶ $=3\int \cos x\,dx-2\int x^2\,dx+7\int x\,dx+\int 4\,dx$

$=3\cdot\sin x-2\frac{x^3}{3}+7\cdot\frac{x^2}{2}+4x+c$ ◀

▶STUDY Tip

Exercise #5-2, #5-3 참조

B Integration by Substitution

Theorem 5-7

$$\int\left[f(u)\frac{du}{dx}\right]dx=\int f(u)\,du$$

$$\frac{d}{du}F(u)=f(u)$$

$$\int f(u)du=F(u)+c \cdots\cdots \text{(i)}$$

$$\int \boxed{\frac{d}{dx}F(u)}dx=F(u)+c \leftarrow (\textbf{Example 5})$$

$$\uparrow$$

$$\boxed{\frac{d}{dx}F(u)}=\frac{d}{du}F(u)\frac{du}{dx}=f(u)\frac{du}{dx} \leftarrow \text{(Chain Rule)}$$

$$\int f(u)\frac{du}{dx}dx=F(u)+c \cdots\cdots \text{(ii)}$$

from (i), (ii)

$$\int f(u)\frac{du}{dx}dx=\int f(u)du \blacktriangleleft$$

▶STUDY Tip

Exercise #5-4, #5-5, #5-6, #5-7, #5-8, #5-9 참조

C Areas by Limits Definition

Theorem 5-8

$$1+2+3+\cdots+n=\sum_{k=1}^{n}k=\frac{n(n+1)}{2}$$

$$1^2+2^2+3^2+\cdots n^2=\sum_{k=1}^{n}k^2=\frac{n(n+1)(2n+1)}{6}$$

$$1^3+2^3+3^3+\cdots+n^3=\sum_{k=1}^{n}k^3=\left(\frac{n(n+1)}{2}\right)^2$$

▶STUDY Tip

Mathematical Induction (수학적 귀납법 Chapter 2 [E])을 이용하여 증명 할 수 있다.

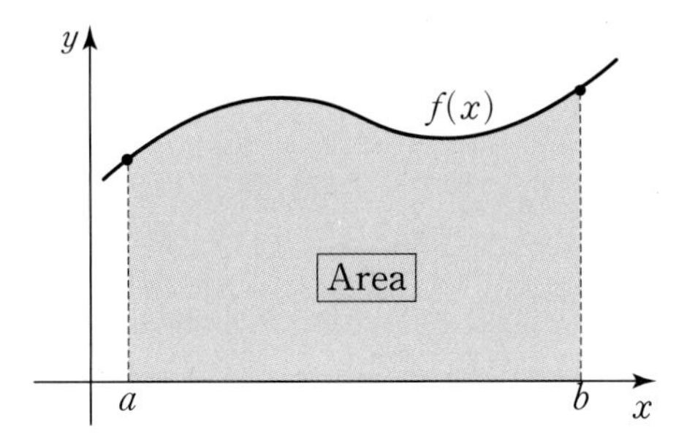

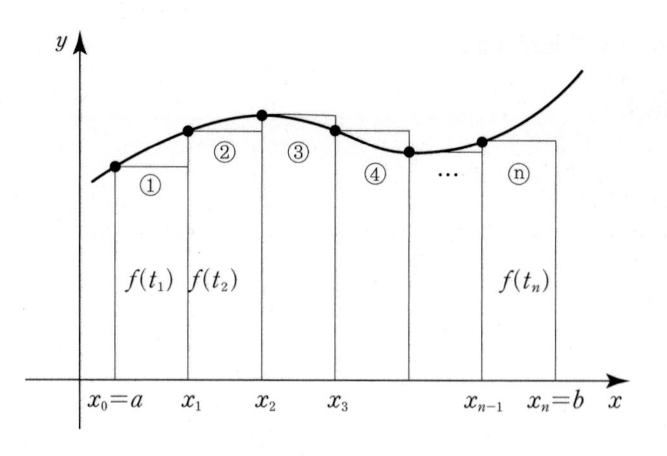

①+②+③+⋯+ⓝ≈Area

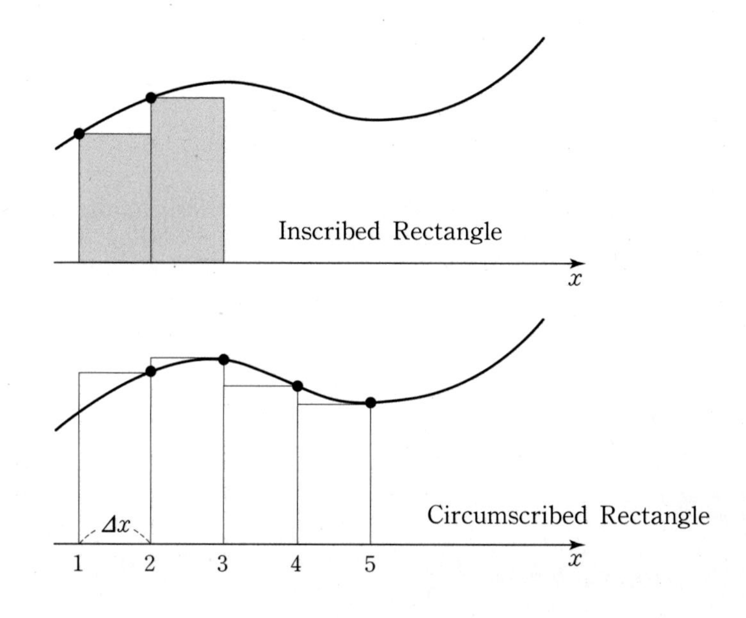

$\frac{b-a}{n}=\Delta x$ by definition

$\frac{5-1}{4}=1$

①+②+③+⋯+ⓝ≈Area

$$\text{Area}=\lim_{n\to\infty}\sum_{k=1}^{n}f(t_k)\cdot\Delta x$$

$$=\lim_{n\to\infty}[f(t_1)\Delta x+f(t_2)\Delta x+\cdots+f(t_n)\Delta x]$$

Example 8

Find the area of the circumscribed polygon under the curve $y=x$ over the interval [2, 3]. Divide the interval [2, 3] into "n" equal subinterval, and then $n \to \infty$.

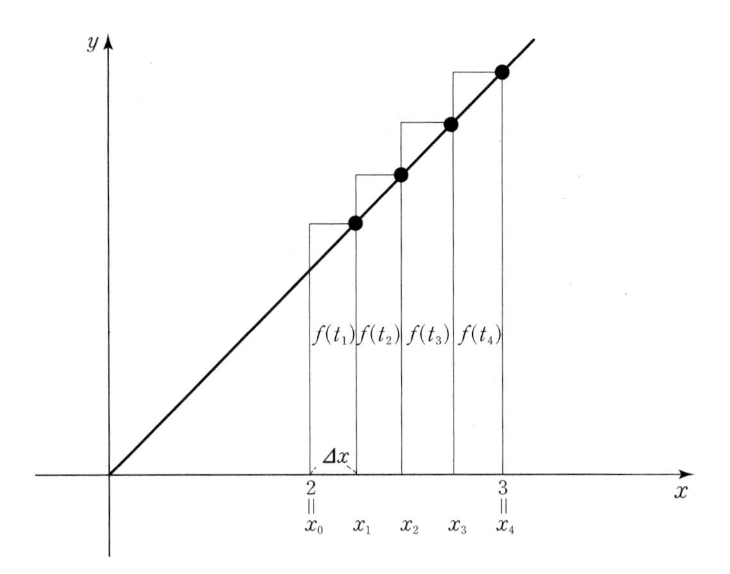

▶ $\lim_{n\to\infty}\sum_{k=1}^{n} f(t_k)\Delta x$

$$\Delta x=\frac{b-a}{n}=\frac{3-2}{n}=\frac{1}{n}$$

$$t_1=x_1=2+1\cdot\Delta x=2+\frac{1}{n}$$

$$t_2=x_2=2+2\cdot\Delta x=2+\frac{2}{n}$$

$$\vdots$$

$$t_k=x_k=2+k\cdot\Delta x=2+\frac{k}{n}$$

$$\sum_{k=1}^{n} f(t_k)\Delta x=\sum_{k=1}^{n}\left(2+\frac{k}{n}\right)\frac{1}{n}=\sum_{k=1}^{n}\left(\frac{2}{n}+\frac{k}{n^2}\right)$$

$$\frac{2}{n}\sum_{k=1}^{n}1+\frac{1}{n^2}\sum_{k=1}^{n}k=\frac{2}{n}\cdot n+\frac{1}{n^2}\left(\frac{n(n+1)}{2}\right)$$

$$2+\frac{n^2+n}{2n^2}=2+\frac{n^2}{2n^2}+\frac{n}{2n^2}=2+\frac{1}{2}+\frac{1}{2n}$$

$$\lim_{n\to\infty}\left[2+\frac{1}{2}+\frac{1}{2n}\right]=2+\frac{1}{2}=\frac{5}{2}$$ ◀

Example 9

Find the area of the inscribed polygon under the curve $y=x$ over the interval [2, 3]. Divide the interval [2, 3] into n equal subinterval, and then $n \to \infty$.

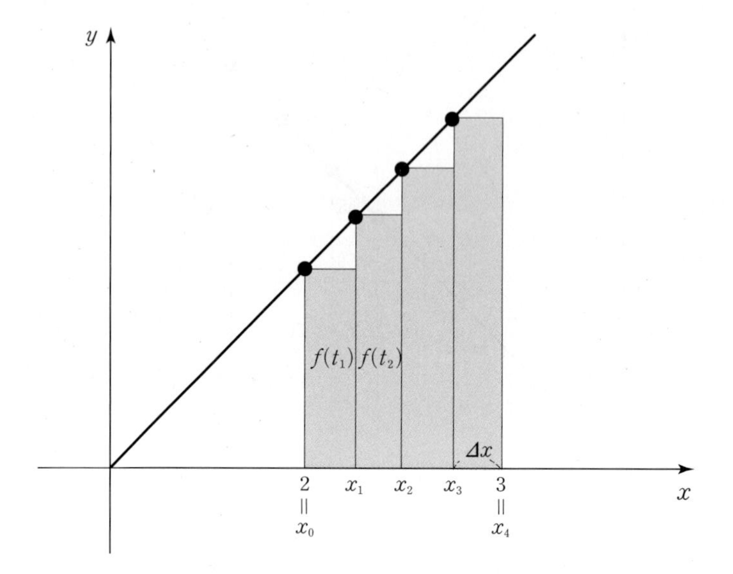

▶ $\lim_{n\to\infty} \sum_{k=1}^{n} f(t_k)\Delta x$

$$\frac{3-2}{n} = \Delta x = \frac{1}{n}$$

$$t_1 = x_0 = 2 \qquad = 2$$

$$t_2 = x_1 = 2 + \Delta x \qquad = 2 + \frac{1}{n}$$

$$t_3 = x_2 = 2 + 2\Delta x \qquad = 2 + \frac{2}{n}$$

$\vdots$

$$t_k = x_{k-1} = 2 + (k-1)\Delta x = 2 + \frac{k-1}{n}$$

$$\begin{aligned}
\sum_{k=1}^{n}\left(2+\frac{k-1}{n}\right)\Delta x &= \sum_{k=1}^{n}\left(2+\frac{k-1}{n}\right)\frac{1}{n} \\
&= \sum_{k=1}^{n}\left(\frac{2}{n}+\frac{k-1}{n^2}\right) \\
&= \sum_{k=1}^{n}\left(\frac{2}{n}\right)+\sum_{k=1}^{n}\left(\frac{k-1}{n^2}\right) \\
&= \frac{2}{n}\sum_{k=1}^{n}1+\sum_{k=1}^{n}\left(\frac{k}{n^2}-\frac{1}{n^2}\right) \\
&= 2+\frac{1}{n^2}\sum_{k=1}^{n}k-\frac{1}{n^2}\sum_{k=1}^{n}1
\end{aligned}$$

$$=2+\frac{1}{n^2}\left(\frac{n(n+1)}{2}\right)-\frac{1}{n^2}\cdot n$$

$$=2+\frac{1}{n^2}\left(\frac{n^2+n}{2}\right)-\frac{1}{n}$$

$$=2+\frac{n^2}{2n^2}+\frac{n}{2n^2}-\frac{1}{n}$$

$$=2+\frac{1}{2}+\frac{1}{2n}-\frac{1}{n} \quad \leftarrow \left(\lim_{n\to\infty}\right)$$

$$=2+\frac{1}{2}$$

$$=\frac{5}{2} \blacktriangleleft$$

D The Definite Integral

Definition 5-9

For any function f on the closed interval $[a, b]$, the definite integral of f from a to b is

$$\int_a^b f(x)dx=\lim_{n\to\infty}\sum_{k=1}^{n} f(t_k)\Delta x$$

Definite integral can be positive, negative or zero.

▶STUDY Tip

Definite Integral은 넓이들의 합으로 정의되어 있다. 사실 아직까지는 Indefinite Integral과의 연결점을 찾을 수 없다.

▶STUDY Tip

"t_k" lies in the "k"th subinterval $[x_{k-1}, x_k]$

Theorem 5-10

① $\int_a^a f(x)dx=0$

② $\int_a^b f(x)dx=-\int_b^a f(x)dx$

③ $\int_a^b kf(x)dx=k\int_a^b f(x)dx$ (any constant k)

④ $\int_a^b [f(x)\pm g(x)]dx=\int_a^b f(x)dx\pm\int_a^b g(x)dx$

⑤ $\int_a^b f(x)dx\geq 0$ if $f(x)\geq 0$ on closed interval $[a, b]$

⑥ $\int_a^b f(x)dx \leq \int_a^b g(x)dx$ if $f(x)\leq g(x)$ on closed inteval $[a, b]$

⑦ $\int_a^b f(x)dx+\int_b^c f(x)dx=\int_a^c f(x)dx$

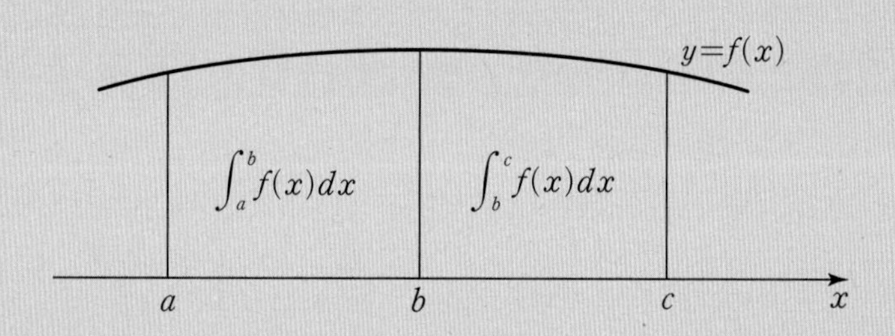

⑧ $\min(y)\cdot(b-a) \leq \int_a^b f(x)dx \leq \max(y)\cdot(b-a)$

proof

③ $$\int_a^b kf(x)dx=\lim_{n\to\infty}\sum_{k=1}^{n} kf(t_k)\Delta x$$

$$=k\lim_{n\to\infty}\sum_{k=1}^{n} f(t_k)\Delta x$$

$$=k\int_a^b f(x)dx$$

E Fundamental Theorem of Calculus ①

Theorem 5-11

Suppose that f is continuous on $[a, b]$ then

$$f(x)=\frac{d}{dx}\int_a^x f(t)dt$$

proof

$$\frac{d}{dx}\int_a^x f(t)dt=\lim_{h\to 0}\frac{\int_a^{x+h} f(t)dt-\int_a^x (t)dt}{h}$$

$$=\lim_{h\to 0}\frac{\int_a^{x+h} f(t)dt+\int_x^a f(t)dt}{h}$$

$$=\lim_{h\to 0}\frac{\int_x^a f(t)dt+\int_a^{x+h} f(t)dt}{h}$$

$$=\lim_{h\to 0}\frac{\int_x^{x+h} f(t)dt}{h}$$

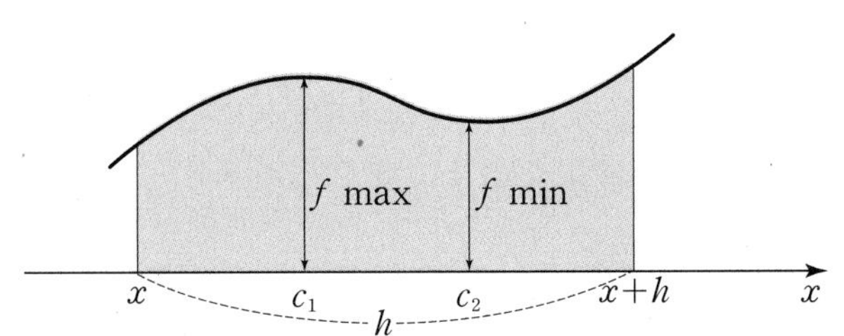

$$\min(f)\cdot h\le \lim_{h\to 0}\int_x^{x+h} f(t)dt\le\max(f)\cdot h$$

$$\Leftrightarrow \min(f)\le\frac{\lim_{h\to 0}\int_x^{x+h} f(t)dt}{h}\le\max(f)$$

$$\Leftrightarrow f(c_2)\le\frac{\lim_{h\to 0}\int_x^{x+h} f(t)dt}{h}\le f(c_1)$$

$$\Leftrightarrow f(x)\le\frac{\lim_{h\to 0}\int_x^{x+h} f(t)dt}{h}\le f(x)\qquad \begin{pmatrix} h\to 0 \\ c_1,\ c_2\to x\end{pmatrix}$$

$$\therefore\ \frac{\lim_{h\to 0}\int_x^{x+h} f(t)dt}{h}=\frac{d}{dx}\int_a^x f(t)dt=f(x)$$ ◀

▶STUDY Tip

- $\frac{d}{dx}A(x)$
  $=\lim_{h\to 0}\frac{A(x+h)+A(x)}{h}$
- $\int_a^x f(t)dt=A(x)$

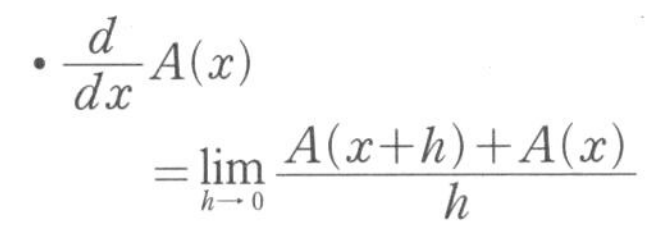

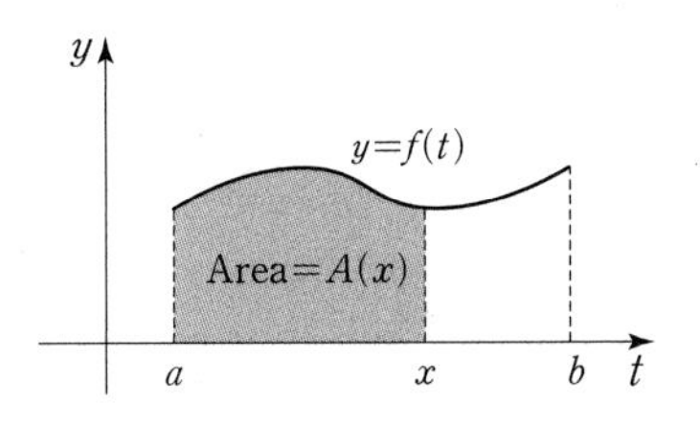

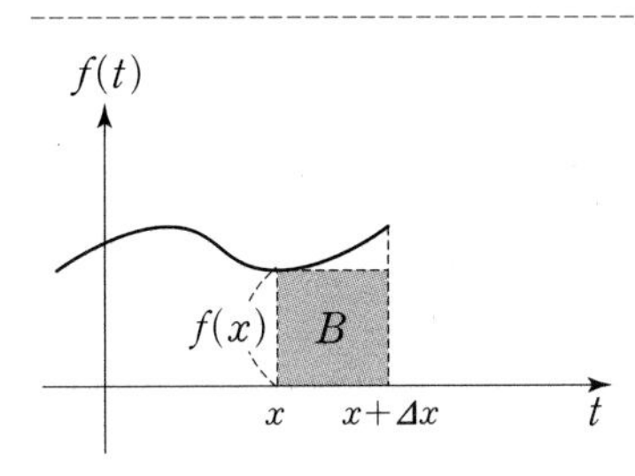

- $f(x)\cdot\Delta x\approx\int_x^{x+\Delta x} f(t)\ dt$

$\Delta x\to 0$이 된다면

$\int_x^{x+\Delta x} f(t)\ dt$와 사각형

(B)의 면적은 거의 같아진다.

▶STUDY Tip

Exercise #5-10, #5-11, #5-12 참조

Chapter 5

⊗ Theorem 5-12

Suppose that $f'(x)=0$ for all x on (a, b)
then f is <u>constant</u> on (a, b)

proof

Let x_1 and x_2 be any two numbers in (a, b) with $x_1<x_2$

$f'(c)=\dfrac{f(x_2)-f(x_1)}{x_2-x_1}$ ← (Mean Value Theorem)

$f'(c)=0$ ← [$f'(x)=0$ for all x in (a, b)]

$\dfrac{f(x_2)-f(x_1)}{x_2-x_1}=0 \Leftrightarrow f(x_2)-f(x_1)=0 \Leftrightarrow f(x_2)=f(x_1)$

f has the same value of any two point in (a, b)

⊗ Theorem 5-13

Suppose that $f'(x)=g'(x)$ for all x on (a, b),
then $f-g$ is <u>constant</u> on (a, b) ; that is
$f(x)=g(x)+k$ ← (k is constant)

proof

$f'(x)=g'(x)$
$f'(x)-g'(x)=0$
$[f(x)-g(x)]'=0$
$\Rightarrow f(x)-g(x)=\text{constant}$ ← (by previous theorem 5-12)
$f(x)=g(x)+k$

F Fundamental Theorem of Calculus ②

⊗ Theorem 5-14

If f is continuous on $[a, b]$ and F is any antiderivative of f, then

$$\int_a^b f(x)dx=F(b)-F(a)=F(x)\Big]_a^b$$

proof

$A(x)=\int_a^x f(t)dt \quad \cdots\cdots \text{(i)}$

$A'(x)=\frac{d}{dx}\int_a^x f(t)dt=f(x)$

$A'(x)=f(x) \Leftrightarrow A'(x)=F'(x) \quad \leftarrow (F'(x)=f(x))$

$A(x)$ and $F(x)$ differ by a constant

$F(x)=A(x)+c \leftarrow$ (by previous theorem 5-13)

$$\begin{aligned} F(b)-F(a) &= [A(b)+c]-[A(a)+c] \\ &= A(b)-A(a) \quad \leftarrow \left(A(a)=\int_a^a f(t)dt=0\right) \\ &= A(b) \leftarrow \text{from (i)} \\ &= \int_a^b f(t)dt \end{aligned}$$

$\therefore F(b)-F(a)=\int_a^b f(t)dt$

▶STUDY Tip

역사상 가장 위대한 Theorem 중의 하나가 탄생했다. 이것이 위대한 이유는 Algebra (Indefinite Integral)와 Geometry (Definite Integral)가 연결되는 순간이기 때문이다.

Example 10

$\int_0^1 x^2dx=\frac{x^3}{3}\Big]_0^1=\frac{1^3}{3}-\frac{0^3}{3}=\frac{1}{3}$ ◀

Example 11

$\int_1^2 (x^3+2x^2+x)dx$

▶ $\int_1^2 x^3\,dx+\int_1^2 2x^2\,dx+\int_1^2 x\,dx$

$=\int_1^2 x^3\,dx+2\int_1^2 x^2\,dx+\int_1^2 x\,dx$

$=\left[\frac{x^4}{4}\right]_1^2+2\cdot\left[\frac{x^3}{3}\right]_1^2+\left[\frac{x^2}{2}\right]_1^2$

$=\frac{2^4}{4}-\frac{1}{4}+2\left(\frac{2^3}{3}-\frac{1}{3}\right)+\left(\frac{2^2}{2}-\frac{1}{2}\right)=\frac{119}{12}$ ◀

▶STUDY Tip

TI89 계산기 사용법

$\int(x\wedge3+2*x\wedge2+x,\ x,\ 1,\ 2)$

▶STUDY Tip

Area는 언제나 양수이지만 Definite Integral의 값은 음수도 될수 있다.

Definition 5-15

Area of under the curve :

If $\boxed{f(x)\geq 0}$ then the area under the curve $y=f(x)$ on $[a, b]$ is defined

Area$=\lim_{n\to\infty}\sum_{k=1}^{n} f(t_k)\Delta x$

• Find the area of $y=\sin x$ on $[0, 2\pi]$

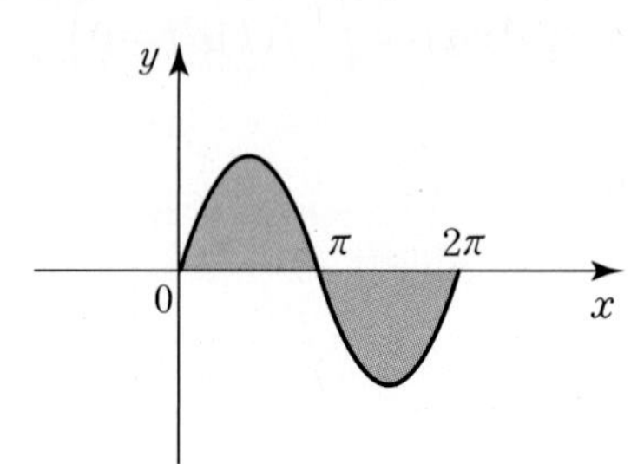

▶ $\int_0^{\pi} f(x)dx - \int_{\pi}^{2\pi} f(x)dx$

$=\Big[-\cos x\Big]_0^{\pi} - \Big[-\cos x\Big]_{\pi}^{2\pi}$

$=[-\cos\pi-(-\cos 0)]-[-\cos(2\pi)-(-\cos\pi)]$

$=[-(-1)-(-1)]-[(-1)-(-(-1))]$

$=2-[-2]=2+2=4$ ◀

▶STUDY Tip

Exercise #5-13 참조

G Evaluating Definite Integral by Substitution

$$\int_a^b f(g(x))g'(x)dx = F(g(x))\Big]_a^b \leftarrow \left(u=g(x) \;;\; g'(x)=\frac{du}{dx}\right)$$
$$= F(g(b)) - F(g(a)) = \int_{g(a)}^{g(b)} f(u)du$$

▶STUDY Tip

Exercise #5-14 참조

Theorem 5-16

Integration of even and odd function

If f is an even function, then

$$\int_{-a}^{a} f(x)dx = 2\int_0^a f(x)dx$$

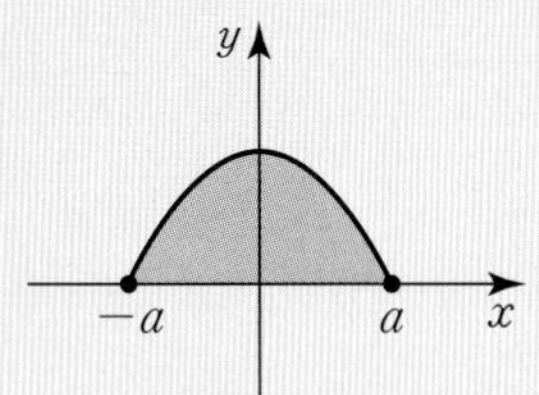

If f is an odd function, then

$$\int_{-a}^{a} f(x)dx = 0$$

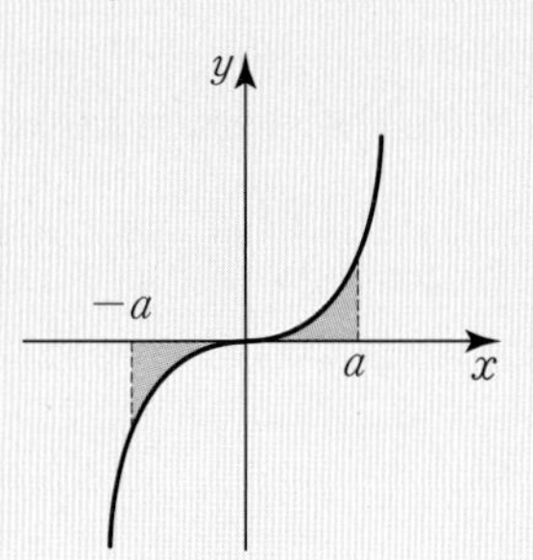

▶STUDY Tip

Even Function $f(-x)=f(x)$
Odd Function $f(-x)=-f(x)$

Example 12

$$\int_{-\frac{\pi}{4}}^{\frac{\pi}{4}} [\sin^5(2x)\cos 2x + \sin 2x \cos 2x]\,dx$$

▶ $f(x) = \sin^5(2x)\cos 2x + \sin 2x \cos 2x$

$f(-x) = -\sin^5(2x)\cos(2x) - \sin 2x \cos 2x$
$= -[\sin^5(2x)\cos(2x) + \sin 2x \cos 2x]$
$= -f(x)$ odd function

$\int_{-\frac{\pi}{4}}^{\frac{\pi}{4}} f(x) = 0$ ◀

▶STUDY Tip

Exercise #5-15, #5-16 참조

Chapter 5

H The Mean Value Theorem of Integrals

Theorem 5-17

If f is continuous on $[a, b]$, then there is at least one number "c" in $[a, b]$ such that

$$\int_a^b f(x)dx = f(c)(b-a)$$

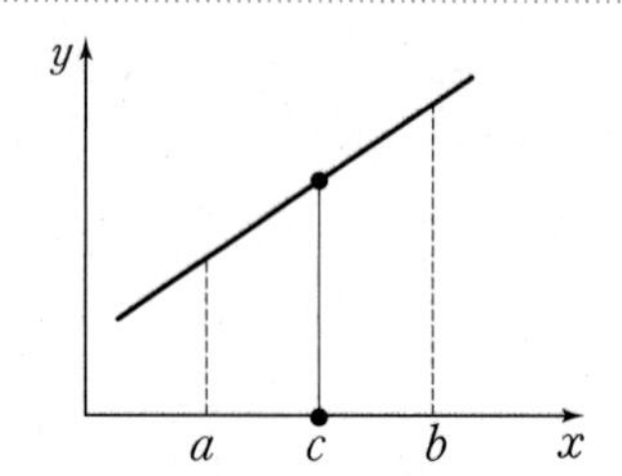

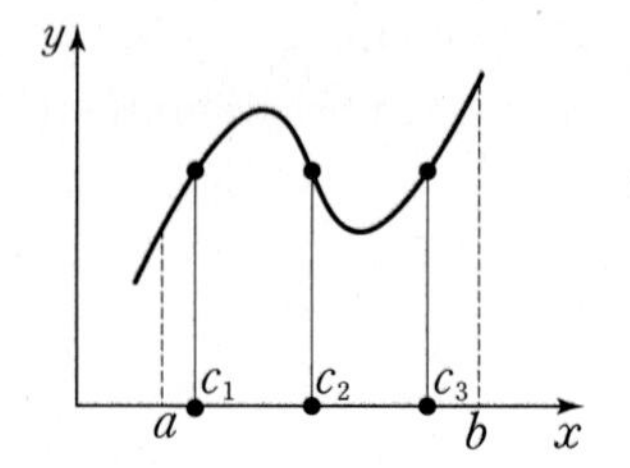

▶STUDY Tip

Mean Value Theorem의 목표는 $f(c)$ 안에 있는 "c" 값을 구하는 것이다.

Exercise #5-17 참조

I Average Value

Theorem 5-18

Average value of a function :
If f is integrable $[a, b]$, then the average value of f on $[a, b]$

$$\frac{1}{b-a}\int_a^b f(x)dx$$

$$\begin{aligned}\bar{y} = m &= \frac{y_1+y_2+\cdots+y_n}{n} \\ &= \frac{f(x_1)+f(x_2)+\cdots f(x_n)}{n} \\ &= \frac{1}{n}\sum_{k=1}^{n} f(x_k) \\ &= \sum_{k=1}^{n} f(x_k)\cdot\frac{(b-a)}{n}\frac{1}{(b-a)} \quad \leftarrow \left(\Delta x = \frac{(b-a)}{n}\right) \\ &= \frac{1}{b-a}\sum_{k=1}^{n} f(x_k)\Delta x \quad \leftarrow (\lim_{n\to\infty}) \\ &= \frac{1}{b-a}\int_a^b f(x)dx\end{aligned}$$

▶STUDY Tip

Average Value의 목표는 $\bar{y}$의 값을 구하는 것이다.

▶STUDY Tip

Exercise #5-18 참조

J Exponential and Logarithmic Functions

Theorem 5-19

$$\frac{d}{dx}a^x = a^x \cdot ln\, a, \quad \text{for any constant } a>0$$

Theorem 5-20

$$\frac{d}{dx}e^x = e^x$$

Theorem 5-21

$$\frac{d}{dx}(ln\, x) = \frac{1}{x} \quad ; \ x>0$$

Definition 5-22

The natural logarithmic function is defined by

$$ln\, x = \int_1^x \frac{1}{t}\, dt \quad ; \ x>0$$

Example 14

$$\frac{d}{dx}ln\, x = \frac{d}{dx}\int_1^x \frac{1}{t}\, dt = \frac{1}{x}$$

Example 15

$$\frac{d}{dx}ln\, 2x = \frac{d}{dx}\int_1^{2x}\frac{1}{t}\, dt = \frac{d}{du}\int_1^u \frac{1}{t} \cdot \frac{du}{dx}$$

$$= \frac{1}{u}\cdot(2) = \frac{1}{(2x)}2 = \frac{1}{x}$$ ◀

▶STUDY Tip

J단원의 어떤 Theorem들은 증명 과정이 복잡하므로 증명을 생략했다. 그러나 결과는 반드시 암기해야 한다.

▶STUDY Tip

By First Fundamental Theorem of Calculus – Theorem 5-11

$$f(x) = \frac{d}{dx}\int_a^x f(t)\, dt$$

Example 16

$$\frac{d}{dx}\,ln(x^2+x+1)$$

$$=\frac{d}{dx}\int_1^{x^2+x+1}\frac{1}{t}\,dt$$

$$=\frac{d}{du}\int_1^{u}\frac{1}{t}dt\cdot\frac{du}{dx}=\frac{1}{u}\cdot(2x+1)$$

$$=\frac{1}{x^2+x+1}(2x+1) = \frac{2x+1}{x^2+x+1}$$

Theorem 5-23

$$\int\frac{1}{x}\,dx=ln|x|+c \qquad ;\ \text{if } x\neq 0$$

proof

$$\frac{d}{dx}(ln|x|)$$

$$\frac{d}{dx}\int_1^{|x|}\frac{1}{t}\,dt$$

---

if $x>0$

$$\frac{d}{dx}\int_1^{x}\frac{1}{t}\,dt=\frac{1}{x}$$

---

if $x<0$

$$\frac{d}{dx}\int_1^{-x}\frac{1}{t}\,dt=\frac{d}{du}\int_1^{u}\frac{1}{t}\,dt\cdot\frac{du}{dx}=\frac{1}{u}(-1)$$

$$=\frac{1}{(-x)}(-1)=\frac{1}{x}$$

$$\frac{d}{dx}\,ln\,|x|=\frac{1}{x}$$

$$\int\frac{1}{x}dx=ln\,|x|+c$$ ◀

▶STUDY Tip

$ln0$은 정의 되어 있지 않다. 그래서 $x=0$ 을 제외한다.

Theorem 5-24

$$\int \tan x\,dx = ln\,|\sec x| + c$$

proof

$$\int \tan x\,dx$$
$$= \int \frac{\sin x}{\cos x}dx \quad \leftarrow (u = \cos x \Leftrightarrow \frac{du}{dx} = -\sin x)$$
$$= -\int \frac{1}{u}\frac{du}{dx}\,dx$$
$$= -ln\,|u| + c$$
$$= -ln\,|\cos x| + c$$
$$= ln\,(|\cos x|)^{-1} + c$$
$$= ln\,|(\cos x)^{-1}| + c$$
$$= ln\left|\frac{1}{\cos x}\right| + c$$
$$= ln\,|\sec x| + c$$

▶STUDY Tip

$ln\,x^n = n\,ln\,x$
$(\log_a x^n = n\log_a x)$

▶STUDY Tip

$|x|^{-1} = |x^{-1}| = \left|\frac{1}{x}\right| = \frac{1}{|x|}$

Exercise #5-19, #5-20, #5-21, #5-22, #5-23, #5-24, #5-25 참조

Theorem 5-25

$$\frac{d}{dx}[e^x] = e^x$$

proof

- $y = e^x$; Find $y' = \frac{dy}{dx}$

$ln\,y = ln\,e^x$
$ln\,y = x\,ln\,e = x$
$\frac{1}{y}\cdot y' = 1$
$y' = y$
$y' = e^x$

Theorem 5-26

$$\int e^x dx = e^x + c$$

Example 17

$\frac{d}{dx}(e^{x^2})=e^u\frac{du}{dx}=e^{x^2}(2x)$

Example 18

$\boxed{\int e^{4x}dx}$ $\leftarrow (u=4x \Leftrightarrow \frac{du}{dx}=4)$

$\frac{1}{4}\int 4e^u dx=\frac{1}{4}\int e^u\cdot\frac{du}{dx}dx=\frac{1}{4}\int e^u du$

$=\frac{1}{4}e^u+c=\frac{1}{4}e^{4x}+c$ ◀

Theorem 5-27

$$\frac{d}{dx}[a^x]=a^x\, ln\, a$$

Example 19

$\boxed{y=7^{\cos x}}$ Find $\frac{dy}{dx}$ $\leftarrow (u=\cos x\ ;\ \frac{du}{dx}=-\sin x)$

$y=7^u$

$\frac{dy}{du}\cdot\frac{du}{dx}=7^u\cdot ln\,7\cdot\frac{du}{dx}$

$=7^{\cos x}(ln\,7)(-\sin x)$

$=-(\sin x)\cdot 7^{\cos x}\cdot ln\,7$ ◀

Theorem 5-28

$$\int a^x dx = \frac{a^x}{ln\,a} + c \qquad (a \neq 1)$$

Example 20

$\int 3^{2x}\,dx$ ← $\left(u = 2x \Leftrightarrow \frac{du}{dx} = 2\right)$

$$\frac{1}{2}\int 2 \cdot 3^u\,dx = \frac{1}{2}\int 3^u \frac{du}{dx}dx$$

$$= \frac{1}{2}\int 3^u du$$

$$= \frac{1}{2}\,\frac{3^u}{ln\,3} + c$$

$$= \frac{1}{2} \cdot \frac{3^{2x}}{ln\,3} + c \;◀$$

Theorem 5-29

If x is positive real number and k is any real number

$$\frac{d}{dx}[x^k] = kx^{k-1}$$

K The Derivative of $\log_a u$

$y = \log_a u$; Find $\frac{dy}{dx}$.

▶ $y = \log_a u = \frac{ln\,u}{ln\,a}$

$$\frac{dy}{dx} = \frac{d}{dx}(\log_a u) = \frac{d}{dx}\left(\frac{ln\,u}{ln\,a}\right)$$

$$= \frac{1}{ln\,a}\left(\frac{d}{dx}(ln\,u)\right)$$

$$= \frac{1}{ln\,a}\,\frac{1}{u}\,\frac{du}{dx} = \frac{1}{u\,ln\,a} \cdot \frac{du}{dx} \;◀$$

▶STUDY Tip

$\log_e a = ln\;a$

$\log_a u = \frac{\log_e u}{\log_e a} = \frac{ln\,u}{ln\,a}$

Example 21

Find $\frac{dy}{dx}$; $y=\log_3(3x+2)$.

▶ $y=\frac{ln\,(3x+2)}{ln\,3}$

$$\frac{dy}{dx}=\frac{1}{ln\,3}(ln\,(3x+2))'$$

$$=\frac{1}{ln\,3}\frac{1}{(3x+2)}(3x+2)'$$

$$=\frac{1}{ln\,3}\frac{3}{(3x+2)}$$ ◀

- $\frac{d}{dx}(ln\,x)=\frac{d}{dx}\int_1^x \frac{1}{t}dt=\frac{1}{x}$
- $\frac{d}{dx}a^x=a^x\,ln\,a$
- $\frac{d}{dx}e^x=e^x$
- $\int\frac{1}{x}dx=ln|x|+c$
- $\int a^x dx=\frac{a^x}{ln\,a}+c$
- $\int e^x dx=e^x+c$
- $\int \tan x\,dx=ln|\sec x|+c$

▶STUDY Tip

Exercise #5-26, #5-27, #5-28, #5-29, #5-30, #5-31, #5-32, #5-33, #5-34, #5-35, #5-36, #5-37 참조

L Integral Involving Inverse Trigonometric Functions

Theorem 5-30

$$\sin^{-1}x+\cos^{-1}x=\frac{\pi}{2}$$

$$\tan^{-1}x+\cot^{-1}x=\frac{\pi}{2}$$

$$\sec^{-1}x+\csc^{-1}x=\frac{\pi}{2}$$

proof

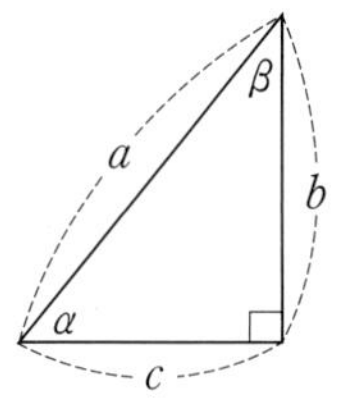

$$\sin\alpha=\cos\beta=\frac{b}{a}=x$$

$\alpha=\sin^{-1}x$

$\beta=\cos^{-1}x$

$$\alpha+\beta=\sin^{-1}x+\cos^{-1}x=\frac{\pi}{2}$$

$$\tan\alpha=\cot\beta=\frac{b}{c}=x$$

$\alpha=\tan^{-1}x$

$\beta=\cot^{-1}x$

$$\alpha+\beta=\tan^{-1}x+\cot^{-1}x=\frac{\pi}{2}$$

$$\sec\alpha=\csc\beta=\frac{a}{c}=x$$

$\alpha=\sec^{-1}x$

$\beta=\csc^{-1}x$

$$\alpha+\beta=\sec^{-1}x+\csc^{-1}x=\frac{\pi}{2}$$

▶STUDY Tip

Exercise #5-38, #5-39, #5-40 참조

Theorem 5-31

$$\frac{d}{dx}[\sin^{-1}x]=\frac{1}{\sqrt{1-x^2}}$$

$$\frac{d}{dx}[\cos^{-1}x]=\frac{-1}{\sqrt{1-x^2}}$$

$$\frac{d}{dx}[\sec^{-1}x]=\frac{1}{x\sqrt{x^2-1}}$$

$$\frac{d}{dx}[\csc^{-1}x]=\frac{-1}{x\sqrt{x^2-1}}$$

$$\frac{d}{dx}[\tan^{-1}x]=\frac{1}{x^2+1}$$

$$\frac{d}{dx}[\cot^{-1}x]=\frac{-1}{x^2+1}$$

▶STUDY Tip

위의 Theorem의 "역" 연산에 해당한다. Inverse Function의 미분공식이 6개이지만 적분공식은 3개면 충분하다. 이유는 Example 22, 23, 24에서 설명하고 있다.

Theorem 5-32

$$\int\frac{dx}{\sqrt{1-x^2}}=\sin^{-1}x+c$$

$$\int\frac{dx}{x\sqrt{x^2-1}}=\sec^{-1}x+c$$

$$\int\frac{dx}{1+x^2}=\tan^{-1}x+c$$

Example 22

$$\int\frac{dx}{\sqrt{1-x^2}}=\underline{-\cos^{-1}x}+c \qquad \leftarrow \left(\begin{array}{l}\sin^{-1}x+\cos^{-1}x=\frac{\pi}{2}\\ \underline{-\cos^{-1}x}=\sin^{-1}x-\frac{\pi}{2}\end{array}\right)$$

$$=\sin^{-1}-\frac{\pi}{2}+c$$

$$=\sin^{-1}+\bar{c} \blacktriangleleft$$

Example 23

$$\int\frac{dx}{1+x^2}=-\cot^{-1}x+c \qquad \leftarrow \left(\begin{array}{l}\tan^{-1}x+\cot^{-1}x=\frac{\pi}{2}\\ -\cot^{-1}x=\tan^{-1}x-\frac{\pi}{2}\end{array}\right)$$

$$=\tan^{-1}x+\bar{c} \blacktriangleleft$$

Example 24

$$\int\frac{dx}{x\sqrt{x^2-1}}=-\csc^{-1}x+c \qquad \leftarrow \left(\begin{array}{l}\sec^{-1}x+\csc^{-1}x=\frac{\pi}{2}\\ -\csc^{-1}x=\sec^{-1}x-\frac{\pi}{2}\end{array}\right)$$

$$=\sec^{-1}x+\bar{c} \blacktriangleleft$$

▶STUDY Tip

Exercise #5-41, #5-42 참조

M Additional Problem

Theorem 5-33

$$\lim_{x\to\infty}\left(1+\frac{1}{x}\right)^{x}=\lim_{x\to0^+}(1+x)^{\frac{1}{x}}=e$$

proof

$f(x)=(1+x)^{\frac{1}{x}}$

$ln\,f(x)=ln(1+x)^{\frac{1}{x}}$

$$\lim_{x\to0^+}ln\,f(x)=\lim_{x\to0^+}ln(1+x)^{\frac{1}{x}}$$

$$=\lim_{x\to0^+}\frac{1}{x}\,ln(1+x)$$

$$=\lim_{x\to0^+}\frac{ln(1+x)}{x}\ \leftarrow\text{(L.P rule)}$$

$$=\lim_{x\to0^+}\frac{\frac{1}{(1+x)}}{1}$$

$$=1$$

$$\lim_{x\to0^+}ln\,f(x)=1$$

$$ln\left(\lim_{x\to0^+}f(x)\right)=1\quad\leftarrow(ln\,e=1)$$

$$\lim_{x\to0^+}f(x)=e$$

$$\lim_{x\to0^+}(1+x)^{\frac{1}{x}}=e$$

▶STUDY Tip

Exercise #5-43, #5-44, #5-45, #5-46, #5-47 참조

Exercise

5-01

- $\int \cos x \, dx$

- $\int \sin x \, dx$

- $\int \sec^2 x \, dx$

- $\int \csc^2 x \, dx$

- $\int \sec x \tan x \, dx$

- $\int \csc x \cot x \, dx$

- $\int \sqrt{x} \, dx$

Exercise

5-02 $\int \frac{2\cos x}{\sin^2 x}\,dx$

5-03 Find $\int (x^3+\sqrt{x}+\frac{1}{x^3})dx$.

5-04 $\int (x^2+2)^5\,2x\,dx$

5-05 $\int 2\sin^2 x\cos x\,dx$

5-06 $\int x\sqrt{4+x}\,dx$

5-07 $\int 7x\cos(x^2)dx$

Exercise

5-08 $\displaystyle\int \frac{3\sin\sqrt{x}}{2\sqrt{x}}\,dx$

5-09 $\displaystyle\int 2\sqrt{1+x^2}\; x^5\,dx$

5-10 • $\displaystyle\frac{d}{dx}\int_{\sqrt{2}}^{x} \sin t\,dt$

• $\displaystyle\frac{d}{dx}\int_{\pi}^{x} \frac{t^2+t+1}{\tan t}\,dt$

5-11 Find $\dfrac{dy}{dx}$; $y=\displaystyle\int_{\pi}^{x^2} \sin t\, dt$.

5-12 Find $\dfrac{dy}{dx}$; $y=\displaystyle\int_{x^2}^{\pi} \sin t\, dt$.

5-13 $\displaystyle\int_{0}^{2} |x-1|\, dx$

Exercise

5-14 $\int_{0}^{\frac{\pi}{2}} \sin^3 t \cdot \cos t \, dt$

5-15 $\int_{-10}^{10} \frac{x^7}{x^2+7} dx$

5-16 $\int_{-1}^{1} (x \cdot \sin^2 x + x^5 - x^2) dx$

5-17 Find "c" that satisfy the mean value theorem of integrals for $f(x)=x$ on the interval $[-2, 2]$.

5-18 Find the average value of the function $f(x)=x^2$ on the interval $[-2, 2]$.

Exercise

5-19 Find $\frac{d}{dx}(ln\,|x|)$.

5-20 $\frac{d}{dx}\int_{1}^{|\cos x|}\frac{1}{t}\,dt$

5-21 Find $\int \frac{ln\,x}{2x}\,dx$.

5-22 $\int \frac{4x}{2x^2+1} dx$

5-23 $\int \tan x \, dx$

5-24 $\int \cot x \, dx$

Exercise

5-25 $\int x^2 \cdot \tan\left(\frac{x^3}{3}+7\right) dx$

5-26 $y=\sqrt[3]{ln\ x}$ Find $\frac{dy}{dx}$.

5-27 Find $\frac{dy}{dx}$; $y=ln\ (ln\ x)$.

5-28 $x \cdot y = ln\,(\cos y)$ Find y'.

5-29 $f(x) = x^{ln\,x}$; Find $f'(e)$.

5-30 $y = \dfrac{3x}{ln\,x}$; Find y'.

Exercise

5-31 $\int \frac{2\log_4 x}{x}\,dx$

5-32 $y=2\,ln\left(\frac{\sin x}{x}\right)$; Find $\frac{dy}{dx}$.

5-33 $\int \frac{4}{x}\,ln\,(x^4)\,dx$

5-34 $\int \frac{(ln\, x)^3}{x}\, dx$

5-35 $y = ln \sqrt{\frac{2-x}{2+x}}$; Find $\frac{dy}{dx}$.

5-36 $y = (ln\, x)^{2\sqrt{x}}$; Find $\frac{dy}{dx}$.

Exercise

5-37 $\int \frac{2}{x\, ln\, x}\, dx$

5-38 $y=e^{\cos^{-1} x}$; Find $\frac{dy}{dx}$.

5-39 $y=\tan^{-1}(e^{2x})$; Find $\frac{dy}{dx}$.

5-40 $\int_0^1 \frac{e^{\cot^{-1}x}}{-1-x^2}dx$

5-41 $\int_0^1 \frac{dx}{1+x^2}$

5-42 $\int \frac{1}{1+4x^2}dx$

Exercise

5-43 $y=\dfrac{1}{\log_3 x}$; Find $\dfrac{dy}{dx}$.

5-44 $y=(2^x)^3$; Find $\dfrac{dy}{dx}$.

5-45 $\int_{-1}^{0} -2\cdot 4^{-x}\cdot ln\,2\,dx$

5-46 $y=\dfrac{e^{x}+e^{-x}}{e^{x}-e^{-x}}$; Find $\dfrac{dy}{dx}$.

5-47 $\displaystyle\int_{-2}^{2}\frac{e^{x}-e^{-x}}{e^{x}+e^{-x}}\,dx$

MEMO

Chapter 6

Application of the Definite Integral

OVERVIEW

Definite Integral의 응용은 면적을 구하는 것에서 출발하여 부피, 곡선의 길이를 구하는 것으로 확장된다. 물리 현상을 이해하고 해석하기 위한 기초를 형성하는 단원이다.

A ▶ Area Between Curves

B ▶ Volume

★C ▶ Length of a Plane Curve(BC Topic Only)

★D ▶ Length of the Parametric Curve(BC Topic Only)

★E ▶ The Short Differential Formula(BC Topic Only)

Chapter 6 Application of the Definite Integral

A Area Between Curves

Theorem 6-1

Suppose that f and g are continuous and $f(x) \geq g(x)$ on an interval $[a, b]$

Area$=\int_a^b [f(x)-g(x)]\,dx$

Case (i)

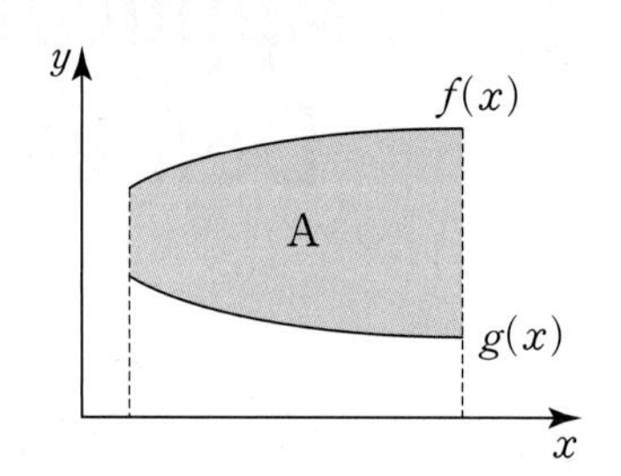

Case (ii)

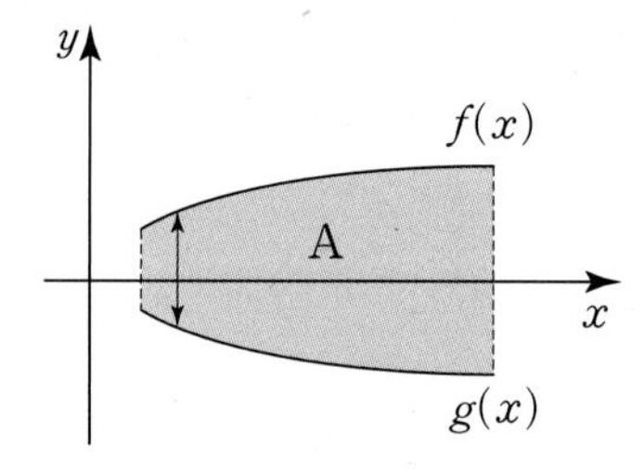

Case (iii)

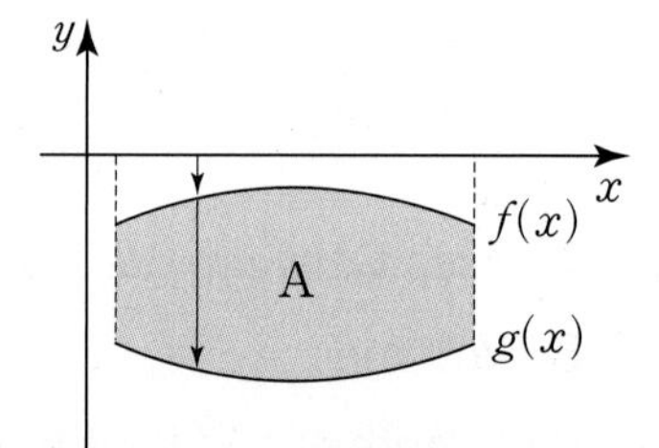

Case (iv)

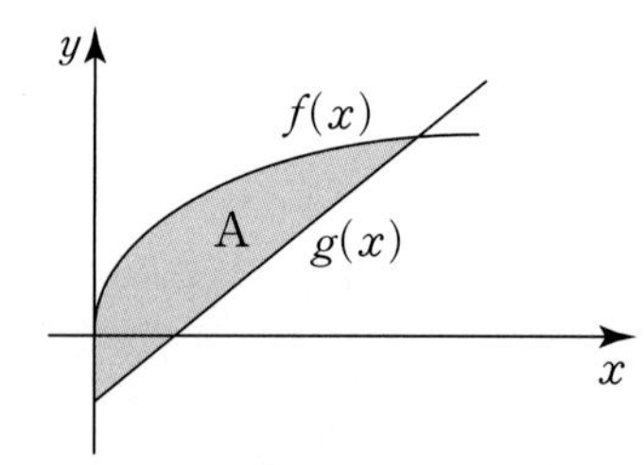

---

proof

Case (iv)

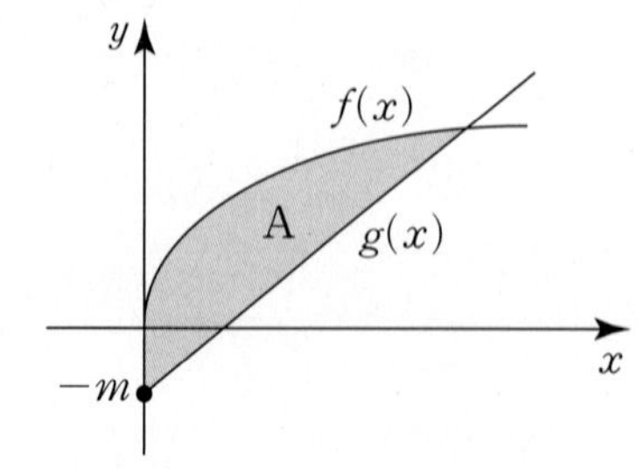

($-m$ is the mininum value of $g(x)$)

$g(x) \geq -m$
$g(x)+m \geq 0$

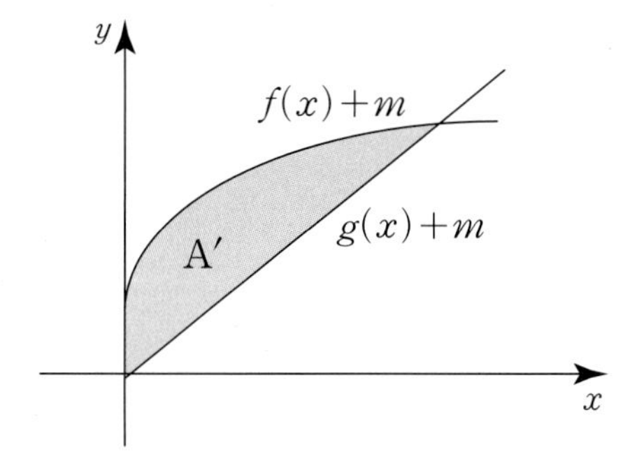

The area of a region is unchanged $A=A'$

$$A'=\int_a^b (f(x)+m)-(g(x)+m)dx$$
$$=\int_a^b (f(x)-g(x))dx$$

$$A=\int_a^b f(x)-g(x)dx$$ ◀

Example 1

Find the area of the region enclosed between $y=x^2$ and $y=x+2$.

▶

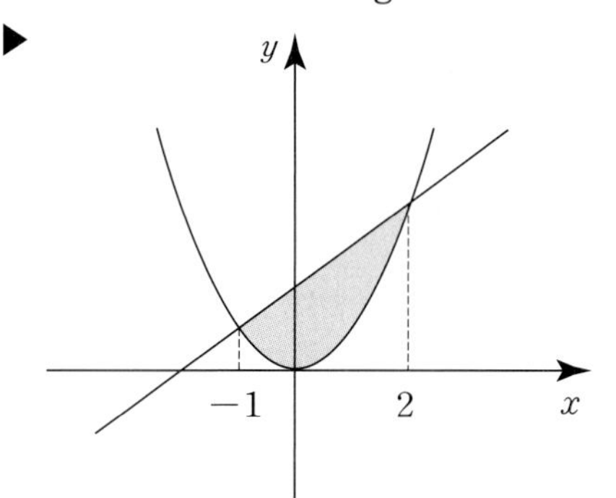

$x^2=x+2$
$x^2-x-2=0$
$(x-2)(x+1)=0$
$x=2$ or $x=-1$

$$\int_{-1}^{2} (x+2)-x^2\,dx=\left[\frac{x^2}{2}+2x-\frac{x^3}{3}\right]_{-1}^{2}$$
$$=\left[\frac{4}{2}+4-\frac{8}{3}\right]-\left[\frac{1}{2}-2+\frac{1}{3}\right]$$
$$=\frac{9}{2}$$ ◀

Theorem 6-2

Suppose that f and g are continuous and $f(y) \geq g(y)$ on the interval $[c, d]$

$$\text{Area} = \int_c^d [f(y) - g(y)]\, dy$$

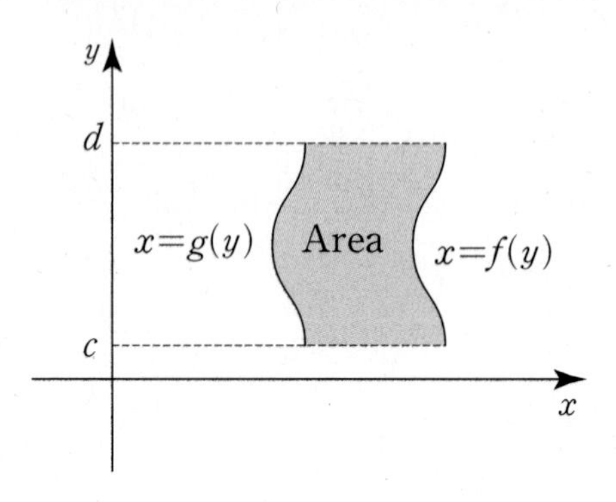

Example 2

Find the area of the region enclosed between $y^2 = x$ and $y = x - 6$.

▶

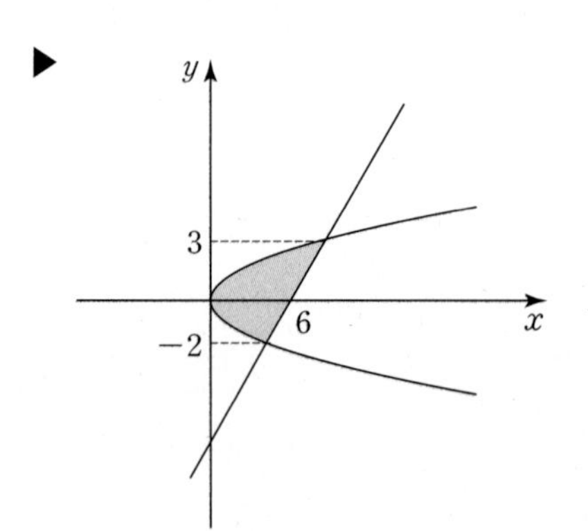

$x = y^2$

$x = y + 6$

$y^2 = y + 6$

$y^2 - y - 6 = 0$

$(y+2)(y-3) = 0$

$y = -2$ or 3

$$\int_{-2}^{3} (y + 6 - y^2) = \left[\frac{y^2}{2} + 6y - \frac{y^3}{3}\right]_{-2}^{3}$$

$$= \left(\frac{9}{2} + 18 - \frac{27}{3}\right) - \left(\frac{4}{2} - 12 + \frac{8}{3}\right)$$

$$= \frac{125}{6}$$ ◀

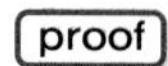
Theorem 6-3

The area between $y=f(x), y=g(x), x=a, x=b$

$$\text{Area}=\int_a^b |f(x)-g(x)|\,dx$$

proof

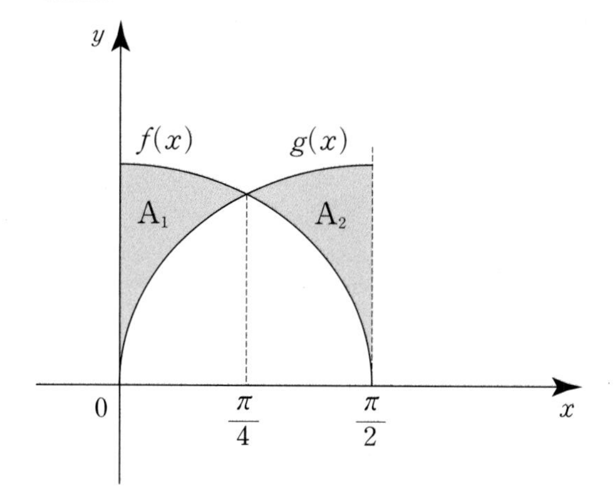

$$\begin{bmatrix} 0\le x\le \frac{\pi}{4}\ ;\ f(x)-g(x)\ge 0\ ;\ |f(x)-g(x)|=f(x)-g(x) \\ \frac{\pi}{4}\le x\le \frac{\pi}{2}\ ;\ f(x)-g(x)\le 0\ ;\ |f(x)-g(x)|=g(x)-f(x) \end{bmatrix}$$

▶STUDY Tip

Definition of $|A|$

$A\ge 0$ and $|A|=A$

or

$A<0$ and $|A|=-A$

$$\int_0^{\frac{\pi}{4}}[f(x)-g(x)]\,dx+\int_{\frac{\pi}{4}}^{\frac{\pi}{2}}[g(x)-f(x)]\,dx$$

$$=\int_0^{\frac{\pi}{2}}|f(x)-g(x)|\,dx$$

Example 3

Find the area of the region enclosed by

$y=2\sin x,\ y=2\cos x,\ x=0$, and $x=\dfrac{\pi}{2}$.

▶

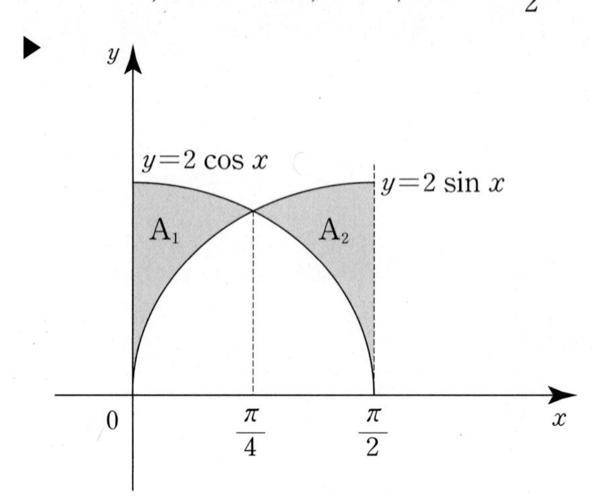

$$A=A_1+A_2$$

$$=\int_0^{\frac{\pi}{4}}[2\cos x-2\sin x]\,dx+\int_{\frac{\pi}{4}}^{\frac{\pi}{2}}[2\sin x-2\cos x]\,dx$$

$$=2\int_0^{\frac{\pi}{4}}[\cos x-\sin x]dx+2\int_{\frac{\pi}{4}}^{\frac{\pi}{2}}[\sin x-\cos x]\,dx$$

$$=2\Big[\sin x+\cos x\Big]_0^{\frac{\pi}{4}}+2\Big[-\cos x-\sin x\Big]_{\frac{\pi}{4}}^{\frac{\pi}{2}}$$

$$=2\left[\frac{\sqrt{2}}{2}+\frac{\sqrt{2}}{2}-0-1\right]+2\left[0-1+\frac{\sqrt{2}}{2}+\frac{\sqrt{2}}{2}\right]$$

$$=\sqrt{2}+\sqrt{2}-2-2+\sqrt{2}+\sqrt{2}=4\sqrt{2}-4$$ ◀

▶STUDY Tip

Exercise #6-1, #6-2, #6-3, #6-4 참조

B Volume

- Slab
- Disk
- Washer

Slab

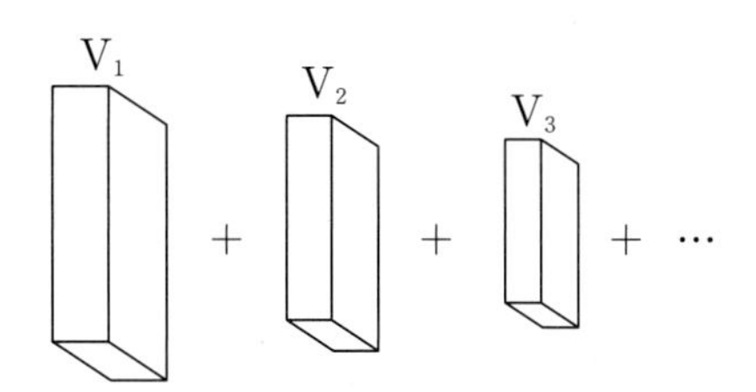

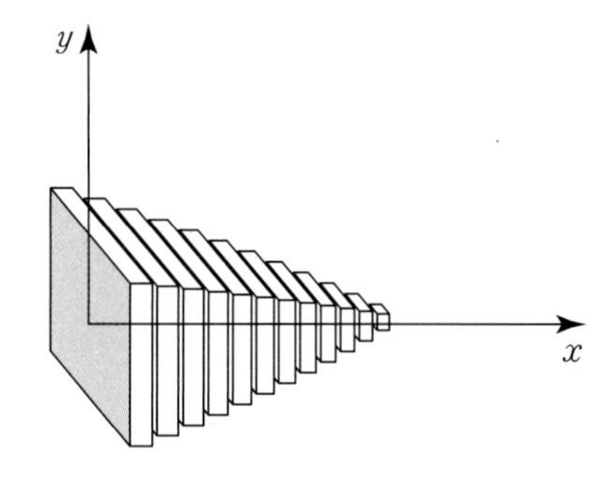

- Volume by cross section area perpendicular to the $x-axis$

$$\text{Volume}=\lim_{n\to\infty}\sum_{k=1}^{n}\mathrm{A}(x_k)\Delta x=\int_a^b A(x)dx$$

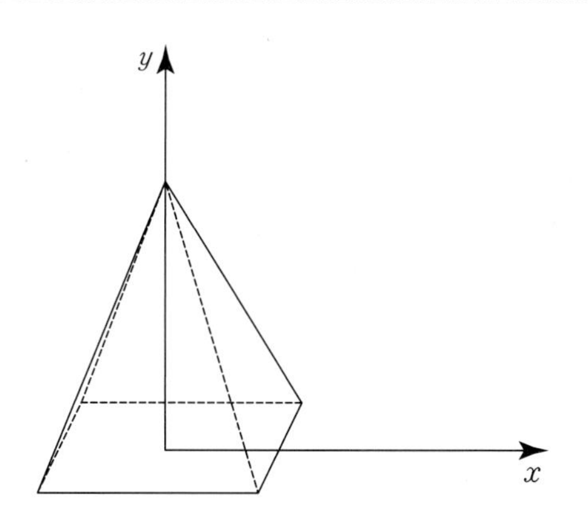

- Volume by cross section area perpendicular to the $y-axis$

$$\text{Volume}=\lim_{n\to\infty}\sum_{k=1}^{n}\mathrm{A}(y_k)\Delta y=\int_c^d \mathrm{A}(y)\Delta y$$

Example 4

Show that the volume of a pyramid whose base is square with sides with lengths "b" is

$$V=\frac{1}{3}\cdot[\text{Height}]\cdot[\text{Base Area}]$$
$$=\frac{1}{3}\cdot h\cdot B$$
$$=\frac{1}{3}\cdot h\cdot b^2$$

▶STUDY Tip

사실상 b, h는 상수에 해당하며 x, y는 변수이다. 그림의 구조가 Volume by Cross Section Area Perpendicular to the y-axis 이므로 $x=f(y)$를 만들어 주어야 한다.

▶

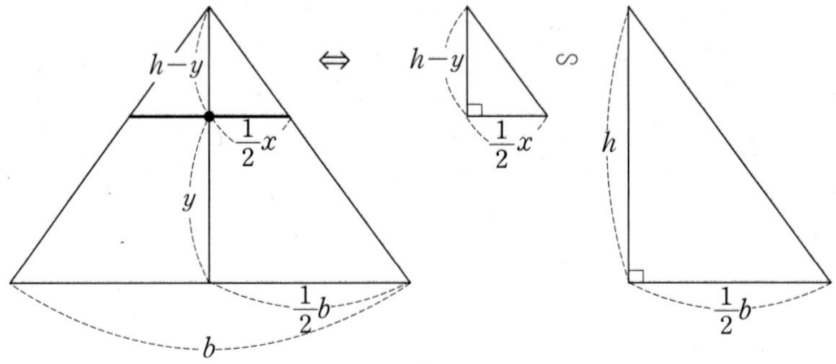

$h-y$, $\frac{1}{2}x$, y, $\frac{1}{2}b$, b ⇔ $h-y$, $\frac{1}{2}x$ ∽ h, $\frac{1}{2}b$

AA similarity

$$\left[\frac{\frac{1}{2}x}{\frac{1}{2}b}=\frac{h-y}{h}\Leftrightarrow x=b\left(\frac{h-y}{h}\right)=\frac{b}{h}(h-y)\ \Leftrightarrow\ x=f(y)\right]$$

▶STUDY Tip

작은 삼각형과 큰 삼각형이 서로 닮음이므로 닮음의 성질에 의하여

$$(h-y):h=\frac{1}{2}x:\frac{1}{2}b$$

$$\Leftrightarrow\frac{\frac{1}{2}x}{\frac{1}{2}b}=\frac{h-y}{h}$$

$$\int_0^h \mathrm{A}(y)dy\ \leftarrow\left[\mathrm{A}(y)=(x)^2=\left(\frac{b}{h}(h-y)\right)^2=\frac{b^2}{h^2}(h-y)^2\right]$$

$$=\int_0^h\frac{b^2}{h^2}(h-y)^2dy=\frac{b^2}{h^2}\int_0^h(h-y)^2dy\ \leftarrow\left(u=h-y\Leftrightarrow\frac{du}{dy}=-1\right)$$

$$=-\frac{b^2}{h^2}\int_0^h(-1)u^2dy=-\frac{b^2}{h^2}\int_0^h u^2\frac{du}{dy}dy$$

$$=-\frac{b^2}{h^2}\int_h^0 u^2du\ \leftarrow\begin{pmatrix}u=h-h=0\\u=h-0=h\end{pmatrix}$$

$$=-\frac{b^2}{h^2}\left[\frac{u^3}{3}\right]_h^0=-\frac{b^2}{h^2}\left[0-\frac{h^3}{3}\right]$$

$$=\frac{b^2h^3}{3h^2}=\frac{1}{3}\cdot h\cdot b^2$$

$$=\frac{1}{3}h\cdot\mathrm{B}$$ ◀

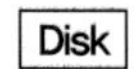

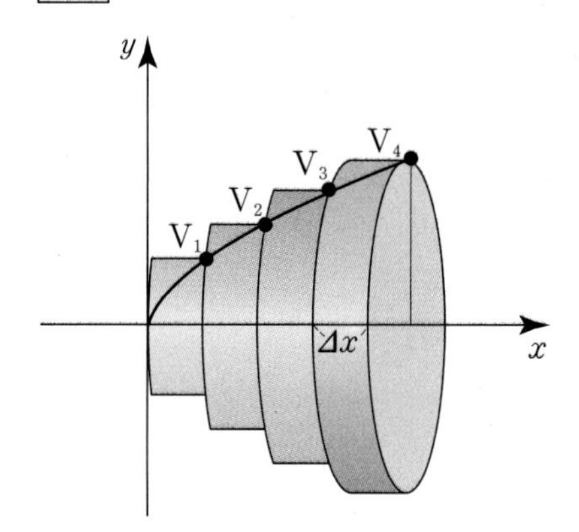

$$V=V_1+V_2+V_3+V_4$$

$$=A(x_1)\Delta x+A(x_2)\Delta x+A(x_3)\Delta x+A(x_4)\Delta x$$

$$=\sum_{k=1}^{4} A(x_k)\Delta x$$

$$\lim_{n\to\infty}\sum_{k=1}^{n} A(x_k)\Delta x=\int_a^b A(x)dx$$

- Volume by disk perpendicular to the $x-axis$

$$V=\int_a^b \pi\{f(x)\}^2 dx$$

- Volume by disk perpendicular to the $y-axis$

$$V=\int_c^d \pi\{g(y)\}^2 dy$$

Example 5

Show that the volume of a sphere whose radius r is

Volume $= \frac{4}{3} \cdot \pi \cdot r^3$.

▶

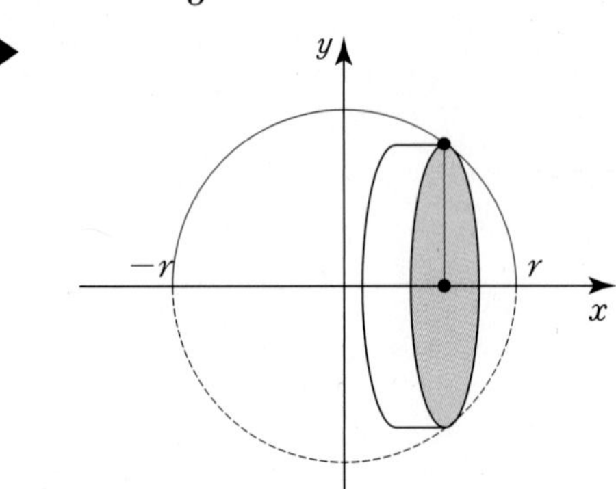

$$\left[\begin{array}{l} x^2+y^2=r^2 \leftarrow \text{Circle of Equation} \\ y^2=r^2-x^2 \\ y=\pm\sqrt{r^2-x^2} \\ y=\sqrt{r^2-x^2} \quad \leftarrow (y \geq 0) \end{array}\right]$$

$$\int_{-r}^{r} \pi(\sqrt{r^2-x^2})^2 dx = \pi \int_{-r}^{r} (r^2-x^2) dx$$

$$= \pi\Big[\underbrace{\int_{-r}^{r} r^2 dx}_{\text{(i)}} - \underbrace{\int_{-r}^{r} x^2 dx}_{\text{(ii)}}\Big]$$

$$\left[\begin{array}{l} \text{(i)} \int_{-r}^{r} r^2 dx = r^2 \int_{-r}^{r} dx = r^2\Big[x\Big]_{-r}^{r} = r^2[r-(-r)] = 2r^3 \\ \text{(ii)} \int_{-r}^{r} x^2 dx = \Big[\frac{x^3}{3}\Big]_{-r}^{r} = \frac{r^3}{3} - \Big(-\frac{r^3}{3}\Big) = \frac{2r^3}{3} \end{array}\right]$$

$$= \pi[\text{(i)}-\text{(ii)}] = \pi\Big[2r^3 - \frac{2r^3}{3}\Big]$$

$$= \pi\Big[\frac{6r^3}{3} - \frac{2r^3}{3}\Big]$$

$$= \frac{4}{3}\pi r^3$$ ◀

Washer

- Volume by washers perpendicular to the $x-axis$

$$V=\int_a^b \pi\{[f(x)]^2-[g(x)]^2\}\,dx$$

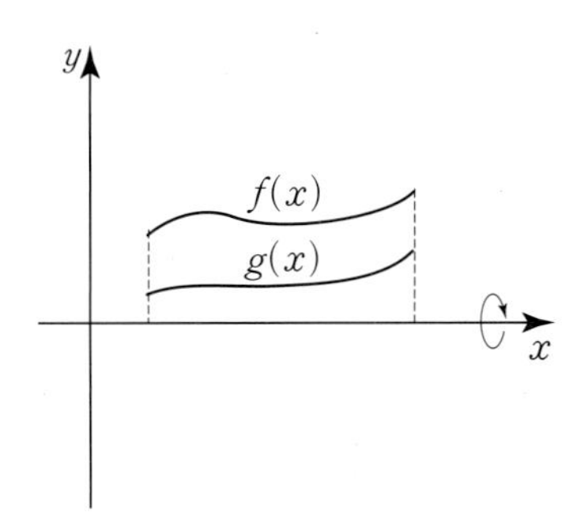

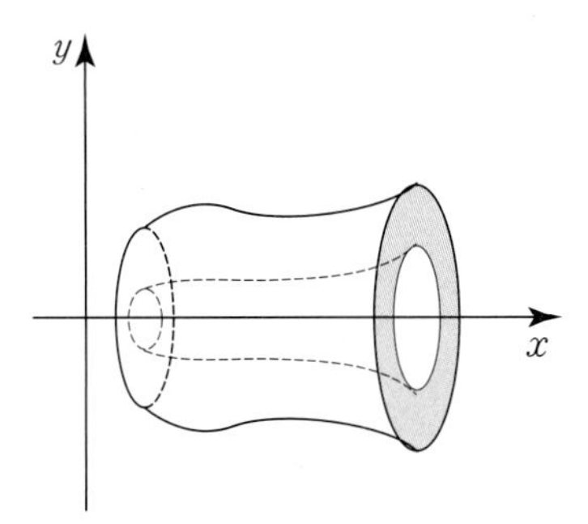

- Volume by washers perpendicular to the $y-axis$

$$V=\int_c^d \pi\{[u(y)]^2-[w(y)]^2\}\,dy$$

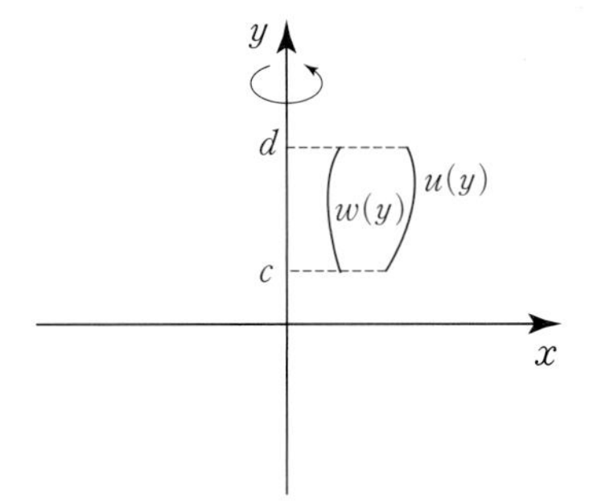

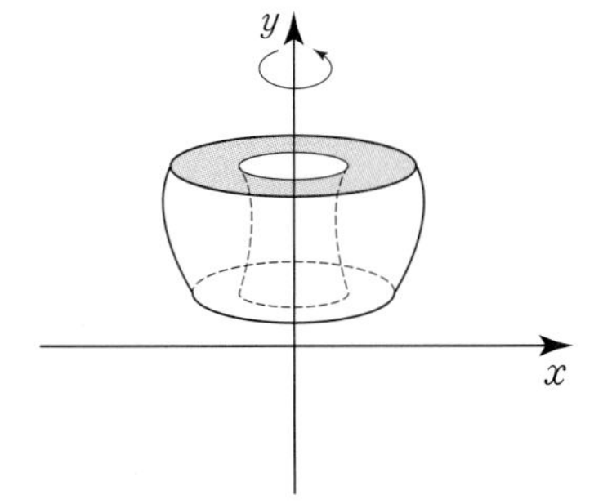

Example 6

Find the volume of the solid generated by revolving the region bounded by $f(x)=1+x^2$ and $g(x)=x$ over $[0, 1]$ about the $x-axis$.

▶

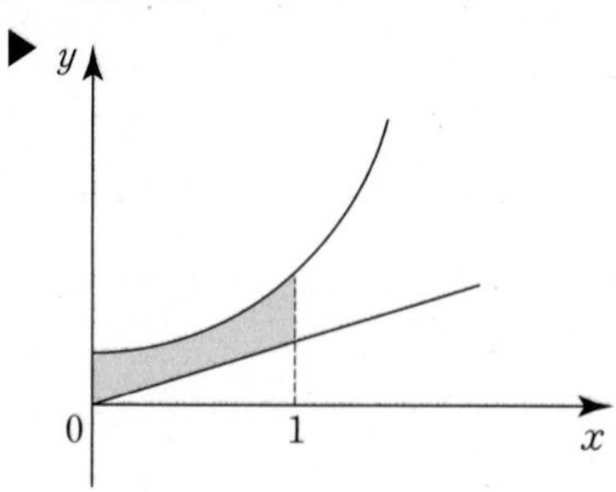

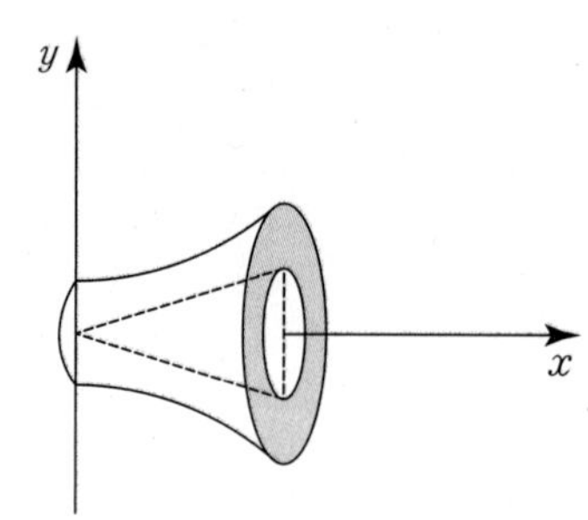

$$\int_0^1 \pi[f(x)^2-g(x)^2]\,dx = \int_0^1 \pi[(1+x^2)^2-x^2]\,dx$$

$$=\pi\int_0^1 (1^2+2x^2+x^4)-x^2dx = \pi\int_0^1 1+x^2+x^4\,dx$$

$$=\pi\left[x+\frac{x^3}{3}+\frac{x^5}{5}\right]_0^1 = \pi\left(1+\frac{1}{3}+\frac{1}{5}\right)$$

$$=\pi\left(\frac{15+5+3}{15}\right)$$

$$=\pi\cdot\frac{23}{15}$$

$$\approx 4.8171\cdots$$ ◀

Example 7

Find the volume of solid generated when the region between $y=3x$ and $y=3x^2$ is rotated about the $y-axis$.

Washer

$y=3x$

$x=\frac{1}{3}y$

$y=3x^2$

$x^2=\frac{y}{3}$

$x=\pm\sqrt{\frac{y}{3}}\ (x\geq 0)$

$x=\sqrt{\frac{y}{3}}$

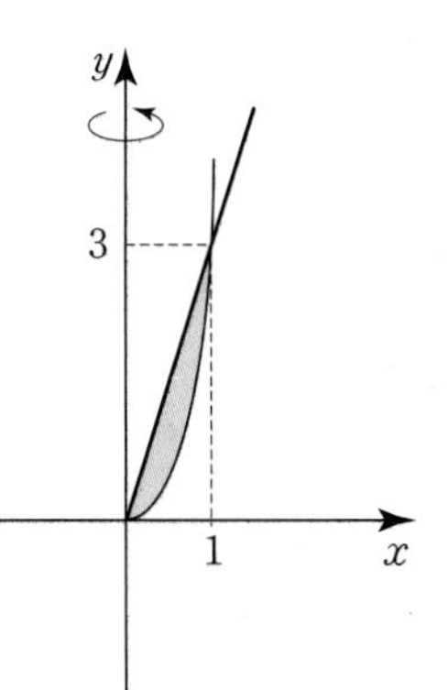

$y=3x^2=3\left(\frac{1}{3}y\right)^2 \leftarrow \left(x=\frac{1}{3}y\right)$

$y=\frac{y^2}{3} \Leftrightarrow 3y=y^2 \Leftrightarrow y^2-3y=0 \Leftrightarrow y(y-3)=0$

$y=0$ or $y=3$

$$\int_0^3 \pi\left[\left(\sqrt{\frac{y}{3}}\right)^2-\left(\frac{1}{3}y\right)^2\right]dy=\pi\int_0^3\left(\frac{y}{3}-\frac{y^2}{9}\right)dy$$

$$=\pi\left[\frac{1}{3}\cdot\frac{y^2}{2}-\frac{1}{9}\cdot\frac{y^3}{3}\right]_0^3$$

$$=\pi\left[\frac{1}{3}\cdot\frac{9}{2}-\frac{1}{9}\cdot\frac{27}{3}\right]=\pi\left(\frac{3}{2}-1\right)$$

$$=\frac{\pi}{2}$$ ◀

★ C Length of a Plane Curve(BC Topic Oniy)

⊗ Theorem 6-4

If f' is continuous on $[a, b]$, $y=f(x)$, $a \le x \le b$, then
The length of the curve
$=\int_a^b \sqrt{1+[f'(x)]^2}\,dx$

proof

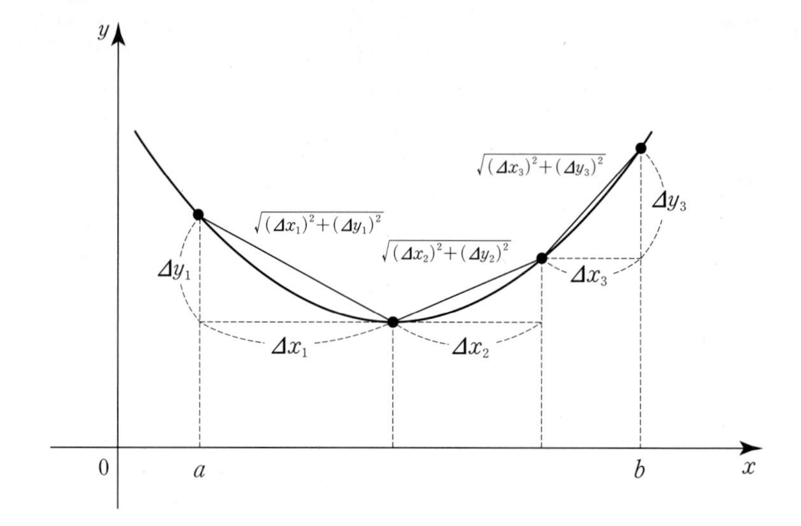

$$\sum_{k=1}^{n}\sqrt{(\Delta x_k)^2+(\Delta y_k)^2}$$

$$=\sum_{k=1}^{n}\sqrt{(\Delta x_k)^2\left(1+\frac{(\Delta y_k)^2}{(\Delta x_k)^2}\right)}$$

$$=\sum_{k=1}^{n}\sqrt{1+\left(\frac{\Delta y_k}{\Delta x_k}\right)^2}\sqrt{(\Delta x_k)^2}$$

$$=\sum_{k=1}^{n}\sqrt{1+\left(\frac{\Delta y_k}{\Delta x_k}\right)^2}\,\Delta x_k$$

$$\lim_{n\to\infty}\sum_{k=1}^{n}\sqrt{1+\left(\frac{\Delta y_k}{\Delta x_k}\right)^2}\,\Delta x_k$$

$$=\int_a^b\sqrt{1+(y')^2}\,dx \blacktriangleleft$$

▸STUDY Tip

$\lim_{\Delta x\to 0}\frac{\Delta y}{\Delta x}=y'(x)$

$\lim_{\Delta x\to 0}\frac{f(x+\Delta x)-f(x)}{\Delta x}=y'(x)$

Theorem 6–5

If f' is continuous on $[c, d]$, $x=g(y)$, $c\le y\le d$, then
The length of the curve
$=\int_c^d \sqrt{1+[g'(y)]^2}\,dy$

Example 8

Find the length of the curve

$y=ln(\sin x)$ from $x=\frac{\pi}{4}$ to $x=\frac{\pi}{2}$.

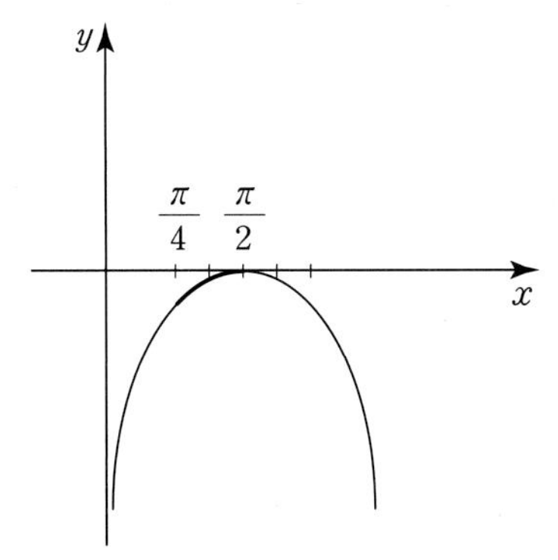

▶ $y=ln\,u \leftarrow \left(u=\sin x \Leftrightarrow \frac{du}{dx}=\cos x\right)$

$\frac{dy}{dx}=\frac{dy}{du}\frac{du}{dx}=\frac{1}{\sin x}\cos x=\frac{\cos x}{\sin x}=\cot x$

$$S=\int_{\frac{\pi}{4}}^{\frac{\pi}{2}}\sqrt{1+\cot^2 x}\,dx$$

$$=\int_{\frac{\pi}{4}}^{\frac{\pi}{2}}\sqrt{\csc^2 x}\,dx \quad \leftarrow (1+\cot^2 x=\csc^2 x)$$

$$=\int_{\frac{\pi}{4}}^{\frac{\pi}{2}}\csc x\,dx$$

$$=\int_{\frac{\pi}{4}}^{\frac{\pi}{2}}\csc x\left(\frac{\csc x-\cot x}{\csc x-\cot x}\right)dx$$

$$=\int_{\frac{\pi}{4}}^{\frac{\pi}{2}}\frac{\csc^2 x-\csc x\cot x}{\csc x-\cot x}\,dx \leftarrow \left(u=\csc x-\cot x,\ \frac{du}{dx}=-\csc x\cot x+\csc^2 x\right)$$

$$=\int\frac{1}{u}\frac{du}{dx}\cdot dx=\int\frac{1}{u}du=\Big[ln|u|\Big]_{\sqrt{2}-1}^{1} \leftarrow \left(\begin{array}{l}u=\csc x-\cot x\\ =\csc\frac{\pi}{2}-\cot\frac{\pi}{2}=1-0=1\\ u=\csc\frac{\pi}{4}-\cot\frac{\pi}{4}=\sqrt{2}-1\end{array}\right)$$

$$=[ln|1|-ln\,|\sqrt{2}-1|]=-ln\,|\sqrt{2}-1| = 0.881374$$ ◀

▶STUDY Tip

즉 $\cot\frac{\pi}{2}\ne\frac{1}{\tan\frac{\pi}{2}}$

$\leftarrow\left(\tan\frac{\pi}{2}\text{ undefined}\right)$

$\cot\frac{\pi}{2}=0$

$\leftarrow\left(\cot\theta=\frac{x}{y}=\frac{0}{1}=0\right)$

$\csc\frac{\pi}{2}=\frac{1}{\sin\frac{\pi}{2}}=\frac{1}{1}=1$

$\csc\frac{\pi}{4}=\frac{1}{\sin\frac{\pi}{4}}=\sqrt{2}$

$\cot\frac{\pi}{4}=\frac{1}{\tan\frac{\pi}{4}}=\frac{1}{1}=1$

D Length of the Parametric Curve(BC Topic Oniy)

Theorem 6-6

$x=x(t),\ y=y(t),\ a\le t\le b$

$$L=\int_a^b\sqrt{\left(\frac{dx}{dt}\right)^2+\left(\frac{dy}{dt}\right)^2}\,dt$$

proof

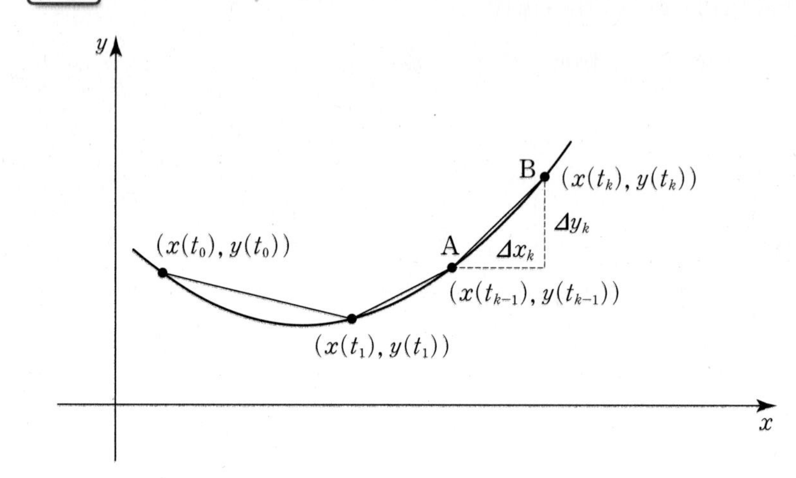

$\Delta x_k=x(t_k)-x(t_{k-1})$

$\Delta y_k=y(t_k)-y(t_{k-1})$

$\overline{AB}=\sqrt{(\Delta x_k)^2+(\Delta y_k)^2}$

$=\sqrt{[x(t_k)-x(t_{k-1})]^2+[y(t_k)-y(t_{k-1})]^2}$

$=\sqrt{[\Delta t(x'(t_k^{\star}))]^2+[\Delta t(y'(t_k^{\star\star}))]^2}$ ← (Mean Value Theorem)

$=\sqrt{(\Delta t)^2(x'(t_k^{\star}))^2+(\Delta t)^2(y'(t_k^{\star\star}))^2}$

$=\sqrt{(x'(t_k^{\star}))^2+(y'(t_k^{\star\star}))^2}\cdot\sqrt{(\Delta t)^2}$

▶STUDY Tip

By mean value theorem

$x'(t_k^{\star})=\dfrac{x(t_k)-x(t_{k-1})}{\Delta t}$

$y'(t_k^{\star\star})=\dfrac{y(t_k)-y(t_{k-1})}{\Delta t}$

We select $t_k^{\star},\ t_k^{\star\star}$ on $(t_{k-1},\ t_k)$

$\lim_{n\to\infty}\sum_{k=1}^{n}\sqrt{(x'(t_k^{\star}))^2+(y'(t_k^{\star\star}))^2}\,\Delta t$

$=\int_a^b\sqrt{\left(\frac{dx}{dt}\right)^2+\left(\frac{dy}{dt}\right)^2}\,dt$ ← $(a\le t\le b)$

E The Short Differential Formula(BC Topic Oniy)

$$L=\int_a^b\sqrt{\left(\frac{dx}{dt}\right)^2+\left(\frac{dy}{dt}\right)^2}dt$$
$$=\int ds$$
$$=\int\sqrt{dx^2+dy^2}$$

▶STUDY Tip

곡선의 길이를 나타내기 위해

$L=\int_a^b\sqrt{\left(\frac{dx}{dt}\right)^2+\left(\frac{dy}{dt}\right)^2}dt$

라고 표현하면 너무 길고 복잡하므로 간단하게 $\int ds$ 로 표현한다.

Example 9

Prove that the formula $L=\int ds$ gives circumference of a circle, $2\pi r$=circumference.

▶

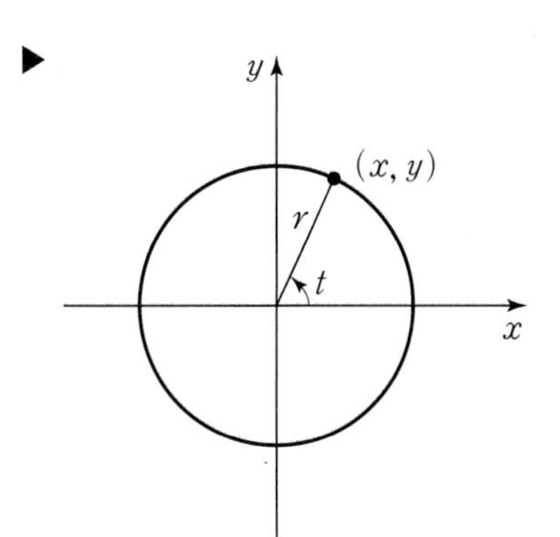

$\leftarrow\left(\begin{array}{l}x=r\cos t\\ y=r\sin t\end{array}\;;0\le t\le 2\pi\right)$

▶STUDY Tip

$x = r\cos t = r\,\frac{x}{r}$

$y = r\sin t = r\,\frac{y}{r}$

$$\int ds=\int_0^{2\pi}\sqrt{\left(\frac{dx}{dt}\right)^2+\left(\frac{dy}{dt}\right)^2}dt$$
$$=\int_0^{2\pi}\sqrt{(r\sin t)^2+(r\cos t)^2}\,dt$$
$$=\int_0^{2\pi}\sqrt{r^2[\sin^2 t+\cos^2 t]\,dt}$$
$$=\int_0^{2\pi}\sqrt{r^2}\,dt$$
$$=\int_0^{2\pi}r\,dt$$
$$=r\int_0^{2\pi}dt$$
$$=r\Big[t\Big]_0^{2\pi}$$
$$=2\pi r$$ ◀

▶STUDY Tip

Exercise #6-5, #6-6, #6-7, #6-8, #6-9, #6-10, #6-11, #6-12, #6-13 참조

MEMO

Exercise

6-01 $\int_{-1}^{1} |x^2 - x| dx$

6-02 Find the area of the region enclosed between

$$f(x) = \frac{2}{1+x^2} \text{ and } g(x) = x^2.$$

Exercise

6-03 Find the area of the region enclosed by

$$f(y)=\frac{y}{\sqrt{4-y^2}},\ g(y)=0,\ \text{and}\ y=1.$$

6-04 Find the area of the region enclosed by

$$y=e^{x}\ ,\ y=3e^{-x}\ ,\ \text{and}\ y=1\ .$$

Exercise

6-05 Find the volume of solid generated when the region between $y=3x$ and $y=3x^2$ is rotated about the $x-axis$.

6-06 Find the volume of solid generated when the region between $y=3x$ and $y=3x^2$ is rotated about the line $y=5$.

6-07 Find the volume of solid generated when the region between $y=3x$ and $y=3x^2$ is rotated about the $x=-3$.

Exercise

6-08 The base of a solid is the region bounded by $y=\sin 2x$ and the $x-axis$. Find the volume of the solid given that each cross section perpendicular to the $x-axis$ is an equilateral triangle sitting on this base.

6-09 The base of a solid is the region bounded by $y = 2-x^2$, the $x-axis$, and the $y-axis$. Find the volume of the solid given that each cross section perpendicular to the $x-axis$ is an square sitting on this base.

Exercise

6-10 The base of a solid is the region bounded by

$$\frac{x^2}{3^2}+\frac{y^2}{2^2}=1$$

Find the volume of the solid given that each cross section perpendicular to the $x-axis$ is an isosceles right triangle whose hypotenuse lies in the $xy-$plane.

6-11 The base of a solid is the region bounded by $x=y^2$ and $x=4-y^2$. Find the volume of the solid given that each cross section perpendicular to the $x-axis$ is an square sitting on the base.

Exercise

6-12 Find the volume of the wedge that is cut from a right circular cylinder of radius 2 by two planes. One plane is perpendicular to the axis of the cylinder. The second plane makes an angle 60° with the first along a diameter of the cylinder.

6-13 Find the volume of solid obtained by revolving the region enclosed by $y=2\sqrt{x}$, $y=2$ and $x=5$ about the $y=2$.

Chapter 7

Integration Techniques

OVERVIEW

몇 가지 Integration Technique를 다루고 있다. 일반적인 Integration 공식으로 계산할 수 없는 복잡한 함수의 Integration을 배우게 된다.

*A ▶ Integration by Part(BC Topic Only)

*B ▶ Integrating Powers of Sine and Cosine (BC Topic Only)

*C ▶ Integrating Powers of Secant and Tangent (BC Topic Only)

*D ▶ The Integration of Partial Fractions(BC Topic Only)

E ▶ Numerical Approximation

*F ▶ Indeterminate Forms and L'Hospital's Rule (BC Topic Only)

*G ▶ Additional Indeterminate form(BC Topic Only)

*H ▶ Improper Integrals(BC Topic Only)

Chapter 7 Integration Techniques

▶STUDY Tip

Integration by Part의 공식은 2개가 만들어 진다.
문제에 적용될 때에 2개가 혼용되어서 쓰일 수 있으므로 2개 모두를 알아두어야 한다.

A Integration by Part(BC Topic Only)

⊗ Theorem 7-1

$$\int f(x)g'(x)dx = f(x)\cdot g(x)-\int f'(x)g(x)dx$$
$$\int f'(x)g(x)dx = f(x)\cdot g(x)-\int f(x)g'(x)dx$$

proof

$$\frac{d}{dx}[f(x)\cdot g(x)] = f(x)'g(x)+f(x)g'(x)$$

$$\Leftrightarrow \int [f'(x)g(x)+f(x)g'(x)]dx=f(x)\cdot g(x)+c$$

$$\Leftrightarrow \int f'(x)\cdot g(x)dx+\int f(x)g'(x)dx=f(x)\cdot g(x)+c$$

$$\Leftrightarrow \int f(x)g'(x)dx = f(x)\cdot g(x)-\int f'(x)g(x)dx$$

$$\Leftrightarrow \int f'(x)g(x)dx = f(x)\cdot g(x)-\int f(x)g'(x)dx$$

[There is no need to keep "c" in this equation]

⊗ Theorem 7-2

$$\int_a^b f'(x)g(x)dx=\Big[f(x)g(x)\Big]_a^b-\int_a^b f(x)g'(x)dx$$

proof

$$\frac{d}{dx}[f(x)\cdot g(x)]=f'(x)\cdot g(x)+f(x)\cdot g'(x)$$

$$\Leftrightarrow \int_a^b \Big[f'(x)g(x)+f(x)g'(x)\Big]dx=\Big[f(x)\cdot g(x)\Big]_a^b$$

$$\Leftrightarrow \int_a^b f'(x)g(x)dx+\int_a^b f(x)g'(x)dx=\Big[f(x)\cdot g(x)\Big]_a^b$$

$$\Leftrightarrow \int_a^b f'(x)g(x)dx=\Big[f(x)g(x)\Big]_a^b-\int_a^b f(x)g'(x)\,dx$$

Example 1

$$\int \underset{g(x)}{x}\ \underset{f'(x)}{\sin x}\ dx$$

▶ $=x\cdot(-\cos x)-\int(-\cos x)dx$

$=-x\cdot\cos x+\int\cos x\,dx$

$=-x\cos x+\sin x+c$ ◀

★B Integrating Power of Sine and Cosine(BC Topic Only)

Example 2

$$\int \underset{g(x)}{x^2}\cdot\underset{f'(x)}{\cos x}\ dx$$

▶ $=x^2\cdot\sin x-\int 2x\ \sin x\ dx$

$=x^2\cdot\sin x-2\int x\sin x\ dx$ ← (Example 1)

$=x^2\cdot\sin x-2\left[-x\ \cos x+\sin x+c\right]$

$=x^2\sin x+2x\ \cos x-2\sin x+\bar{c}$ ◀

▶STUDY Tip

미분해서 간소화 될 수 있는 함수를 $g(x)$로 놓아야 한다.

$ln\,x$, x, x^2, $\tan^{-1}x$, $\sin^{-1}x$ 등 등

$\int \underset{f(x)}{x^2}\cdot\underset{g'(x)}{\cos x}\ dx$

이 경우에는 미분에서 간소화 될 수 있는 함수를 $f(x)$로 놓아야 한다.

★C Integrating Powers of Secant and Tangent(BC Topic Only)

Example 3

$$\int\tan x\,dx$$

▶ $\int\tan x\,dx=\int\frac{\sin x}{\cos x}dx$ ← $\left(u=\cos x;\ \frac{du}{dx}=-\sin x\right)$

$=-\int\frac{1}{u}(-\sin x)dx=-\int\frac{1}{u}\frac{du}{dx}dx$

$=-\int\frac{1}{u}du=ln|u|+c=-ln|\cos x|+c$

$=ln|\cos x|^{-1}+c=ln|(\cos x)^{-1}|+c$

$=ln\left|\frac{1}{\cos x}\right|+c$

$=ln|\sec x|+c$ ◀

Example 4

$$\int \sec x\, dx$$

▶ $=\int \sec x\left(\frac{\sec x+\tan x}{\sec x+\tan x}\right)dx$ ← $\left(\begin{array}{l} u=\sec x+\tan x \\ \frac{du}{dx}=\sec x\ \tan x+\sec^2 x \end{array}\right)$

$=\int \frac{\sec^2 x+\sec x\tan x}{\sec x+\tan x}\,dx$

$=\int \frac{1}{u}\frac{du}{dx}\,dx$

$=\int \frac{1}{u}\,du$

$=ln|u|+c$

$=ln|\sec x+\tan x|+c$ ◀

Example 5

$$\int \csc x\, dx$$

▶ $=\int \csc x\left(\frac{\csc x-\cot x}{\csc x-\cot x}\right)dx$ ← $\left(\begin{array}{l} u=\csc x-\cot x \\ \frac{du}{dx}=-\csc x\ \cot x+\csc^2 x \end{array}\right)$

$=\int \frac{\csc^2 x-\csc x\cdot\cot x}{\csc x-\cot x}\,dx$

$=\int \frac{1}{u}\frac{du}{dx}\,dx=\int \frac{1}{u}\,du$

$=ln|u|+c$

$=ln|\csc x-\cot x|+c$ ◀

▶STUDY Tip

Exercise #7-1~#7-38 참조

★D The Integration of Partial Fractions(BC Topic Only)

Theorem 7-3 Partial Fraction

(i) $\frac{2x+3}{(x+2)(3x+3)}=\frac{A}{x+2}+\frac{B}{(3x+3)}$

(ii) $\frac{4x^2-2x+2}{x(x-2)^2}=\frac{A}{x}+\frac{B}{(x-2)}+\frac{C}{(x-2)^2}$

(iii) $\frac{4x^2-2x+2}{x^3+x}=\frac{4x^2-2x+2}{x(x^2+1)}=\frac{A}{x}+\frac{Bx+C}{x^2+1}$

(iv) $\frac{3x^2+5x+5}{(x^2+2)^2}=\frac{Ax+B}{x^2+2}+\frac{Cx+D}{(x^2+2)^2}$

(v) The degree of $A(x)$ is equal to or greater than the degree of $B(x)$

$$\frac{A(x)}{B(x)}=\frac{x^2+4x+3}{x^2+x}=1+\frac{3x+3}{x^2+x}=1+\frac{A}{x}+\frac{B}{x+1}$$

▶STUDY Tip

Partial Fraction에 대한 모든 경우를 나열하였다. 학생 스스로 정형화된 규칙성을 발견해야 한다. 즉 분모가 2차이면 분자는 1차식이 되어야 하며, 분모가 1차이면 분자는 상수가 나와야 한다. 그리고 분모에 $(x-2)^2$이나 $(x^2+2)^2$은 표면적으로는 2차와 4차식이지만 괄호를 했기 때문에 1차와 2차로 하기로 약속한다. 그러므로 분자에는 상수와 1차식을 사용한다. 이론의 활용은 쉬우나 증명은 매우 어렵다고 알려져 있다.

▶STUDY Tip

$$\begin{array}{r} 1 \\ x^2+x\overline{)x^2+4x+3} \\ \underline{x^2+x} \\ 3x+3 \end{array}$$

$\Leftrightarrow x^2+4x+3=$

$1(x^2+x)+3x+3$

$\Leftrightarrow \frac{x^2+4x+3}{x^2+x}$

$=\frac{1(x^2+x)+3x+3}{x^2+x}$

$=1+\frac{3x+3}{x^2+x}$

Example 6

• $\frac{4x^2-2x+2}{x^3+x}=\frac{A}{x}+\frac{Bx+C}{x^2+1}$

▶ $=\frac{A(x^2+1)}{x(x^2+1)}+\frac{x(Bx+C)}{x(x^2+1)}$

$=\frac{Ax^2+A}{x(x^2+1)}+\frac{Bx^2+xC}{x(x^2+1)}$

$=\frac{(A+B)x^2+Cx+A}{x(x^2+1)}$ $\leftarrow(A=2, B=2, C=-2)$

$=\frac{2}{x}+\frac{2x-2}{x^2+1}$ ◀

• $\frac{3x^2+5x+5}{(x^2+x)^2}=\frac{Ax+B}{x^2+2}+\frac{Cx+D}{(x^2+2)^2}$

▶ $=\frac{(Ax+B)(x^2+2)}{(x^2+2)^2}+\frac{Cx+D}{(x^2+2)^2}$

$=\frac{Ax^3+2Ax+Bx^2+2B}{(x^2+2)^2}+\frac{Cx+D}{(x^2+2)^2}$

$=\frac{Ax^3+Bx^2+[2A+C]x+2B+D}{(x^2+2)^2}$ $\leftarrow\begin{pmatrix}A=0, B=3,\\ C=5, D=-1\end{pmatrix}$

$=\frac{3}{x^2+2}+\frac{5x-1}{(x^2+2)^2}$ ◀

▶STUDY Tip

Exercise #7-39 참조

E Numerical Approximation

$$\int_0^1 \frac{e^{x^5}\cdot(x^4+8x)}{\sqrt{1+x^7}\,(2x^2+x+1)}\,dx$$

It is impossible to find an antiderivative. In such cases, the value of the integral can be approximated using the following methods.

- Rieman Sum using the Left Endpoint
- Rieman Sum using the Right Endpoint
- Rieman Sum using the Midpoint
- Trapezoidal Approximation

Left Endpoint

▶STUDY Tip

$x_{k-1} \le x_k^{\star} \le x_k$

$$\int_a^b f(x)dx = \lim_{n\to\infty}\sum_{k=1}^{n} f(x_k^{\star})\Delta x \quad \leftarrow \left(\Delta x = \frac{b-a}{n}\right)$$

$$= \lim_{n\to\infty}\sum_{k=1}^{n} f(x_k^{\star})\frac{b-a}{n}$$

$$= \frac{b-a}{n}\lim_{n\to\infty}\sum_{k=1}^{n} f(x_k^{\star})$$

$$= \frac{b-a}{n}[y_0+y_1+\cdots+y_{n-1}]$$

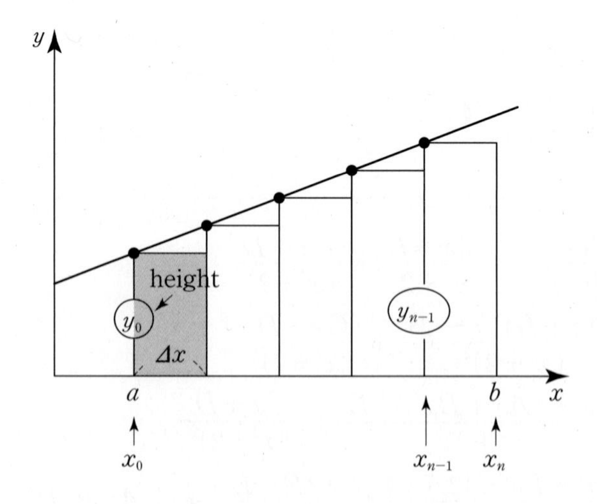

$$= f(x_0)\Delta x + f(x_1)\Delta x + \cdots + f(x_{n-1})\Delta x = L(n)$$

Right Endpoint

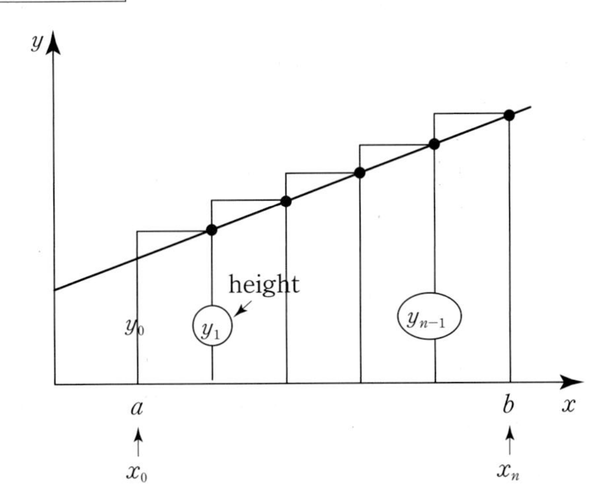

$$\int_a^b f(x)dx$$
$$=\frac{b-a}{n}[y_1+y_2+\cdots+y_n]$$
$$=f(x_1)\Delta x+f(x_2)\Delta x+\cdots+f(x_n)\Delta x$$
$$=R(n)$$

Midpoint

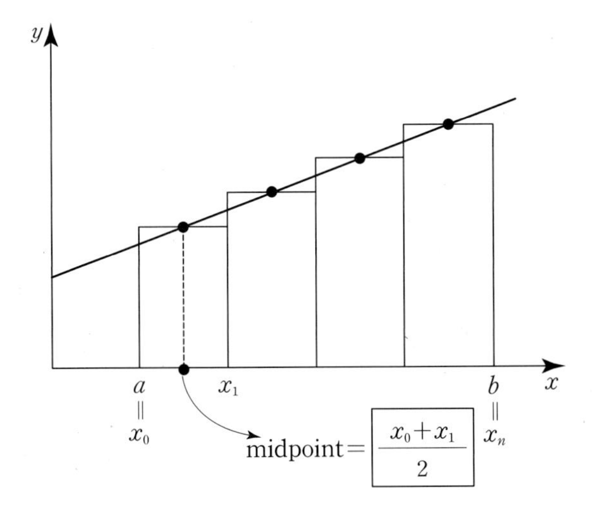

$$=f\left(\frac{x_0+x_1}{2}\right)\Delta x+f\left(\frac{x_1+x_2}{2}\right)\Delta x+\cdots \quad +f\left(\frac{x_{n-1}+x_n}{2}\right)\Delta x$$
$$=M(n)$$

Trapezoidal Approximation

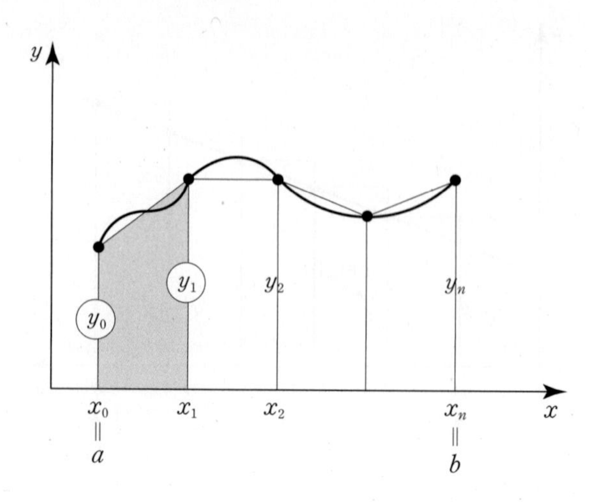

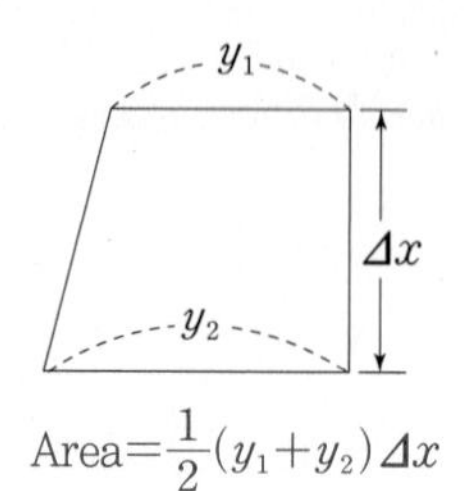

$\text{Area}=\frac{1}{2}(y_1+y_2)\varDelta x$

$$\text{Area}\approx\frac{1}{2}(y_0+y_1)\varDelta x+\frac{1}{2}(y_1+y_2)\varDelta x+\cdots+\frac{1}{2}(y_{n-1}+y_n)\varDelta x$$

$$=\varDelta x\left[\frac{1}{2}(y_0+y_1)+\frac{1}{2}(y_1+y_2)+\cdots+\frac{1}{2}(y_{n-1}+y_n)\right]$$

$$=\varDelta x\left[\frac{1}{2}y_0+y_1+y_2+\cdots y_{n-1}+\frac{1}{2}y_n\right]$$

$$=\frac{1}{2}\varDelta x\,[y_0+2y_1+2y_2+\cdots 2y_{n-1}+y_n]$$

$$=\frac{1}{2}\left(\frac{b-a}{n}\right)[f(x_0)+2f(x_1)+\cdots+2f(x_{n-1})+f(x_n)]$$

$$=T(n)$$

Theorem 7-4 $T(n)=\frac{1}{2}[L(n)+R(n)]$

$$T(n)=\frac{1}{2}(y_0+y_1)\varDelta x+\frac{1}{2}(y_1+y_2)\varDelta x+\cdots+\frac{1}{2}(y_{n-1}+y_n)\varDelta x$$

$$=\frac{1}{2}[(y_0+y_1)\varDelta x+(y_1+y_2)\varDelta x+\cdots+(y_{n-1}+y_n)\varDelta x]$$

$$=\frac{1}{2}[(y_0+y_1+\cdots+y_{n-1})\varDelta x+(y_1+y_2+\cdots+y_n)\varDelta x]$$

$$=\frac{1}{2}[L(n)+R(n)]$$

Example 7

Approximate $\int_0^2 x^2 dx$ by using four subintervals and finding

(a) Rieman Sum using the Left Endpoint
(b) Rieman Sum using the Right Endpoint
(c) Rieman Sum using the Midpoint
(d) Trapezoidal Approximation

▶ ⓐ

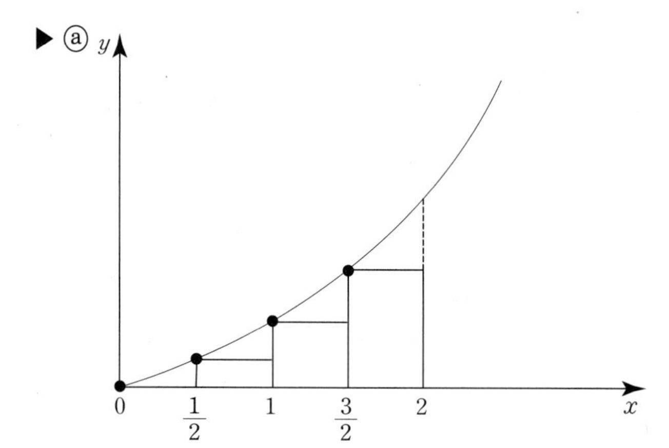

$$L(4)=(0)^2\cdot\frac{1}{2}+\left(\frac{1}{2}\right)^2\cdot\frac{1}{2}+(1)^2\frac{1}{2}+\left(\frac{3}{2}\right)^2\frac{1}{2} \leftarrow \left(\Delta x=\frac{2-0}{4}=\frac{1}{2}\right)$$

$$=\frac{1}{8}+\frac{1}{2}+\frac{9}{8}$$

$$=\frac{10}{8}+\frac{4}{8}$$

$$=\frac{14}{8}$$

$$=1.75$$ ◀

ⓑ

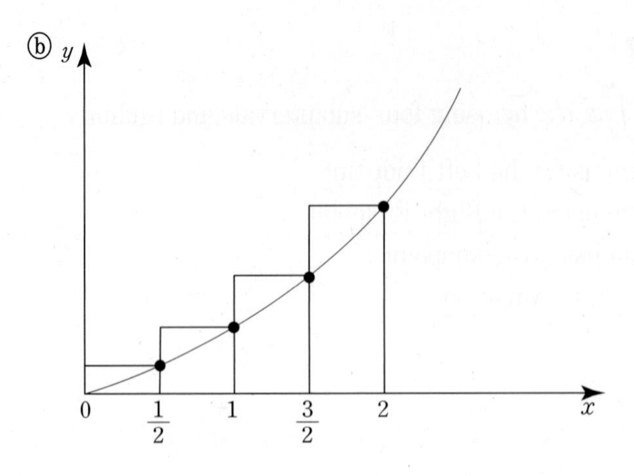

$$R(4)=\left(\frac{1}{2}\right)^2\cdot\left(\frac{1}{2}\right)+(1)^2\left(\frac{1}{2}\right)+\left(\frac{3}{2}\right)^2\left(\frac{1}{2}\right)+(2)^2\left(\frac{1}{2}\right)$$
$$=\frac{1}{8}+\frac{1}{2}+\frac{9}{8}+2$$
$$=\frac{10}{8}+\frac{4}{8}+\frac{16}{8}$$
$$=\frac{30}{8}$$
$$=3.75$$ ◀

ⓒ

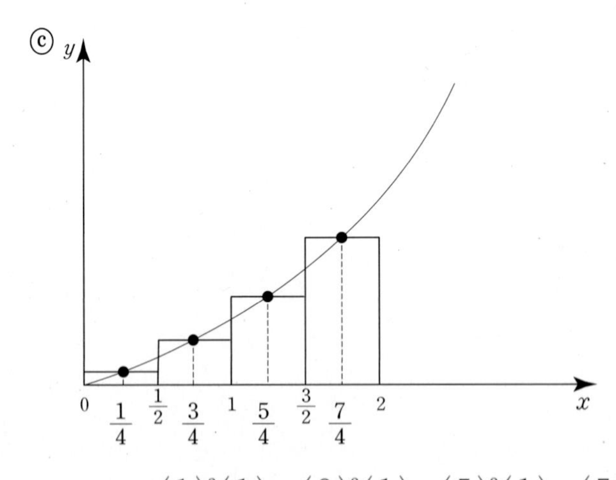

$$M(4)=\left(\frac{1}{4}\right)^2\left(\frac{1}{2}\right)+\left(\frac{3}{4}\right)^2\left(\frac{1}{2}\right)+\left(\frac{5}{4}\right)^2\left(\frac{1}{2}\right)+\left(\frac{7}{4}\right)^2\left(\frac{1}{2}\right)$$
$$=\frac{1}{16\cdot 2}+\frac{9}{16\cdot 2}+\frac{25}{16\cdot 2}+\frac{49}{16\cdot 2}$$
$$=\frac{1+9+25+49}{16\times 2}$$
$$=\frac{84}{32}$$
$$=2.625$$ ◀

ⓓ

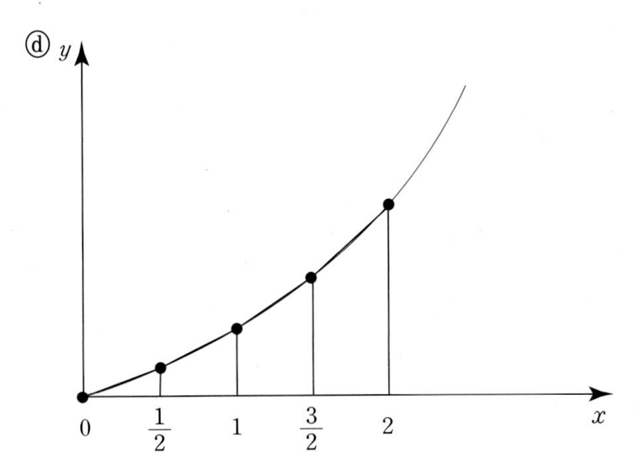

$$\begin{aligned}T(4)&=\frac{1}{2}\left(\frac{b-a}{4}\right)\left(0^2+2\cdot\left(\frac{1}{2}\right)^2+2\cdot(1)^2+2\left(\frac{3}{2}\right)^2+(2)^2\right)\\&=\frac{1}{2}\left(\frac{2-0}{4}\right)\left(0+\frac{2}{4}+2+\frac{18}{4}+4\right)\\&=\frac{1}{4}\left(\frac{1}{2}+2+\frac{9}{2}+\frac{8}{2}\right)\\&=\frac{1}{4}\left(\frac{1+4+9+8}{2}\right)\\&=\frac{22}{8}\\&=2.75\end{aligned}$$ ◀

$$\begin{aligned}T(4)&=\frac{1}{2}(L(4)+R(4))\\&=\frac{1}{2}\left(\frac{44}{8}\right)\\&=\frac{22}{8}=2.75\end{aligned}$$

Actual Value

$$\int_0^2 x^2\,dx=\frac{x^3}{3}\Big]_0^2=\frac{8}{3}=2.666\cdots$$

▶STUDY Tip

Exercise #7-40 참조

★ F Indeterminate Forms and L'Hospital's Rule(BC Topic Only)

Theorem 7-5

If f and g are differentiable on (a, b), except possibly at "c" and $\lim_{n\to c}\frac{f(x)}{g(x)}$ has the indeterminate form $\frac{0}{0}$ or $\frac{\infty}{\infty}$, then

$$\lim_{n\to c}\frac{f(x)}{g(x)}=\lim_{n\to c}\frac{f'(x)}{g'(x)}$$

$\lim_{n\to c^+}\frac{f(x)}{g(x)}$; $\lim_{n\to c^-}\frac{f(x)}{g(x)}$; $\lim_{n\to\infty}\frac{f(x)}{g(x)}$; $\lim_{n\to-\infty}\frac{f(x)}{g(x)}$, also hold

Example 8

The indeterminate form $\frac{0}{0}$

- $\lim_{x\to 0}\frac{\sin x}{x}$ Type $\frac{0}{0}$

  $=\lim_{x\to 0}\frac{\cos x}{1}=1$ ◀

- $\lim_{x\to 0}\frac{1-\cos x}{x}$ Type $\frac{0}{0}$

  $=\lim_{x\to 0}\frac{\sin x}{1}=\frac{0}{1}=0$ ◀

Example 9

The indeterminate form $\frac{\infty}{\infty}$

$\lim_{x\to\infty}\frac{3x^2+2}{x^2-4}$ Type $\frac{\infty}{\infty}$

$=\lim_{x\to\infty}\frac{3\cdot 2x}{2x}$ Type $\frac{\infty}{\infty}$

$=\lim_{x\to\infty}\frac{6}{2}=3$ ◀

★ **G** Additional Indeterminate Form(BC Topic Only)

$\infty - \infty$, $0 \cdot \infty$, 0^0, 1^∞, ∞^0

Example 10

The indeterminate form $\infty - \infty$

$$\lim_{x \to 0}\left(\frac{2}{x} - \frac{2}{\sin x}\right) \quad \text{Type } \infty - \infty$$

$$= \lim_{x \to 0} \frac{2\sin x - 2x}{x \sin x}$$

$$= 2\lim_{x \to 0} \frac{\sin x - x}{x \sin x} \quad \text{Type } \frac{0}{0}$$

$$= 2\lim_{x \to 0} \frac{\cos x - 1}{\sin x + x \cdot \cos x} \quad \text{Type } \frac{0}{0}$$

$$= 2\lim_{x \to 0} \frac{-\sin x}{\cos x + \cos x - x \cdot \sin x}$$

$$= 2 \cdot \frac{0}{2} = 0 \blacktriangleleft$$

Example 11

The indeterminate form $0 \cdot \infty$

$$\lim_{x \to \infty} x \cdot \sin\left(\frac{4}{x}\right) \quad \text{Type } \infty \cdot 0$$

$$\left[t = \frac{4}{x} \Leftrightarrow x \cdot t = 4 \Leftrightarrow x = \frac{4}{t} \ (x \to \infty,\ t = 0^+)\right]$$

$$= 4\lim_{t \to 0^+} \frac{\sin t}{t} \quad \text{Type } \frac{0}{0}$$

$$= 4 \cdot \lim_{t \to 0^+} \frac{\cos t}{1} = 4 \cdot 1 = 4 \blacktriangleleft$$

Example 12

The indeterminate form ∞^0

$\lim_{x\to\infty}(x+1)^{\frac{1}{x}}$ Type ∞^0

▶ $y=(x+1)^{\frac{1}{x}}$

$ln\,y=ln(x+1)^{\frac{1}{x}}$

$ln\,y=\frac{1}{x}ln(x+1)$

$ln\,y=\frac{ln(x+1)}{x}$

$\lim_{x\to\infty}ln\,y=\lim_{x\to\infty}\frac{ln(x+1)}{x}$

$=\lim_{x\to\infty}\frac{\frac{1}{(x+1)}}{1}=\frac{0}{1}=0$

$\lim_{x\to\infty}ln\,y=0 \leftarrow (ln\,1=0 \text{ when } x\to\infty)$

$\lim_{x\to\infty}(x+1)^{\frac{1}{x}}=1$ ◀

Example 13

The indeterminate form 1^∞

$\lim_{x\to 0}(1+x)^{\frac{1}{x}}$ Type 1^∞

▶ $y=(1+x)^{\frac{1}{x}}$

$ln\,y=ln(1+x)^{\frac{1}{x}}$

$ln\,y=\frac{1}{x}\ln(1+x)$

$ln\,y=\frac{ln(1+x)}{x}$

$\lim_{x\to 0}ln\,y=\lim_{x\to 0}\frac{ln(1+x)}{x}=\frac{\frac{1}{(1+x)}}{1}=1$

$\lim_{x\to 0}ln\,y=1 \leftarrow (ln\,e=1 \text{ when } x\to 0)$

$\lim_{x\to 0}(1+x)^{\frac{1}{x}}=e$ ◀

Example 14

The indeterminate form 0^0

$\lim_{x\to 0^+} x^x$ Type 0^0

▶ $y=x^x$

$$\ln y = \ln x^x = x\ln x = \frac{\ln x}{\frac{1}{x}}$$

$$\lim_{x\to 0^+} \ln y = \lim_{x\to 0}\frac{\ln x}{\frac{1}{x}} = \lim_{x\to 0}\frac{\frac{1}{x}}{\frac{x\cdot 0-1}{x^2}} = \lim_{x\to 0}\frac{\frac{1}{x}}{-\frac{1}{x^2}}$$

$$=\lim_{x\to 0^+} -\frac{x^2}{x} = -x = 0$$

$\lim_{x\to 0^+} \ln y = 0$ ← ($\ln 1 = 0$ when $x\to 0^+$)

$\lim_{x\to 0^+} x^x = 1$ ◀

Example 15

$\lim_{x\to 0^+} (\tan x)^{\cot x}$ Type $0^{\infty}=0$ ← (It is not indeterminate form)

$(0.1)^2=0.01$

$(0.1)^3=0.001$

$(0.1)^4=0.0001$

$(0.01)^{40}$ ← (It approaches zero faster)

▶STUDY Tip

모든 경우의 수를 나열 한다

0^0 ← Example 14

$0^1 = 0$ 자명함

$0^{\infty} = 0$ ← Example 15

$1^0 = 1$ 자명함

$1^1 = 1$ 자명함

1^{∞} ← Example 13

∞^0 ← Example 12

$\infty^1 = \infty$ 자명함

$\infty^{\infty} = \infty$ 자명함

H Improper Integrals(BC Topic Only)

Definition 7-6

$$\int_a^\infty f(x)dx = \lim_{l\to\infty}\int_a^l f(x)dx$$

$$\int_{-\infty}^b f(x)dx = \lim_{l\to-\infty}\int_l^b f(x)dx$$

Example 16

$$\int_1^\infty \frac{1}{x^2}dx = \lim_{l\to\infty}\int_1^l \frac{1}{x^2}dx \quad \leftarrow\left(\int_1^l x^{-2}dx = \left[\frac{x^{-2+1}}{-2+1}\right] = \left[\frac{-1}{x}\right]_1^l\right)$$

$$= \lim_{l\to\infty}\left[\frac{-1}{l} - (-1)\right] = 1 \quad \text{Converge} ◀$$

Example 17

$$\int_1^\infty \frac{1}{x}dx = \lim_{l\to\infty}\int_1^l \frac{1}{x}dx$$

$$= \lim_{l\to\infty}\left[ln|x|\right]_1^l = \lim_{l\to\infty}[ln\, l - 0]$$

$$= \lim_{l\to\infty}[ln\, l] = \infty \quad \text{Diverge} ◀$$

▶STUDY Tip

Exercise #7-41, #7-42 참조

Definition 7-7

In general "$a=0$"

$$\int_{-\infty}^{\infty} f(x)dx = \int_{-\infty}^{ⓐ} f(x)dx + \int_{a}^{\infty} f(x)dx$$

Example 18

$$\int_{-\infty}^{\infty} \frac{1}{1+x^2}dx$$

▶ $$\int_{-\infty}^{\infty} \frac{1}{1+x^2}dx = \underbrace{\boxed{\int_{-\infty}^{0} \frac{dx}{1+x^2}}}_{\text{(i)}} + \underbrace{\boxed{\int_{0}^{+\infty} \frac{dx}{1+x^2}}}_{\text{(ii)}}$$

(i) $$\int_{-\infty}^{0} \frac{dx}{1+x^2} = \lim_{n\to-\infty} \int_{l}^{0} \frac{dx}{1+x^2} = \lim_{n\to-\infty} \Big[\tan^{-1}x\Big]_l^0$$

$$\lim_{n\to-\infty} [\tan^{-1}0 - \tan^{-1}l] = -\lim_{n\to-\infty} \tan^{-1}l = -\left(-\frac{\pi}{2}\right) = \frac{\pi}{2}$$

(ii) $$\int_{0}^{\infty} \frac{dx}{1+x^2} = \lim_{n\to\infty} \int_{0}^{l} \frac{dx}{1+x^2} = \lim_{n\to\infty} \Big[\tan^{-1}x\Big]_0^l$$

$$\lim_{n\to\infty} [\tan^{-1}l - \tan^{-1}0] = \lim_{n\to\infty} \tan^{-1}l = \frac{\pi}{2}$$

$$\text{(i)}+\text{(ii)} = \frac{\pi}{2} + \frac{\pi}{2} = \pi$$ ◀

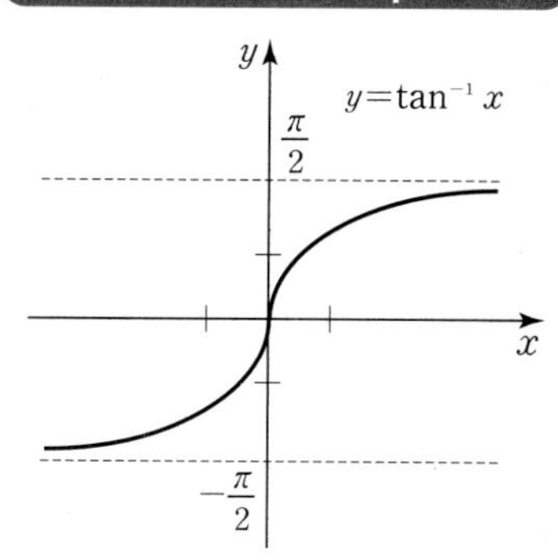

Definition 7-8

$$\int_{a}^{b} f(x)dx = \lim_{l\to b^-} \int_{a}^{l} f(x)dx$$

If $f(x)$ is continuous on $[a, b)$, and

$f(x) \to \infty$ or $f(x) \to -\infty$ as $x \to b^-$

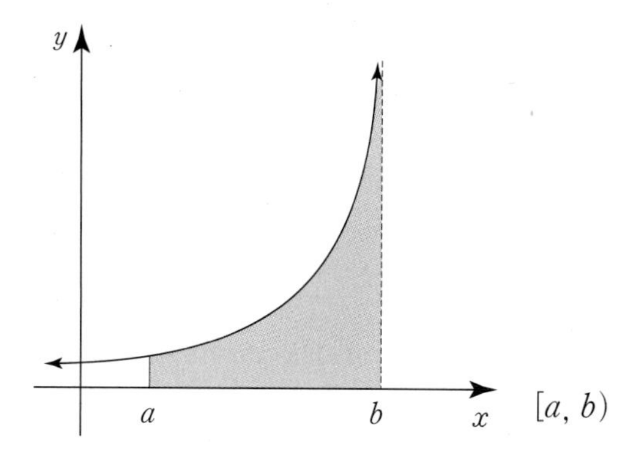

$[a, b)$

Definition 7-9

$$\int_a^b f(x)dx = \lim_{l \to a^+} \int_l^b f(x)dx$$

If $f(x)$ is continuous on $(a, b]$ and

$f(x) \to \infty$ or $f(x) \to -\infty$ as $x \to a^+$

▶STUDY Tip

Exercise #7-43 참조

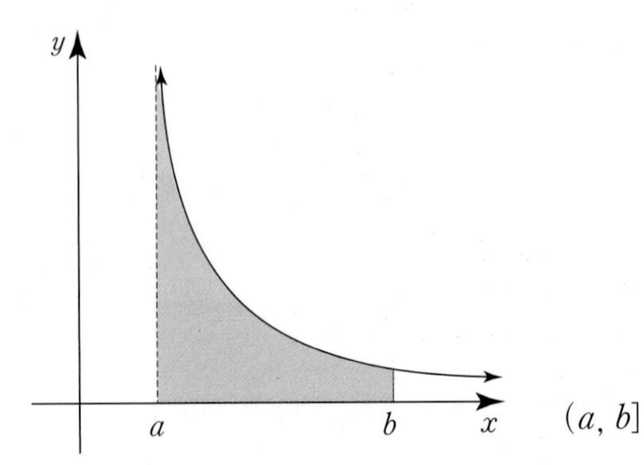

$(a, b]$

Definition 7-10

Let $f(x)$ be continuous on $[a, b]$ except at a number "c", where $a<c<b$ and $\lim_{x \to c} |f(x)| = \infty$. If the two improper integrals $\int_a^c f(x)dx$ and $\int_c^b f(x)dx$ both converge, then we say that $\int_a^b f(x)dx$ converges, and we define improper integral

$$\int_a^b f(x)dx = \int_a^c f(x)dx + \int_c^b f(x)dx$$

Otherwise, we say that $\int_a^b f(x)dx$ diverges

$f(x) \to \infty$ or $f(x) \to -\infty$ as $x \to c^-$

$f(x) \to \infty$ or $f(x) \to -\infty$ as $x \to c^+$

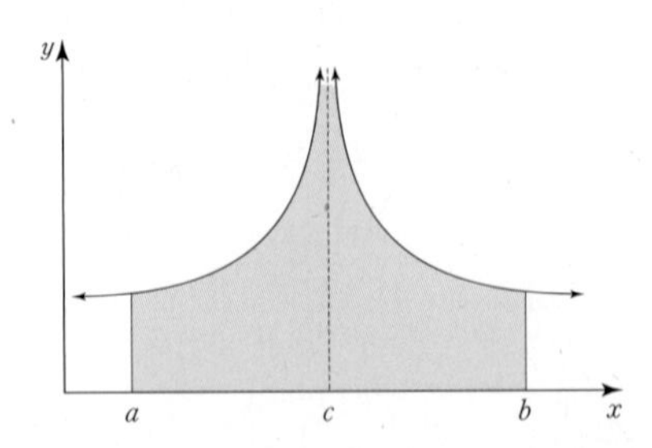

If either of the two improper integrals on the right diverse, the orignal integral diverges.

Example 19

$$\int_0^1 \frac{1}{(x-1)^2}dx$$

▶

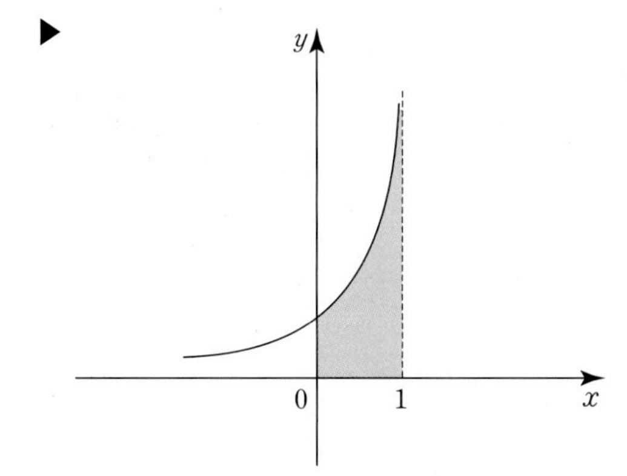

If we had confused the integral with an ordinary integral, then we mignt have made the following wrong answer.

$$\int_0^1 \frac{1}{(x-1)^2}dx = \int u^{-2}du = \left[\frac{-1}{(x-1)}\right]_0^1$$

$$= \frac{-1}{0} - \left(\frac{-1}{-1}\right) = \frac{-1}{0} - 1 \quad \leftarrow \text{(This is wrong)}$$

Example 20

$$\int_1^3 \frac{1}{(x-1)^2}dx$$

▶

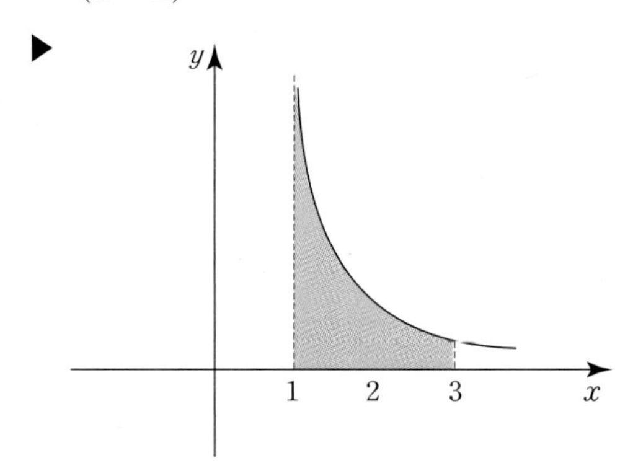

If we had confused the integral with an ordinary integral, then we mignt have made the following wrong answer.

$$\int_1^3 \frac{1}{(x-1)^2}dx = \int u^{-2}du = \left[\frac{-1}{(x-1)}\right]_1^3$$

$$= \frac{-1}{3-1} - \left(\frac{-1}{0}\right) = \frac{-1}{2} - \left(\frac{-1}{0}\right) \quad \leftarrow \text{(This is wrong)}$$

Example 21

$$\int_0^3 \frac{1}{(x-1)^2}dx$$

▶

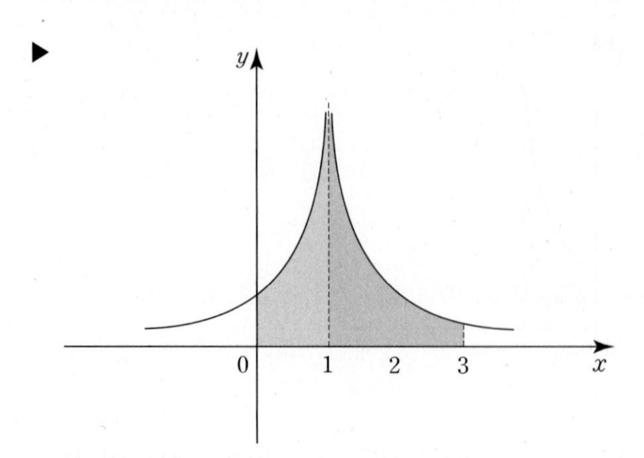

$$\int_0^3 \frac{1}{(x-1)^2}dx$$

$$= \underbrace{\boxed{\int_0^1 \frac{1}{(x-1)^2}dx}}_{\text{(i)}} + \underbrace{\boxed{\int_1^3 \frac{1}{(x-1)^2}dx}}_{\text{(ii)}}$$

(i) $\int_0^1 \frac{1}{(x-1)^2} = \lim_{l \to 1^-} \int_0^l \frac{1}{(x-1)^2}dx$

$$= \lim_{l \to 1^-} \int_0^l \frac{1}{(x-1)^2}dx \leftarrow \left(\int \frac{1}{u^2}\frac{du}{dx}dx = \int u^{-2}du = \frac{u^{-2+1}}{-2+1}+c\right)$$

$$= \lim_{l \to 1^-}\left[\frac{-1}{(x-1)}\right]_0^l = \lim_{l \to 1^-}\left[\frac{-1}{(l-1)} - \left(\frac{-1}{-1}\right)\right] = \infty$$

(ii) $\int_1^3 \frac{1}{(x-1)^2}dx$

$$= \lim_{l \to 1^+} \int_l^3 \frac{1}{(x-1)^2}dx \quad \leftarrow \left(\int \frac{1}{u^2}du = \frac{u^{-2+1}}{-2+1} = -\frac{1}{u}+c\right)$$

$$= \lim_{l \to 1^+}\left[\frac{-1}{(x-1)}\right]_l^3$$

$$= \lim_{l \to 1^+}\left[\frac{-1}{3-1} - \left(\frac{-1}{l-1}\right)\right] = \infty$$

(i)+(ii)$=\infty$ ◀

- $\int_0^3 \frac{dx}{(x-1)^2} \leftarrow (u=x+1)$

If we had confused the improper integral with an ordinary integral, then we might have made the following wrong answer

$$\int \frac{1}{u^2}\frac{du}{dx}dx=\left[\frac{-1}{u}\right]=\left[\frac{-1}{(x-1)}\right]_0^3$$

$$=\frac{-1}{2}-\left(\frac{-1}{-1}\right)$$

$$=-\frac{1}{2}-1=-\frac{3}{2} \leftarrow \text{(This is wrong)}$$

▶STUDY Tip

Exercise #7-44, #7-45 참조

MEMO

Exercise

7-01 $\int ln\,x\,dx$

7-02 $\int x^2 \cdot ln\,x\,dx$

7-03 $\int (ln\,x)^2\,dx$

Exercise

7-04 $\int_{1}^{3} \frac{ln\, x}{x^2}\, dx$

7-05 $\int x \cdot \sec x \cdot \tan x\ dx$

7-06 $\int \sin^{-1}x \, dx$

7-07 $\int_0^2 \tan^{-1} x \, dx$

Exercise

7-08 $\int x\, e^x\, dx$

7-09 $\int x^2\, e^{-x}\, dx$

7-10 $\int e^x \cos x\, dx$

7-11 $\int e^{2x} \cos 2x \ dx$

Exercise

7-12 $\int x \sec^2 x \, dx$

7-13 $\int \sin^2 x \, dx$

7-14 $\int \sin^3 x \ dx$

7-15 $\int \cos^2 x \, dx$

Exercise

7-16 $\int \cos^3 x \, dx$

7-17 $\int \sin x \cos^4 x \, dx$

7-18 $\int \sin^2 x \cos x \, dx$

7-19 $\int \sin^2 x \cos^2 x \, dx$

Exercise

7-20 $\int \sin^2 x \cos^3 x \, dx$

7-21 $\int \sin^2 x \cos^5 x \, dx$

7-22 $\int \sin^3 x \cos^2 x \, dx$

7-23 $\int \sin^3 x \cos^3 x \, dx$

Exercise

7-24 $\int \sin^4 x \cos^5 x \, dx$

7-25 $\int \sin 6x \cos 2x \, dx$

7-26 $\int \tan^2 x \, dx$

7-27 $\int \tan^3 x \, dx$

Exercise

7-28 $\int \sec^2 x \, dx$

7-29 $\int \sec^3 x \, dx$

7-30 $\int \tan x \cdot \sec x \, dx$

7-31 $\int \tan x \cdot \sec^2 x \, dx$

7-32 $\int \tan x \sec^3 x \, dx$

Exercise

7-33 $\int \tan^2 x \sec^2 x \, dx$

7-34 $\int \tan^2 x \sec^4 x \, dx$

7-35 $\int \tan^3 x \sec x \, dx$

7-36 $\int \tan^3 x \sec^2 x \, dx$

7-37 $\int \tan^4 x \sec^2 x \, dx$

7-38 $\int \cot x \, dx$

Exercise

7-39 $\int \frac{4x^2-2x+2}{x^3+x}\,dx$

7-40 Use the Trapezoidal approximation with $n=20$ to approximate $\int_1^2 \frac{1}{x} dx$.

Exercise

7-41 $\int_0^\infty x\, e^{-x}\, dx$

7-42 $\int_{-\infty}^{0} e^{2x}\,dx$

Exercise

7-43 $\cdot \int_0^3 \frac{1}{u}\, du$

$\cdot \int_{-2}^0 \frac{1}{u}\, du$

7-44 $\int_{-2}^{3} \frac{1}{u}\, du$

7-45 $\int_{0}^{4} \frac{1}{(x-1)^{\frac{2}{3}}}\, dx$

MEMO

Chapter 8

First-Order Differential Equation

OVERVIEW

Differential Equation은 다음과 같은 $(y'=8y)$ 형태를 취하는데 목표는 "y" 값을 구하는 것이다. 이는 이차방정식 $(x^2+4x-7=0)$의 목표가 "x"를 구하는 것과 같은 원리이다.

Chapter 8

First-Order Differential Equation

A Some Examples of Differential Equation

① $\frac{dy}{dx}=4x^3$

② $\frac{d^2y}{dx^2}-7\frac{dy}{dx}+9y=0$

③ $y'=8y$

④ $\frac{d^3y}{dx^3}-y\cdot x\cdot\frac{dy}{dx}=y^3\cdot x^2$

STUDY Tip

이차방정식
$x^2+4x+4=0$의 목표는
"x"를 구하는 것이다.
Differential Equation
$y'=8y$의 목표는
"y"를 구하는 것이다.

$\boxed{y=f(x)}$ is a solution of a differential equation.

- $\frac{dy}{dx}=4x^3$

  $y=\int 4x^3dx=x^4+c$

  $y=x^4+c$ ← General Solution

B First Order Separate Equations

$$\frac{dy}{dx}=\frac{f(x)}{g(y)}$$

$$\Leftrightarrow g(y)\frac{dy}{dx}=f(x)$$

Example 1

Solve the equation $\frac{dy}{dx}=\frac{x}{y^6}$.

▶ $\frac{dy}{dx}=\frac{x}{y^6}$

$y^6\frac{dy}{dx}=x$

$\int y^6\frac{dy}{dx}dx=\int x\,dx$

$\int y^6 dy=\int x\,dx$

$\frac{y^7}{7}=\frac{x^2}{2}+c$

$y^7=\frac{7}{2}x^2+\bar{c}$

$y=\sqrt[7]{\left(\frac{7}{2}x^2\right)+\bar{c}}=\left(\frac{7}{2}x^2+\bar{c}\right)^{\frac{1}{7}}$ ◀

▶STUDY Tip

$y^6\frac{dy}{dx}=x$

$\Leftrightarrow y^6\frac{dy}{dx}-x=0$

$\Leftrightarrow \int\left(y^6\frac{dy}{dx}-x\right)dx=c$

$\Leftrightarrow \int y^6\frac{dy}{dx}dx-\int x\,dx=c$

$\Leftrightarrow \int y^6\frac{dy}{dx}dx=\int x\,dx+c$

이와 같이 상수 "c"가 나온다. 그러나 실제 계산에서 "c"를 생략한 이유는 계산 과정에서 끝부분의 "c"와 흡수되기 때문이다.

Example 2

Solve the differential equation.

$y'=\frac{x^2+2x+7}{y^4}$

▶ $y^4\frac{dy}{dx}=(x^2+2x+7)$

$\int y^4\frac{dy}{dx}dx=\int(x^2+2x+7)dx$

$\int y^4 dy=\int(x^2+2x+7)dx$

$\frac{y^5}{5}=\frac{x^3}{3}+x^2+7x+c$

$y^5=5\left(\frac{x^3}{3}+x^2+7x+c\right)$

$y=\sqrt[5]{\frac{5\cdot x^3}{3}+5x^2+35x+\bar{c}}$ ◀

C Initial Value Problem

Solve $y'=-2\cdot x\cdot y^2$ and $y(0)=2$.

▶ $\frac{1}{y^2}\frac{dy}{dx}=-2x$

$$\int\frac{1}{y^2}\frac{dy}{dx}dx=\int-2x\,dx$$

$$\int\frac{1}{y^2}dy=-2\int x\,dx$$

$$\int y^{-2}dy=-2\frac{x^2}{2}+c$$

$$\frac{y^{-2+1}}{-2+1}=-x^2+c$$

$$\frac{y^{-1}}{-1}=-x^2+c$$

$$-\frac{1}{y}=-x^2+c$$

$$\frac{1}{y}=x^2+\bar{c}$$

$$y=\frac{1}{x^2+\bar{c}}$$

$$y=\frac{1}{x^2+\frac{1}{2}}$$

$y(0)=2$

$$y(0)=\frac{1}{0+\bar{c}}=2$$

$$\bar{c}=\frac{1}{2}$$

▶STUDY Tip

Initial Value를 하는 이유는 수많은 Solution Curve에서 하나의 Solution을 지정하기 위한 것이다.

Exercise #8-1, #8-2 참조

D Slope Field [Direction Field]

Example 3

$y' = -y$; $y(0) = \frac{1}{3}$ Find the slope field.

▶

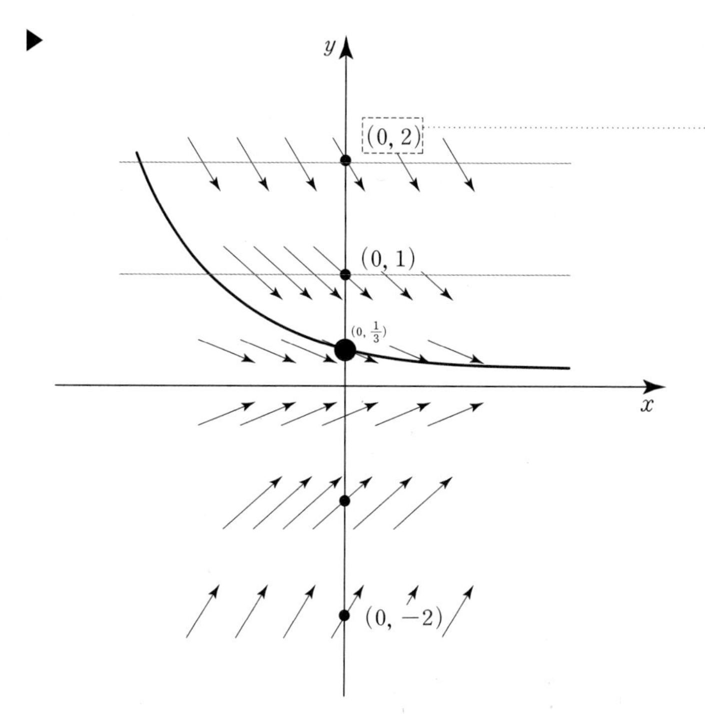

> **▶STUDY Tip**
>
> $y' = -y$는 x값에 관계없이 기울기가 y에 의해 결정이 된다.
> 즉 $(x, y) = (0, 2)$에서
> $y' = -2$가 되어
> $(0, 2)$에서는
> 기울기가 -2가 된다.

① The solution through explicit formula [seperate equation]

② The solution through a graphical approach [slope field]

③ The solution through a numerical approach [Euler's method]

> **▶STUDY Tip**
>
> Differential Equation은 옆의 세 가지 방법으로 solution을 구할 수 있다. ③은 뒤의 단원 (E)에서 배우게 된다.

Example 4

$y' = x^2 + y$ Find the slope field.

▶

$(0, 0) \Rightarrow 0$	$(1, 1) \Rightarrow 2$	$(-1, 1) \Rightarrow 2$
$(0, 1) \Rightarrow 1$	$(1, 0) \Rightarrow 1$	$(-1, 0) \Rightarrow 1$
$(0, -1) \Rightarrow -1$	$(1, -1) \Rightarrow 0$	$(-1, -1) \Rightarrow 0$

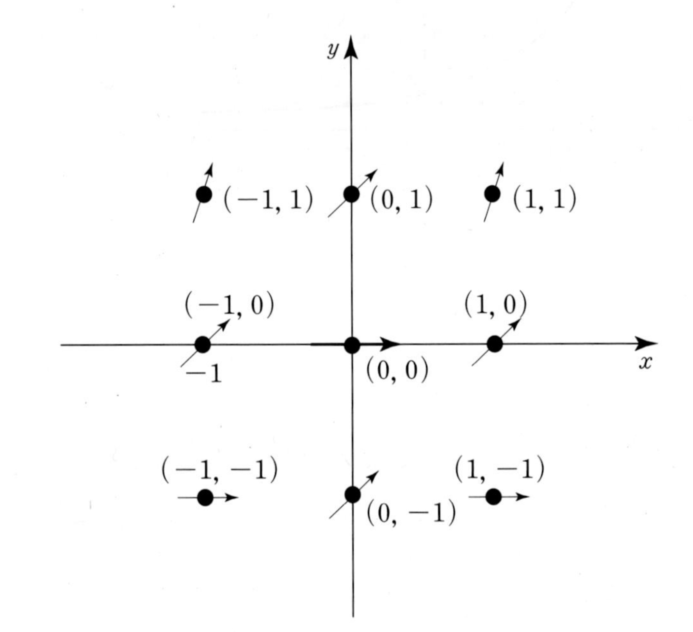

▶STUDY Tip

$(x, y) = (1, 1)$
$y' = x^2 + y$
x, y에 대입하면
$y' = 1^2 + 1 = 2$
즉 $(1, 1)$에서
기울기가 "2"가 된다.

▶STUDY Tip

Exercise #8-3 참조

E Euler's Method [Application of Direction Field](BC Topic Only)

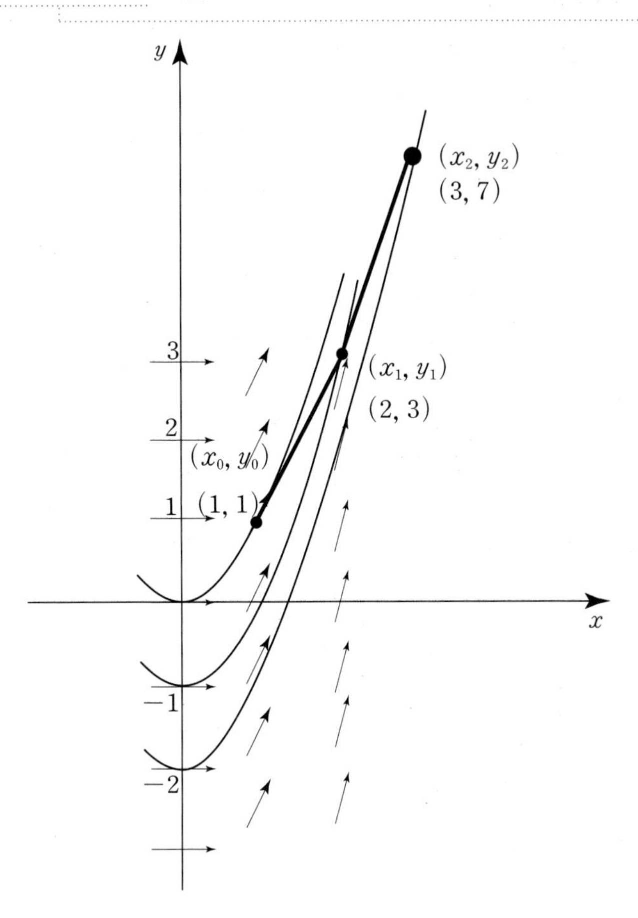

$$y-y_0=m(x-x_0) \leftarrow [m=\frac{dy}{dx}=\bar{f}(x_0, y_0)]$$

$$y-y_0=\bar{f}(x_0, y_0)(x-x_0)$$

$$y=\bar{f}(x_0, y_0)(x-x_0)+y_0$$

$$y_1=\bar{f}(x_0, y_0)(x_1-x_0)+y_0 \quad \leftarrow (x_1=x_0+h)$$
$$y_1=\bar{f}(x_0, y_0)h+y_0$$

$$y_2=\bar{f}(x_1, y_1)(x_2-x_1)+y_1 \quad \leftarrow (x_2=x_1+h)$$
$$y_2=\bar{f}(x_1, y_1)h+y_1$$

$$y_3=\bar{f}(x_2, y_2)(x_3-x_2)+y_2 \quad \leftarrow (x_3=x_2+h)$$
$$y_3=\bar{f}(x_2, y_2)h+y_2$$

⋮

▶STUDY Tip

Slope Field가 실질적으로 이용되는 부분이다. 즉 첫 번째 구간 $h=x_1-x_0$에서 첫 번째 직선이 만들어지고 (한 점(x_0, y_0)과 그 점(x_0, y_0)에서의 기울기(Slope Field)를 알고 있기 때문에 가능)
두 번째 구간 $h=x_2-x_1$에서 두 번째 직선이 만들어진다. (한 점(x_1, y_1)과 그 점(x_1, y_1)에서의 기울기(Slope Field)를 알고 있기 때문에 가능) 두 번째 직선은 첫 번째 직선보다 Solution Curve에 더 근접한 직선이 형성될 수가 있다. 이러한 것을 반복하면 대략적인 Solution을 만들어 낼 수가 있다.

Theorem 8-1

Diminishing the step size (h) should give corresponding greater accuracy to the approximations.

▶STUDY Tip

$h \to 0$에 접근을 하면 Exact Solution과 Euler's Method에 의해서 만들어진 모든 (x, y)의 순서쌍으로 만들어진 Curve와의 오차가 거의 발생하지 않는다. 증명은 (Advanced Calculus)에서 다룬다.

Euler' s method does not produce the exact solution to an initial value problem.

Example 5

• Use Euler' s method

$\frac{dy}{dx}=2x$; $f(1)=1$; step size $=h=1$

▶ $y_1=f(x_0, y_0)h+y_0=2\cdot 1+1=3$ ← $[f(1)=1$; $(x_0, y_0)=(1, 1)]$

$(x_1, y_1)=(2, 3)$ ← $(x_1=x_0+h=1+1=2)$

$y_2=f(x_1, y_1)h+y_1=4\cdot 1+3=7$

$(x_2, y_2)=(3, 7)$ ← $(x_2=x_1+h=2+1=3)$

⋮

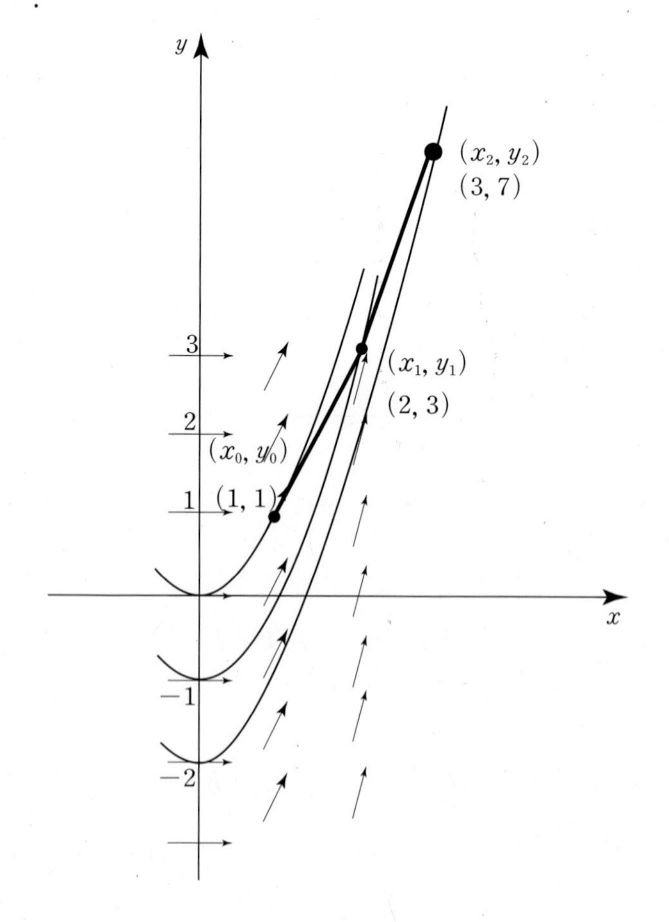

▶STUDY Tip

Exercise #8-4 참조

F Exponential Growth and Decay

$\frac{dy}{dt}=ky$ (k is constant)

The rate of change of $y(t)$ is proportional to the amount present. This is called the law of natural growth ($k>0$) or the law of natural decay ($k<0$). We assume that $y(t)>0$ for all t.

This equation occurs so frequently in mathematical model for the natural phenomena.

▶STUDY Tip

세균은 번식하기에 좋은 환경에서 개체수가 기하급수적으로 계속 증가 할 수가 있다. 실질적으로 이러한 상황은 자연현상에서 종종 발생하므로 Differential Equation (Exponential Growth) 으로 쉽게 Modeling을 할 수 있다.

Theorem 8-2

If y is a differentiable function such that

$y>0$ and $\frac{dy}{dt}=ky$ (k is constant) ; $y(0)=A_0$ ← (Initial Value)

then $y=A_0e^{kt}$.

▶STUDY Tip

"k"는

Growth Constant ($k>0$)

Decay Constant ($k<0$)

$\frac{dy}{dt}=ky \Leftrightarrow \frac{1}{y}\frac{dy}{dt}=k$

"k"를 (relative) growth rate라고도 한다.

(relative) growth rate=

the growth rate $\left[\frac{dy}{dt}\right]$ divided by the population size $[y]$

proof

$$\frac{dy}{dt}=ky \quad \leftarrow (k \text{ is constant and } y>0)$$

$$\int \frac{1}{y}\frac{dy}{dt}\,dt=\int k\,dt$$

$$\int \frac{1}{y}\,dy=\int k\,dt$$

$$ln|y|=kt+c$$

$$ln\,y=kt+c \quad \leftarrow (y>0)$$

$$e^{ln y}=e^{kt+c}$$

$$y=e^{kt+c} \quad \leftarrow (e^{ln\,y}=y)$$

$$y=e^{kt}\cdot e^{c}$$

$$y=\bar{c}\cdot e^{kt}$$

$$y=A_0e^{kt} \leftarrow \begin{pmatrix} y(0)=\bar{c}\cdot e^{k\cdot 0}=\bar{c} \\ y(0)=A_0 \\ \bar{c}=A_0 \end{pmatrix}$$

Example 6

In 2000 the population of a city was 100,000 and 140,000 in 2010. Assuming an exponential growth model, estimate the population in 2029.

▶ $\dfrac{dy}{dt}=ky$

$\Leftrightarrow y=A_0e^{kt}$

$140{,}000=100{,}000e^{k(10)}$ ← $\begin{pmatrix} t=10,\ y=140{,}000 \\ y(0)=A_0=100{,}000 \end{pmatrix}$

$1.4=1\cdot e^{k\cdot 10}$

$ln\ 1.4=ln\ e^{k10}$

$ln\ 1.4=k\cdot 10$

$k=\dfrac{ln\ 1.4}{10}=0.033647$

$y=100{,}000e^{0.033647\,t}$

$y=100{,}000e^{0.033647[29]}$

$y=265{,}319$ ◀

▶STUDY Tip

Exercise #8-5, #8-6 참조

G Logistic Growth(BC Topic Only)

▶STUDY Tip

작은 외딴섬에 염소 한 쌍이 번식을 한다면 처음에는 기하급수적으로 증가를 할 것이다.그러나 일정 수준에 도달 한다면 양식이 제한되어 있으므로 절대로 어떤 수준 이상으로는 증가할 수가 없다. 이러한 상태가 Upper Bound = M 이 된다. 실질적으로 이러한 상황은 자연현상에서 종종 발생을 하므로 Differential Equation (Logistic Growth)으로 쉽게 Modeling을 할 수 있다.

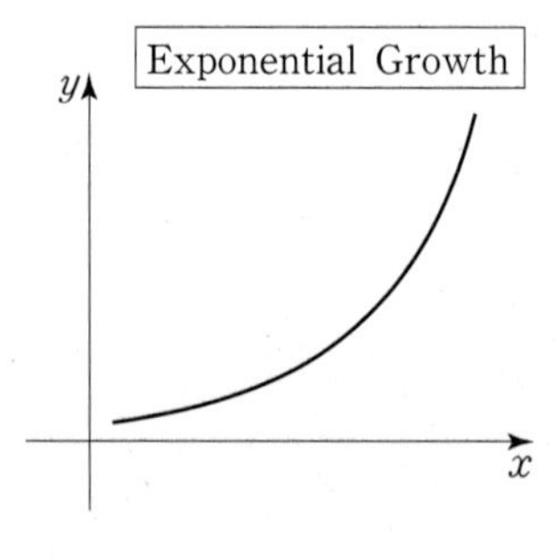

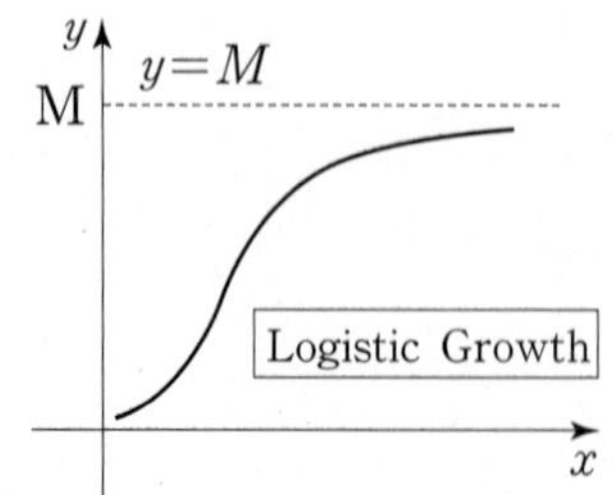

←(M is "upper bound")

Theorem 8-3

Logistic Growth

$$\frac{dy}{dt}=ky\left(1-\frac{y}{M}\right)$$

$$y=\frac{M}{Ae^{-kt}+1} \leftarrow (M \text{ is "upper bound"})$$

proof

$$\frac{dy}{dt}=ky\left(1-\frac{y}{M}\right)$$

▶ $$\frac{1}{y\left(1-\frac{y}{M}\right)}\frac{dy}{dt}=k$$

$$\int\frac{1}{y\left(1-\frac{y}{M}\right)}\frac{dy}{\cancel{dt}}\cancel{dt}=\int k\,dt$$

$$\int\boxed{\frac{1}{y\left(1-\frac{y}{M}\right)}}_{\text{ⓘ}}dy=kt+c$$

ⓘ
$$\begin{aligned}
\frac{1}{y\left(1-\frac{y}{M}\right)}&=\frac{M\cdot 1}{M\cdot y\cdot\left(1-\frac{y}{M}\right)}\\
&=\frac{M}{y(M-y)}=\frac{A}{y}+\frac{B}{(M-y)}\\
&=\frac{A(M-y)}{y(M-y)}+\frac{yB}{y(M-y)}\\
&=\frac{AM-Ay+yB}{y(M-y)}\\
&=\frac{AM+(B-A)y}{y(M-y)} \leftarrow \begin{pmatrix}A=1\\B=1\end{pmatrix}\\
&=\frac{1}{y}+\frac{1}{(M-y)}
\end{aligned}$$

▶STUDY Tip

Theorem 7-3 (Partial Fraction)

$$\int\frac{1}{y}+\frac{1}{(M-y)}dy=kt+c$$

$$\int\frac{1}{y}dy+\int\frac{1}{(M-y)}dy=kt+c$$

$$ln|y|-ln|M-y|=kt+c$$

$$ln\left|\frac{y}{(M-y)}\right|=kt+c \leftarrow \begin{pmatrix}y>0,\ M>y\\ \Leftrightarrow M>y>0\end{pmatrix}$$

$$ln\left(\frac{y}{M-y}\right)=kt+c$$

$$e^{ln\left(\frac{y}{M-y}\right)}=e^{kt+c}=Ae^{kt}$$

$$\frac{y}{M-y}=e^{kt}\cdot A$$

$$\frac{M-y}{y}=e^{-kt}\cdot \overline{A}$$

$$\frac{M}{y}-1=e^{-kt}\cdot \overline{A}$$

$$\frac{M}{y}=\overline{A}e^{-kt}+1$$

$$\frac{y}{M}=\frac{1}{\overline{A}e^{-kt}+1}$$

$$y=\boxed{\frac{M}{\overline{A}e^{-kt}+1}}$$ ◀ ←(M is "upper bound")

▶STUDY Tip

Logistic Growth 공식이 약간 다른 형태로 표현 될 수가 있다. 처음의 공식과 완전히 같은 식이며 표현 방법이 약간 다른 것뿐이다.

Other Form

$$\frac{dy}{dt}=ky\left(1-\frac{y}{M}\right)$$

$$=ky\left(1-\frac{y}{M}\right)\cdot M\cdot\frac{1}{M}$$

$$=ky(M-y)\frac{1}{M}=\overline{k}y(M-y)$$

$$\frac{dy}{dt}=\overline{k}y(M-y)$$

$$y=\boxed{\frac{M}{\overline{A}e^{-M\overline{k}t}+1}}\leftarrow\left(\overline{k}=\frac{k}{M}\right)$$

Example 7

Find the solution of initial value problem

$$\frac{dy}{dt}=0.07y(1-\frac{y}{1000})\ ;\ y(0)=200$$

ⓐ Find the $y(70)$.

ⓑ When will the population reach 800 ?

▶ ⓐ

$$\frac{dy}{dt}=k\,y(1-\frac{y}{M})$$

$$y=\frac{M}{\overline{A}e^{-kt}+1}=\frac{1000}{\overline{A}e^{-0.07\cdot t}+1} \qquad \leftarrow y(0)=200$$

$$\left(\begin{aligned} &200=\frac{1000}{\overline{A}\cdot 1+1}\\ &200(\overline{A}+1)=1000\\ &\overline{A}+1=5\\ &\overline{A}=4 \end{aligned}\right)$$

$$y=\frac{1000}{4\cdot e^{-0.07\cdot t}+1}$$

$$y(70)=\frac{1000}{4\cdot e^{-0.07\cdot(70)}+1}=\frac{1000}{4\cdot e^{-4.9}+1}$$

$$=971.07$$ ◀

ⓑ

$$800=\frac{1000}{4\cdot e^{-0.07t}+1}$$

$$800(4\cdot e^{-0.07t}+1)=1000$$

$$4\cdot e^{-0.07t}+1=\frac{1000}{800}=\frac{5}{4}$$

$$4e^{-0.07t}=\frac{1}{4}$$

$$e^{-0.07t}=\frac{1}{16}$$

$$ln\, e^{-0.07t}=ln\left(\frac{1}{16}\right)$$

$$-0.07t=ln\left(\frac{1}{16}\right)$$

$$t=\frac{ln\left(\frac{1}{16}\right)}{-0.07}=39.608$$ ◀

MEMO

Exercise

8-01 $\frac{dy}{dx}=2\sqrt{x\cdot y}$ $(x,y>0)$ and $y(0)=1$; Find $y(1)$.

Exercise

8-02 A coin is thrown straight up from the top of building. If the acceleration of a particle is $a(t)=-32\ ft/sec^2$, and the initial velocity of the coin is 60 ft/sec and the height of building is 30 ft at time $t=0$.

(a) the equation of the coin' s velocity at time t
(b) the equation of the coin' s height at time t
(c) the maximum height of the coin
(d) the height of the coin at time $t=4$

8-03 Find the slope freld, the general solution and the particular solution that go through $(0, 1)$; $y'=-\sin x$.

8-04 If you use Euler' s method with step size $h=0.1$ to approximate the solution of the initial value

$\frac{dy}{dx}=x+y^2$; $y(0)=1$, then find an approximate solution when $x=0.2$.

Exercise

8-05 If the population grows exponentially at a rate of 3% per year, how many years would be necessary for the population to double?

8-06 Radium decomposes at a rate proportional to the remaining mass. The half-life of radium is 1620 year. A sample of radium has a mass of 1000 mg. How much of the sample will remain after 2000 years? When will mass be reduced to 125 mg?

Chapter 9

*Infinite Series (BC Topic Only)

OVERVIEW

이 단원은 Algebra II, Pre-Calculus에서 배운 Arithmetic Sequence (Series), Geometric Sequence(Series)를 확장하여 배우는 Chapter이다. Calculus 모든 Chapter 중에서 내용이 가장 난해하고 암기해야할 공식이 많은 Chapter이다.

Chapter 9 ★Infinite Series(BC Topic Only)

▶STUDY Tip

이 단원은 Arithmetic sequence (series), Geometric sequence (series)를 확장하여 배우는 단원이다.

Arithmetic Sequence (Series)

$a_n = a_1 + (n-1)d$

$S_n = \frac{n(a_1+a_n)}{2} = \frac{n(2a_1+(n-1)d)}{2}$

Geometric Sequence (Series)

$a_n = a_1 r^{n-1}$

$S_n = \frac{a_1(1-r^n)}{1-r}$

A Sequence

Definition 9-1

A sequence is any function whose domain is the set of positive integer

$a_n = 3n \quad \leftarrow (n=1, 2, 3, \cdots)$

$a_1=3,\ a_2=6,\ a_3=9,\ \cdots$

Definition 9-2

The sequence $\{a_n\}_{n=1}^{\infty}$ has a limit L.

In this case, we say that the sequence converges to L

$\lim_{n\to\infty} a_n = L$

If there is no such number L, then we say that the sequence diverges.

▶STUDY Tip

수열의 극한의 기본성질은 함수의 극한에 대한 기본성질과 마찬가지로 수렴하는 수열에서만 성립한다. 예를 들어

$\lim_{n\to\infty} (n\cdot\frac{1}{n}) = \lim_{n\to\infty} 1 = 1$

$\lim_{n\to\infty} (n\cdot\frac{1}{n}) \neq (\lim_{n\to\infty} n)\cdot \lim_{n\to\infty} (\frac{1}{n})$

즉 $(\lim_{n\to\infty} n)\cdot \lim_{n\to\infty} (\frac{1}{n}) = \infty\cdot 0 = 0$

Theorem 9-3

Suppose that $\{a_n\}$ and $\{b_n\}$ both converge. Then

(a) $\lim_{n\to\infty} c = c$

(b) $\lim_{n\to\infty} ca_n = c\lim_{n\to\infty} a_n = cL,$

(c) $\lim_{n\to\infty} (a_n \pm b_n) = \lim_{n\to\infty} a_n \pm \lim_{n\to\infty} b_n = L_1 \pm L_2$

(d) $\lim_{n\to\infty} (a_n \cdot b_n) = \lim_{n\to\infty} a_n \cdot \lim_{n\to\infty} b_n = L_1 \cdot L_2$

(e) $\lim_{n\to\infty}\left(\frac{a_n}{b_n}\right) = \frac{\lim_{n\to\infty} a_n}{\lim_{n\to\infty} b_n} = \frac{L_1}{L_2}$ (assuming $L_2 \neq 0$)

$$\bullet \lim_{n\to\infty}\frac{n}{3n+7}=\lim_{n\to\infty}\frac{n\cdot\frac{1}{n}}{(3n+7)\cdot\frac{1}{n}}$$

$$=\lim_{n\to\infty}\frac{1}{3+\frac{7}{n}}=\frac{1}{3}$$

$$\bullet \lim_{n\to\infty}(-1)^n\frac{n}{3n+7}=\lim_{n\to\infty}(-1)^n\frac{n\frac{1}{n}}{(3n+7)\frac{1}{n}}$$

$$=\lim_{n\to\infty}(-1)^n\cdot\frac{1}{3+\frac{7}{n}}$$

$$\begin{pmatrix}\text{Odd number term}=-\frac{1}{3}\\ \text{Even number term}=\frac{1}{3}\end{pmatrix} \leftarrow \text{Diverge}$$

⊗ Theorem 9–4

> Suppose that $\lim_{x\to\infty}f(x)=\mathrm{L}$. Then $\lim_{n\to\infty}f(n)=\mathrm{L}$.
>
> (x is real number, n is integer)

$$\bullet \lim_{n\to\infty}\frac{n+4}{e^n}=\left\{\frac{n+4}{e^n}\right\}_{n=1}^{+\infty}$$

We can not apply L' Hospital' s rule directly.

$\frac{n+4}{e^n}$ ← (n is just positive integer

; $n+4$ and e^n are not differentiable function)

but

$$\lim_{x\to\infty}\frac{x+4}{e^x}=\frac{\infty}{\infty}=\frac{1}{e^x}=\frac{1}{\infty}=0$$

If $\lim_{x\to\infty}\frac{x+4}{e^x}=0$ then $\lim_{n\to\infty}\frac{n+4}{e^n}=0$

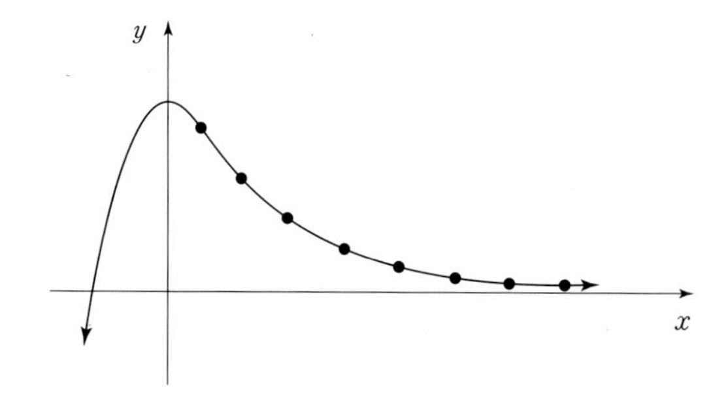

Theorem 9-5 Squeeze Theorem for Sequence

If $a_n \le b_n \le c_n$ and $\lim_{n\to\infty} a_n = L$ and $\lim_{n\to\infty} c_n = L$ then $\lim_{n\to\infty} b_n = L$

Theorem 9-6

If $\lim_{n\to\infty} |a_n| = 0$, then $\lim_{n\to\infty} a_n = 0$.

proof

$$\lim_{n\to\infty} |a_n| = 0$$

$$-|a_n| \le a_n \le |a_n|$$

$$-\lim_{n\to\infty} |a_n| \le \lim_{n\to\infty} a_n \le \lim_{n\to\infty} |a_n|$$

$$-0 \le \lim_{n\to\infty} a_n \le 0$$

$$\lim_{n\to\infty} a_n = 0$$

Example 1

$$\lim_{n\to\infty} \left\{ \frac{(-1)^{n+1}}{2n} \right\} = \left\{ \frac{(-1)^{n+1}}{2n} \right\}_{n=1}^{+\infty}$$

▶ $$\lim_{n\to\infty} \left| \frac{(-1)^{n+1}}{2n} \right| = \lim_{n\to\infty} \left| (-1)^{n+1} \right| \left| \frac{1}{2n} \right| = \lim_{n\to\infty} \frac{1}{2n} = 0$$

$$\lim_{n\to\infty} \left| \frac{(-1)^{n+1}}{2n} \right| = 0 \Rightarrow \lim_{n\to\infty} \left\{ \frac{(-1)^{n+1}}{2n} \right\} = 0$$ ◀

B Monotone Sequence

Definition 9–7

A sequence $\{a_n\}$ is
Increasing $a_1 < a_2 < a_3 < \cdots < a_n < \cdots$
Decreasing $a_1 > a_2 > a_3 > \cdots > a_n > \cdots$
Nondecreasing $a_1 \le a_2 \le a_3 \le \cdots \le a_n \le \cdots$
Nonincreasing $a_1 \ge a_2 \ge a_3 \ge \cdots \ge a_n \ge \cdots$

Monoton
- Increasing ┐ Strictly Monoton
- Decreasing ┘
- Nonincreasing
- Nondecreasing

- $\frac{1}{3}, \frac{2}{4}, \frac{3}{5}, \cdots, \left(\frac{n}{n+2}\right)$ Increasing
  $1, \frac{1}{2}, \frac{1}{3}, \cdots, \left(\frac{1}{n}\right)$ Decreasing
  (Increasing, Decreasing → Strictly Monoton)
  $1, 1, 2, 2, 3, 3, \cdots$ Nondecreasing
  $1, 1, \frac{1}{3}, \frac{1}{3}, \frac{1}{5}, \frac{1}{5}, \cdots$ Nonincreasing
  (all four → Monoton)
  $-1, +\frac{1}{2}, -\frac{1}{3}, +\frac{1}{4}, (-1)^n\frac{1}{n} \cdots$ Not Monoton

Theorem 9–8

$a_n - a_{n+1} < 0$ Increasing
$a_n - a_{n+1} > 0$ Decreasing
$a_n - a_{n+1} \le 0$ Nondecreasing
$a_n - a_{n+1} \ge 0$ Nonincreasing

Theorem 9–9

$\frac{a_{n+1}}{a_n} > 1$ Increasing

$\frac{a_{n+1}}{a_n} < 1$ Decreasing

$\frac{a_{n+1}}{a_n} \ge 1$ Nondecreasing

$\frac{a_{n+1}}{a_n} \le 1$ Nonincreasing

Theorem 9–10

If $f(n)=a_n$ and $f(x)$ is differentiable for $x\geq 1$ then

$f'(x)>0,\quad f(n)=a_n\quad$ Increasing
$f'(x)<0,\quad f(n)=a_n\quad$ Decreasing
$f'(x)\geq 0,\quad f(n)=a_n\quad$ Nondecreasing
$f'(x)\leq 0,\quad f(n)=a_n\quad$ Nonincreasing

Example 2

$\frac{1}{3}, \frac{2}{4}, \frac{3}{5}, \cdots \frac{n}{n+2}$ is an increasing .

▶ (i) $\boxed{a_n-a_{n+1}<0}$ Increasing

$$\frac{n}{n+2}-\frac{n+1}{n+3}$$
$$=\frac{n(n+3)}{(n+2)(n+3)}-\frac{(n+1)(n+2)}{(n+2)(n+3)}$$
$$=\frac{n^2+3n-(n^2+3n+2)}{(n+2)(n+3)}=\frac{n^2+3n-n^2-3n-2}{(n+2)(n+3)}$$
$$=\frac{-2}{(n+2)(n+3)}<0 \qquad (n>0)$$

(ii) $\boxed{\frac{a_{n+1}}{a_n}>0}$ Increasing

$$\frac{\frac{n+1}{n+3}}{\frac{n}{n+2}}=\frac{(n+1)(n+2)}{n(n+3)}=\frac{n^2+3n+2}{n^2+3n}>1$$

(iii) $\boxed{f'(x)>0}$ Increasing

$$f(x)=\frac{x}{x+2} \qquad (x\geq 1)$$
$$f'(x)=\frac{(x+2)\cdot 1-x\cdot 1}{(x+2)^2}=\frac{x+2-x}{(x+2)^2}=\frac{2}{(x+2)^2}>0$$

Increasing for $a_n=f(n)=\frac{n}{n+2}$

Definition 9-11

A sequence is bounded above

$a_n \le B$

A sequence is bounded below

$a_n \ge B$

Theorem 9-12

If a monotonic sequence is bounded, then it converges.

▶STUDY Tip

Exercise #9-1 참조

C Series

Definition 9-13

$a_1 + a_2 + a_3 + \cdots + a_k + \cdots = \sum_{k=1}^{\infty} a_k$ is called an infinite series.

The number a_1, a_2, a_3 ⋯ are called the term of series.

Definition 9-14

Let S_n denotes its nth partial sum

$$S_n = a_1 + a_2 + a_3 + \cdots + a_n = \sum_{k=1}^{n} a_k$$

If $\lim_{n\to\infty} S_n = L$ exists as a real number, then

$\sum_{k=1}^{\infty} a_k$ is called convergent ;

$$\sum_{k=1}^{\infty} a_k = \lim_{n\to\infty} \sum_{k=1}^{n} a_k = \lim_{n\to\infty} S_n = L$$

Otherwise, the series is called divergent.

Example 3

Find the sum of the series

$2-2+2-2+2\cdots$

▶ $S_1=2,\ S_2=0,\ S_3=2,\ S_4=0\ \cdots$

Series diverges ◀

- Geometric Sequence

$a_n=a_1r^{n-1}$

- Geometric Series

$$S_n=a_1+a_1r+a_1r^2+\cdots+a_1r^{n-1}$$
$$=\frac{a_1(1-r^n)}{1-r}$$

Theorem 9-15

A geometric series

$a_1+a_1r+a_1r^2+\cdots+a_1r^{n-1}$ converge if $|r|<1$, and diverge if $|r|\geq 1$

$$\sum_{k=1}^{\infty} a_1\cdot r^{k-1}=\frac{a_1}{1-r}\quad ;\ |r|<1$$

$$S_n=a_1+a_1r+\cdots+a_1r^{n-1}$$

$$S_n=\frac{a_1(1-r^n)}{1-r}\ \leftarrow \text{(if } |r|<1 \text{ then } r^n\rightarrow 0)$$

$$S_\infty=\frac{a_1(1-0)}{1-r}=\frac{a_1}{1-r}$$

- $1-\frac{1}{2}+\frac{1}{4}-\frac{1}{8}+\frac{1}{16}\cdots\left(a_1=1\ ;\ r=-\frac{1}{2}\right)$

▶ $S_\infty=\dfrac{1}{1-\left(-\frac{1}{2}\right)}=\dfrac{1}{1+\frac{1}{2}}=\dfrac{1}{\frac{3}{2}}=\dfrac{2}{3}$ ◀

▶STUDY Tip

Exercise #9-2, #9-3 참조

D Harmonic Series

Example 4

$$\sum_{k=1}^{\infty}\frac{1}{k}=1+\frac{1}{2}+\left(\frac{1}{3}+\frac{1}{4}\right)+\left(\frac{1}{5}+\frac{1}{6}+\frac{1}{7}+\frac{1}{8}\right)+\frac{1}{9}+\cdots$$

This series diverge.

▶ $1+\frac{1}{2}+$

$\left(\frac{1}{3}+\frac{1}{4}\right)+$

$\left(\frac{1}{5}+\frac{1}{6}+\frac{1}{7}+\frac{1}{8}\right)+$

$\left(\frac{1}{9}+\ \cdots\ +\frac{1}{16}\right)+$

$>$

$1+\frac{1}{2}+$

$\left(\frac{1}{4}+\frac{1}{4}\right)+$

$\left(\frac{1}{8}+\frac{1}{8}+\frac{1}{8}+\frac{1}{8}\right)+$

$\left(\frac{1}{16}+\ \cdots\ +\frac{1}{16}\right)+$

$=1+\frac{1}{2}+\frac{1}{2}+\frac{1}{2}+\frac{1}{2}+\cdots$

▶STUDY Tip

계속 진행하면 아래쪽이 무한대로 증가하게 된다. ($\frac{1}{2}+\frac{1}{2}+\frac{1}{2}+\cdots$ 계속 더하기를 하면 결과는 ∞가 된다) 그러므로 아래쪽 보다 큰 위쪽이 무한대로 증가를 하게 된다.

Exercise #9-4 참조

Theorem 9-16

If the series $\sum_{k=1}^{\infty} a_k$ converges, then $\lim_{k\to\infty} a_k=0$.

▶ $\lim_{k\to\infty}\frac{1}{k}=0 \Rightarrow \sum_{k=1}^{\infty}\frac{1}{k}$ diverge

The converse of this theorem is false.

▶STUDY Tip

Theorem 9-16의 대우(contrapositive)

$(p \to q) \Leftrightarrow (\sim q \to \sim p)$

Theorem 9-17 The Test for Divergence

If $\lim_{k\to\infty} a_k\neq 0$, then the series $\sum_{k=1}^{\infty} a_k$ diverges.

Example 5

$$\sum_{k=1}^{\infty}\frac{k}{2k+3}=\frac{1}{5}+\frac{2}{7}+\frac{3}{9}+\cdots+\frac{k}{2k+3}+\cdots$$

▶ $\lim_{k\to\infty}\frac{k}{2k+3}=\frac{1}{2+\frac{3}{k}}=\frac{1}{2}\neq 0$

So, $\sum_{k=1}^{\infty}\frac{k}{2k+3}$ diverges ◀

▶STUDY Tip

$\sum_{k=1}^{\infty} a_k b_k \neq \sum_{k=1}^{\infty} a_k \sum_{k=1}^{\infty} b_k$

$\sum_{k=1}^{\infty}\frac{a_k}{b_k} \neq \frac{\sum_{k=1}^{\infty} a_k}{\sum_{k=1}^{\infty} b_k}$

Theorem 9-18

If $\sum_{k=1}^{\infty} a_k=\mathrm{L}$, $\sum_{k=1}^{\infty} b_k=\mathrm{M}$, and "$c$" is real number then

1. $\sum_{k=1}^{\infty} ca_k=c\mathrm{L}$
2. $\sum_{k=1}^{\infty} (a_k\pm b_k)=\mathrm{L}\pm\mathrm{M}$

Theorem 9-19

$$\sum_{k=1}^{\infty} a_k = a_1 + a_2 + a_3 + \cdots$$

$$\sum_{k=\bar{k}}^{\infty} a_k = a_{\bar{k}} + a_{\bar{k}+1} + \cdots$$

Either both converge or both diverge.

Theorem 9-20 Integral Test ①

If $f(x)$ is decreasing, positive, and continuous for $x \geq 1$ then

$$\sum_{k=1}^{n} a_k \text{ and } \int_1^{\infty} f(x)dx \leftarrow (a_k = f(k))$$

Either both converge or both diverge.

▶STUDY Tip

예) $\sum_{k=1}^{\infty} \frac{1}{k}$ and $\int_1^{\infty} \frac{1}{x} dx$

$a_k = f(k)$

$a_1 = f(1)$

$a_2 = f(2)$

Exercise #9-5, #9-6 참조

Definition 9-21

$\sum_{k=1}^{\infty} \frac{1}{k^p}$, where p is positive constant,

the series is called p-series or hyperharmonic series.

Theorem 9-22 p-series Test ②

$$\sum_{k=1}^{\infty} \frac{1}{k^p} = \frac{1}{1^p} + \frac{1}{2^p} + \frac{1}{3^p} + \frac{1}{4^p} + \cdots$$

- Converge if $p > 1$
- Diverge if $0 < p \leq 1$

- $\sum_{k=1}^{\infty} \frac{1}{k}$ $\quad p=1 \leftarrow$ Diverge
- $\sum_{k=1}^{\infty} \frac{1}{k^2}$ $\quad p=2 \leftarrow$ Converge
- $\sum_{k=1}^{\infty} \frac{1}{\sqrt[3]{x}}$ $\quad p=\frac{1}{3} \leftarrow$ Diverge

⊗ Theorem 9-23 Comparison Test ③

Suppose that $0 \le a_k \le b_k$

- If the bigger series $\sum_{k=1}^{\infty} b_k$ converges,

  then the smaller series $\sum_{k=1}^{\infty} a_k$ converges.

- If the smaller series $\sum_{k=1}^{\infty} a_k$ diverges,

  then the bigger series $\sum_{k=1}^{\infty} b_k$ diverges.

Example 6

Determine the convergence or divergence of

- $\sum_{k=1}^{\infty} \frac{1}{k^4+8k}$

▶ $\frac{1}{k^4+8k} \le \frac{1}{k^4} \leftarrow (k=1\ ;\ \frac{1}{9} < 1)$

$\sum_{k=1}^{\infty} \frac{1}{k^4} \leftarrow$ (p series ; $p=4>1$ converge)

$\sum_{k=1}^{\infty} \frac{1}{k^4+8k} \leftarrow$ (Converge) ◀

- $\sum_{k=1}^{\infty} \frac{1}{3k^2-k}$

▶ $\frac{1}{3k^2-k} \ge \frac{1}{3k^2} \leftarrow \left(k=2\ ;\ \frac{1}{11} > \frac{1}{12}\right)$

$\sum_{k=1}^{\infty} \frac{1}{3k^2} = \frac{1}{3} \sum_{k=1}^{\infty} \frac{1}{k^3} \leftarrow (p=3)$

Converge ← (Wrong Direction)

$\frac{1}{3k^2-k} \le \frac{1}{3k^2-k^2} = \frac{1}{2k^2} \leftarrow \left(k=2\ ;\ \frac{1}{10} < \frac{1}{8}\right)$

$\sum_{k=1}^{\infty} \frac{1}{2k^2} = \frac{1}{2} \sum_{k=1}^{\infty} \frac{1}{k^2} \leftarrow (p=2)$

Converge

So

$\sum_{k=1}^{\infty} \frac{1}{3k^2-k}$ Converge ◀

▶STUDY Tip

Exercise #9-7, #9-8 참조

Theorem 9-24 The Limit Comparison Test ④

Suppose that $a_k, b_k > 0$

$$\lim_{k\to\infty}\frac{a_k}{b_k}=L>0$$

If L is finite and $L\neq 0$, Then

either $\sum_{k=1}^{\infty} a_k$ and $\sum_{k=1}^{\infty} b_k$ both converge or both diverge.

Example 7

Use the limit comparison test to investigate the convergence or divergence of

$$\sum_{k=1}^{\infty}\frac{k^2+8}{k^4+2k+5}$$

▶ $a_k=\dfrac{k^2+8}{k^4+2k+5}$; $b_k=\dfrac{k^2}{k^4}=\dfrac{1}{k^2}$

$$\lim_{k\to\infty}\frac{a_k}{b_k}=\lim_{k\to\infty}\frac{\frac{k^2+8}{k^4+2k+5}}{\frac{1}{k^2}}$$

$$=\lim_{k\to\infty}\frac{k^4+8k^2}{k^4+2k+5}=1>0$$

Since $\sum_{k=0}^{\infty}\frac{1}{k^2}$ ← ($p=2>1$ converge)

$\sum_{k=0}^{\infty}\frac{k^2+8}{k^4+2k+5}$ converges by limit comparison test . ◀

Theorem 9-25 Ratio Test I ⑤

Let $\sum_{k=1}^{\infty} a_k$ be a series of positive terms and suppose that

$\lim_{k \to \infty} \frac{a_{k+1}}{a_k} = P$

① If $P<1$, the series converges.
② If $P>1$ or $P=\infty$, the series diverges.
③ If $P=1$, there is no conclusion, so that another test must be tried.

Example 8

$\sum_{k=1}^{\infty} \frac{4}{k!}$ converges by ratio test.

▶ $\lim_{k \to \infty} = \frac{\frac{4}{(k+1)!}}{\frac{4}{k!}} = \frac{\frac{4}{(k+1)k!}}{\frac{4}{k!}}$

$= \frac{4k!}{4k!(k+1)} = \frac{1}{(k+1)} = 0 < 1$ ◀

▶ STUDY Tip

$n! = n(n+1)!$

Example 9

$\sum_{k=1}^{\infty} \frac{k}{7^k}$ converges by ratio test.

▶ $\lim_{k \to \infty} = \frac{\frac{k+1}{7^{k+1}}}{\frac{k}{7^k}} = \frac{(k+1)7^k}{7^{k+1} \cdot k} = \frac{(k+1)7^k}{7 \cdot 7^k \cdot k}$

$= \frac{1}{7} \frac{(k+1)}{k}$

$\lim_{k \to \infty} = \frac{1}{7} \frac{(k+1)}{k} = \frac{1}{7} \lim_{k \to \infty} \frac{(k+1)}{k} = \frac{1}{7} < 1$ ◀

▶ STUDY Tip

Exercise #9-9, #9-10 참조

Theorem 9–26 Root Test ⑥

Let $\sum_{k=1}^{\infty} a_k$ be a series of positive terms and suppose that

$\lim_{k \to \infty} \sqrt[k]{a_k} = \lim_{k \to \infty} (a_k)^{\frac{1}{k}} = P$

① If $P<1$, the series converges.

② If $P>1$ or $P=\infty$ the series diverges.

③ If $P=1$, there is no conclusion, so that another test must be tried.

Example 10

$\sum_{k=1}^{\infty} \left(\frac{7k+8}{10k-8}\right)^k$ converges by root test .

▶ $\lim_{k \to \infty} \left(\left(\frac{7k+8}{10k-8}\right)^k\right)^{\frac{1}{k}} = \lim_{k \to \infty} \left(\frac{7k+8}{10k-8}\right) = \frac{7}{10} < 1$ ◀

E Alternating Series

$\sum_{k=1}^{\infty} (-1)^{k+1} a_k = a_1 - a_2 + a_3 - a_4 + \cdots\cdots$; $a_k > 0$

$\sum_{k=1}^{\infty} (-1)^k \cdot a_k = -a_1 + a_2 - a_3 + a_4 - \cdots\cdots$; $a_k > 0$

negative term

Theorem 9–27 Alternating Series Test ⑦

Suppose that $\sum_{k=1}^{\infty} (-1)^{k+1} a_k$ or $\sum_{k=1}^{\infty} (-1)^k a_k$ exist.

ⓐ $a_1 \geq a_2 \geq a_3 \geq a_4 \geq \cdots \geq a_k \geq \cdots$ ← (Nonincreasing)

ⓑ $\lim_{k \to \infty} a_k = 0$; $a_k > 0$

Then, the alternating series

$\sum_{k=1}^{\infty} (-1)^{k+1} a_k$ or $\sum_{k=1}^{\infty} (-1)^k a_k$ $(a_k > 0)$

converges.

- $\sum_{k=1}^{\infty} (-1)^k \frac{1}{k}$ ← (Alternating Harmonic Series)

▶ ⓐ $\frac{1}{k} \geq \frac{1}{k+1}$; ⓑ $\lim_{k \to \infty} \frac{1}{k} = 0$

by Alternating Series Test ; Converge

Example 11

$$\sum_{k=1}^{\infty}(-1)^{k+1}\frac{1}{4k+5}$$

▶ ⓐ $\dfrac{\frac{1}{4(k+1)+5}}{\frac{1}{4k+5}}=\dfrac{\frac{1}{4k+9}}{\frac{1}{4k+5}}=\dfrac{4k+5}{4k+9}<1$ ← (Decreasing)

ⓑ $\lim_{k\to\infty}\dfrac{1}{4k+5}=0$

by Alternating Series Test−Converge ◀

Example 12

$$\sum_{k=1}^{\infty}(-1)^{k+1}\frac{k}{4k+5}$$

▶ $\lim_{k\to\infty}\dfrac{k}{4k+5}=\dfrac{1}{4}\neq 0$

No conclusion, we can not apply alternating series test. ◀

Definition 9-28

$\sum_{k=1}^{\infty} a_k$ is converges absolutely (absolutely convergent)

if $\sum_{k=1}^{\infty} |a_k|$ converges.

⊗ Theorem 9-29

If $\sum_{k=1}^{\infty} |a_k|$ converges, then $\sum_{k=1}^{\infty} a_k$ converges.

Definition 9–30

$\sum_{k=1}^{\infty} a_k$ is conditionally convergent, if a series

$\sum_{k=1}^{\infty} a_k$ converges but does not converge absolutely.

- $1-\frac{1}{2}+\frac{1}{3}-\frac{1}{4}+\frac{1}{5}-\cdots=\sum_{k=1}^{\infty}(-1)^{k+1}\frac{1}{k}$

  converges by alternating series test, but
  does not converge absolutely.

  $\sum_{k=1}^{\infty}\left|(-1)^{k+1}\frac{1}{k}\right|$ ← (Diverge ; Harmonic Series)

  $\sum_{k=1}^{\infty}(-1)^{k+1}\frac{1}{k}$ ← (Conditionally Convergent)

Example 13

$\sum_{k=1}^{\infty}\frac{\sin k}{k^3}$ converge

▶ $\sum_{k=1}^{\infty}\left|\frac{\sin k}{k^3}\right| \le \sum_{k=1}^{\infty}\frac{1}{k^3}$ ← $|\sin k| \le 1$ ← (p–series Test ②)

$\sum_{k=1}^{\infty}\left|\frac{\sin k}{k^3}\right|$ converge

$\Rightarrow \sum_{k=1}^{\infty}\frac{\sin k}{k^3}$ converge ← (Theorem 9–29) ◀

▶STUDY Tip

지금까지 배운 Theorem ①~⑧ 중에서 가장 중요한 것이다. 중요한 이유는 추후에 이 Theorem 9-31을 사용하여 다양한 Theorem을 만들 수 있기 때문이다.

⊗ Theorem 9-31 Ratio Test II ⑧

Let $\sum_{k=1}^{\infty} a_k$ be a series, $a_k \neq 0$, and suppose that

$$\lim_{k\to\infty} \frac{|a_{k+1}|}{|a_k|} = P$$

① If $P<1$, the series converges absolutely.

② If $P>1$ or $P=\infty$, the series diverges.

③ If $P=1$, there is no conclusion, so that another test must be tried.

Example 14

$$\sum_{k=1}^{\infty} (-1)^k \frac{k^k}{k!}$$

▶ $$\frac{\left|\frac{(-1)^{k+1}(k+1)^{k+1}}{(k+1)!}\right|}{\left|\frac{(-1)^k k^k}{k!}\right|} = \frac{\frac{(k+1)^{k+1}}{(k+1)!}}{\frac{k^k}{k!}} = \frac{(k+1)^{k+1}\cdot k!}{(k+1)!\,k^k}$$

$$= \lim_{k\to\infty} \frac{(k+1)(k+1)^k \cdot k!}{(k+1)k!\,k^k}$$

$$= \lim_{k\to\infty}\left(\frac{k+1}{k}\right)^k = \lim_{k\to\infty}\left(1+\frac{1}{k}\right)^k = e > 1$$

so, series diverges . ◀

F Power Series

The term of series involves variable.

Definition 9-32 Power Series in x

$$C_0+C_1x^1+C_2x^2+\cdots+C_kx^k+\cdots=\sum_{k=0}^{\infty}C_kx^k$$

if $x=0$: $\sum_{k=0}^{\infty}C_kx^k=C_0 \quad \leftarrow [C_0\boxed{0^0}+C_10^1+C_20^2+\cdots]$

if $x\neq 0$: $\sum_{k=0}^{\infty}C_kx^k=C_0+C_1x+C_2x^2+\cdots$

▶STUDY Tip

0^0은 정의되어 있지 않다.
그러므로 $x=0$일 때
$\sum_{k=0}^{\infty}C_kx^k=C_0$ 라고
새롭게 정의를 내리는 것이다.

$$\sum_{k=0}^{\infty}x^{2k}=1+x^2+x^4+x^6+\cdots$$

$$\sum_{k=0}^{\infty}(-1)^kx^{2k}=(-1)^kx^{2k}=1-x^2+x^4-x^6+\cdots$$

■ For what value of x does the power series converge?

▶STUDY Tip

다시 강조한다. Power Series 의 목표는 무엇인가? Power Series가 Converge 하는 "x"의 범위를 구하는 것이다. 또한 이 변수 "x" 는 기존의 Series와의 근본적인 차이점을 만든다. 즉 Power Series는 각각의 Term마다 변수 "x" 가 들어가며, 기존의 Series는 각각의 Term 에 "숫자"가 들어간다.

Theorem 9-33

$\sum_{k=0}^{\infty}C_k x^k$, there are three possibilites :

ⓐ The series converges only when $x=0$, and diverge everywhere else.

ⓑ The series converges absolutely for all x.

ⓒ The series converges absolutely for $|x|<R$ and diverges for $|x|>R$. (Radius of convergence: R)

If $x=R$ or $x=-R$, there is no conclusion.

▶STUDY Tip

지금까지의 Series 의 Test①~⑧들은 모두가 $k=1$에서 출발을 했다. 그러나 Power Series의 시작점이 $k=0$에서 시작하는 이유는 Power Series의 정의가 $C_0+C_1x^1+C_2x^2+\cdots$ 로 정의되기 때문이다. 이 정의를 표현하기 위해 $k=0$에서 출발해야 한다. $k=0$에서 출발을 하더라도 기존의 모든 Test①~⑧을 적용할 있다. 왜냐하면 우리의 관심은 Series의 정확한 값이 아니라 단지 Converge (수렴)과 Diverge (발산)이므로 처음의 소수의 k의 값은 수렴과 발산에 영향을 미치지 않으며 $k\rightarrow\infty$가 되었을 때에 수렴과 발산에 영향을 미치기 때문이다.

Definition 9-34

The interval for which a power series converges is called the interval of convergence.

Example 15

Find the interval of convergence $\sum_{k=0}^{\infty} x^k$.

▶ $\sum_{k=0}^{\infty} x^k = 1 + x + x^2 + x^3 + \cdots$

Ratio test Ⓘ

$$\lim_{k\to\infty}\left|\frac{a_{k+1}}{a_k}\right| = \lim_{k\to\infty}\left|\frac{x^{k+1}}{x^k}\right|$$

$$= \lim_{k\to\infty}\left|\frac{x\cdot x^k}{x^k}\right|$$

$$= \lim_{k\to\infty}|x|$$

$|x|<1$ Converge

$|x|>1$ Diverge

$(-1, 1)$ ← (Interval of Convergence)

$R=1$ ← (Radius of Convergence) ← Ⓒ Case

▶STUDY Tip

$x=-1$, $x=1$서는 Converge (수렴) Diverge(발산)을 확인 할 수 없다. 반드시 다른 Test를 사용하여 Converge(수렴) Diverge(발산) 확인해야 한다.

$x=1$이면 $1+1+1+1\cdots$이므로 diverge

$x=-1$이면 $1-1+1-1\cdots$이므로 diverge한다.

Example 16

Find the interval of convergence $\sum_{k=0}^{\infty}\frac{x^k}{(2k)!}$.

▶ Ratio test Ⓘ

$$\lim_{k\to\infty}\left|\frac{a_{k+1}}{a_k}\right| = \lim_{k\to\infty}\left|\frac{\frac{x^{k+1}}{(2(k+1))!}}{\frac{x^k}{(2k)!}}\right|$$

$$= \lim_{k\to\infty}\left|\frac{(2k)!\cdot x^{k+1}}{(2(k+1))!\cdot x^k}\right|$$

$$= \lim_{k\to\infty}\left|\frac{(2k)!\,x\cdot x^k}{(2k+2)!\,x^k}\right|$$

$$= \lim_{k\to\infty}\left|\frac{(2k)!\,x}{(2k+2)(2k+1)(2k)!}\right|$$

$$= \lim_{k\to\infty}\left|\frac{x}{(2k+2)(2k+1)}\right|$$

$$=0<1$$

Converge for all "x"

Radius of Convergence $R=\infty$ ← Ⓑ Case

▶STUDY Tip

$n!=n(n-1)(n-2)!$

▶STUDY Tip

Exercise #9-11 참조

#9-11은 Ⓐ Case에 해당한다.

Definition 9-35 Power Series in $x-a$

$$C_0+C_1(x-a)+C_2(x-a)^2+\cdots+C_k(x-a)^k+\cdots$$
$$=\sum_{k=0}^{\infty}C_k(x-a)^k$$

if $x=a$; $\sum_{k=0}^{\infty}C_k(x-a)^k=C_0$

if $x\neq a$; $\sum_{k=0}^{\infty}C_k(x-a)^k=C_0+C_1(x-a)+C_2(x-a)^2+\cdots$

- $\sum_{k=0}^{\infty}(x-2)^{2k}$
- $\sum_{k=0}^{\infty}(-1)^k(x-2)^{2k}$

■ For what value of x the power series converge?

Theorem 9-36

$\sum_{k=0}^{\infty}C_k(x-a)^k$, there are three possibilities :

ⓐ The series converges only when $x=a$, and diverge everywhere else.

ⓑ The series converges absolutely for all x.

ⓒ The series converges absolutely for $|x-a|<R$ and diverges for $|x-a|>R$.
If $x=a\pm R$, there is no conclusion.

Example 17

Find the interval of convergence

$$\sum_{k=1}^{\infty}(-1)^k\frac{(x-8)^k}{k}$$

Ratio Test ⑪

$$\lim_{k\to\infty}\left|\frac{a_{k+1}}{a_k}\right|=\lim_{k\to\infty}\left|\frac{\frac{(-1)^{k+1}(x-8)^{k+1}}{(k+1)}}{\frac{(-1)^k(x-8)^k}{k}}\right|$$

$$=\lim_{k\to\infty}\left|\frac{(-1)^{k+1}\cdot k\cdot(x-8)^{k+1}}{(-1)^k(x-8)^k(k+1)}\right|$$

$$=\lim_{k\to\infty}\left|\frac{(-1)^{k+1}}{(-1)^k}\right|\left|\frac{k\cdot(x-8)^k(x-8)}{(x-8)^k(k+1)}\right|$$

$$=\lim_{k\to\infty}\left|\frac{(-1)^k(-1)}{(-1)^k}\right|\left|\frac{k}{k+1}(x-8)\right|$$

$$=\lim_{k\to\infty}|-1|\left|\frac{k}{k+1}(x-8)\right|$$

$$=\lim_{k\to\infty}\frac{k}{k+1}|x-8|$$

$$=\lim_{k\to\infty}\frac{1}{1+\frac{1}{k}}|x-8|=|x-8|<1$$

$|x-8|<1$

$-1<x-8<1$

$-1+8<x<1+8$

$7<x<9$ ← (Converge)

$x=7$

$$\sum_{k=1}^{\infty}(-1)^k\frac{(-1)^k}{k}=\sum_{k=1}^{\infty}\frac{((-1)(-1))^k}{k}$$

$$=\sum_{k=1}^{\infty}\frac{1}{k}\quad\text{(Harmonic Series → Diverge)}$$

$x=9$

$$\sum_{k=1}^{\infty}(-1)^k\frac{1^k}{k}=\sum_{k=1}^{\infty}(-1)^k\frac{1}{k}$$

Alternating Harmonic Series → Converge

$(7, 9]$ ← Interval of Convergence

$R=1$ ← The Radius of Convergence ◀

▶STUDY Tip

$x=7$, $x=9$서는 Converge (수렴) Diverge(발산)을 확인 할 수 없다. 반드시 다른 Test를 사용하여 Converge(수렴) Diverge(발산) 확인해야 한다.

G Maclaurin Series ; Taylor Series

Definition 9-37

Maclaurin polynomial of degree n for f about $x=0$

$$P_n(x)=f(0)+f'(0)x+\frac{f''(0)}{2}x^2+\frac{f'''(0)}{3!}x^3+\cdots+\frac{f^n(0)}{n!}x^n$$

Definition 9-38

Taylor polynomial of degree n for f about $x=a$

$$P_n(x)=f(a)+f'(a)(x-a)+\frac{f''(a)}{2!}(x-a)^2+\frac{f'''(a)}{3!}(x-a)^3+\cdots+\frac{f^n(a)}{n!}(x-a)^n$$

Definition 9-39

$$\sum_{k=0}^{\infty}\frac{f^{(k)}(0)}{k!}\cdot x^k=f(0)+f'(0)x+\frac{f''(0)}{2!}x^2+\cdots+\frac{f^{(k)}(0)}{k!}x^k+\cdots$$

Maclaurin series for $f(x)$

Definition 9-40

$$\sum_{k=0}^{\infty}\frac{f^{(k)}(a)}{k!}(x-a)^k$$
$$=f(a)+f'(a)(x-a)+\frac{f''(a)}{2!}(x-a)^2+\cdots+\frac{f^{(k)}(a)}{k!}(x-a)^k+\cdots$$

Taylor series for $f(x)$ about $x=a$

STUDY Tip

Calculus 전 Chapter를 통하여 가장 어려운 정의이다.

이 정의는 이해를 하는 것이 아니다. 그 자체가 순수한 정의이기 때문이다. 중요한 것은 이 정의가 매우 유용한 Property를 만들어 낸다는 것이다.

이 말을 자연스럽게 이해하는 사람은 수학적 사고가 매우 성숙되어 있는 사람이다.

쉬운 예로 설명한다.

이차 방정식의 정의는 무엇인가?

$ax^2+bx+c=0 \leftarrow (a\neq 0)$이다.

위의 식은 정의이기 때문에 이해를 하는 것도 아니고 증명을 해야 하는 것도 아니다. 이차 방정식의 가장 중요한 Property(Theorem)는 무엇인가? 근의 공식으로

$x=\dfrac{-b\pm\sqrt{b^2-4ac}}{2a}$이다.

근의 공식은 Theorem이므로 증명할 수 있다.

STUDY Tip

Taylor Series의 시작점이 $k=0$에서 시작하는 이유는 Taylor Series의 정의가

$f(a)+f'(a)(x-a)+\frac{f''(a)}{2!}(x-a)^2+$

으로 정의되어 있기 때문이다. 이것을 표현하기 위해 $k=0$에서 출발해야 한다.

Example 18

Find the Maclaurin polynomial P_n for e^x .

▶ $f(0)=e^0=1$

$f'(0)=e^0=1$

$f''(0)=e^0=1$

$f'''(0)=e^0=1$

$$P_n(x)=f(0)+f'(0)x+\frac{f''(0)}{2!}x^2+\frac{f'''(0)}{3!}x^3+\frac{f^n(0)}{n!}x^n$$
$$=1+x+\frac{1}{2!}x^2+\frac{1}{3!}x^3+\cdots+\frac{1}{n!}x^n$$ ◀

Chapter 9

Example 19

Maclaurin polynomial for $f(x)=\sin x$.

▶ $P_n(x)=f(0)+f'(0)x+\frac{f''(0)}{2!}x^2+\frac{f'''(0)}{3!}x^3+\frac{f^4(0)}{4!}x^4+\frac{f^5(0)}{5!}x^5+\cdots+\frac{f^n(0)}{n!}x^n$

$f(0)=\sin 0=0$; $P_0(x)=0$

$f'(0)=\cos 0=1$; $P_1(x)=0+x$

$f''(0)=-\sin 0=0$; $P_2(x)=0+x+0$

$f'''(0)=-\cos 0=-1$; $P_3(x)=0+x+0-\frac{x^3}{3!}$

$f''''(0)=\sin 0=0$; $P_4(x)=0+x+0-\frac{x^3}{3!}+0$

$f^5(0)=\cos 0=1$; $P_5(x)=0+x+0-\frac{x^3}{3!}+0+\frac{x^5}{5!}$

$$P_7(x)=0+1\cdot x+\frac{0}{2!}x^2+\frac{-1}{3!}x^3+\frac{0}{4!}x^4+\frac{1}{5!}x^5+\frac{0}{6!}x^6+\frac{(-1)}{7!}x^7$$

$$=\underbrace{x}_{k=0}\underbrace{-\frac{1}{3!}x^3}_{k=1}\underbrace{+\frac{1}{5!}x^5}_{k=2}\underbrace{+\frac{(-1)}{7!}x^7}_{k=3}+\cdots$$

$$P_{2\bar{n}+1}=P_{2\bar{n}+2}=\sum_{k=0}^{\bar{n}}\frac{(-1)^k}{(2k+1)!}x^{2k+1}$$ ◀

▶STUDY Tip

$P_{(2\bar{n}+1)}=P_{(2\bar{n}+2)}$

미분의 횟수

P_n 의 "n"은 Maclaurin Polynomial의 미분의 횟수를 의미한다. 그러나 $P_{2\bar{n}+1}$의 "$\bar{n}$"는 미분의 횟수가 아니라 $k=0$, $k=1$, $k=2,\cdots$, $k=\bar{n}$를 의미한다. 그러므로 $P_{2\bar{n}+1}$에서의 $2\bar{n}+1$이 실질적인 미분의 횟수를 표시 하는 기호임을 알 수 있다. 보통 "bar" 를 생략하여 P_{2n+1}로 표시를 한다.

▶STUDY Tip

Arithmetic Sequence a_1, a_2, a_3, $a_4,\cdots,a_k$는 $k=1$부터 시작하므로 $k=0$은 취급하지 않는다. 그러므로 옆의 식에서 $k=1$부터 시작을 해야 한다.

$k=1 \rightarrow 3!$

$k=2 \rightarrow 5!$

$k=3 \rightarrow 7!$

이므로 3, 5, 7 일반항은

$a_1+(k-1)d$이므로

$3+(k-1)2=2k+1$그래서

$(2k+1)!$이 되었다.

Example 20

Find the Maclaurin polynomial for $\cos x$.

▶ $P_n(x)=f(0)+f'(0)x+\frac{f''(0)x^2}{2!}+\frac{f'''(0)x^3}{3!}+\frac{f''''(0)x^4}{4!}+\cdots$

$+\frac{f^n(0)}{n!}x^n$

$$\begin{bmatrix} f(0)=\cos 0=0 \\ f'(0)=-\sin 0=0 \\ f''(0)=-\cos 0=-1 \\ f'''(0)=\sin 0=0 \\ f''''(0)=\cos 0=1 \\ f^5(0)=-\sin 0=0 \end{bmatrix}$$

$=1+0+\frac{(-1)}{2!}x^2+0+\frac{1}{4!}x^4+\cdots$

$=1-\frac{1}{2!}x^2+\frac{1}{4!}x^4-\frac{1}{6!}x^6+\frac{1}{8!}x^8-\cdots$

$P_{2\bar{n}}=P_{2\bar{n}+1}=\sum_{k=0}^{\bar{n}}(-1)^k\cdot\frac{x^{2k}}{(2k)!}$ ◀

Example 21

Find the Maclaurin polynomial for $ln(x+1)$.

▶ $f(x)=ln(x+1)$; $f(0)=ln1=0$

$$f'(x)=\frac{1}{x+1} \;;\; \underline{f'(0)=1}$$

$$f''(x)=\frac{(x+1)\cdot 0-(x+1)'}{(x+1)^2}=\frac{-1}{(x+1)^2} \;;\; \underline{f''(0)=-1}$$

$$f'''(x)=\left(\frac{-1}{(x+1)^2}\right)'$$

$$=\frac{(x+1)^2\cdot 0+2(x+1)}{(x+1)^4}$$

$$=\frac{2}{(x+1)^3} \;;\; \underline{f'''(0)=2}$$

$$f''''(x)=\frac{(x+1)^3\cdot 0-2\cdot 3(x+1)^2}{(x+1)^6}$$

$$=\frac{-2\cdot 3}{(x+1)^4} \;;\underline{f''''(x)=-3!}$$

$$f^5(x)=\frac{4\cdot 3\cdot 2}{(x+1)^5} \;;\; \underline{f^5(0)=4!}$$

$$f^n(x)=(-1)^{n+1}\frac{(n-1)!}{(x+1)^n} \;;\; f^n(0)=(-1)^{n+1}(n-1)!$$

$$P_n(x)=f(0)+f'(0)x+\frac{f''(0)}{2!}x^2+\cdots+\frac{f^n(0)}{n!}x^n$$

$$=0+x-\frac{x^2}{2!}+\frac{2x^3}{3!}-\frac{3!x^4}{4!}+\cdots$$

$$=x-\frac{x^2}{2}+\frac{x^3}{3}-\frac{x^4}{4}+\frac{x^5}{5}-\cdots$$

$$P_{\bar{n}+1}(x)=\sum_{k=0}^{\bar{n}}(-1)^k\frac{x^{k+1}}{k+1}$$ ◀

Example 22

Find the Taylor series about $x=1$ for $\frac{1}{x}$.

▶ $f(x)=\frac{1}{x}$; $f(1)=1$

$f'(x)=\frac{-1}{x^2}$; $f'(1)=-1$

$f''(x)=\frac{2}{x^3}$; $f''(1)=2!$

$f'''(x)=\frac{-3\cdot2}{x^4}$; $f'''(1)=-3!$

$f^4(x)=\frac{4\cdot3\cdot2}{x^5}$; $f^4(1)=4!$

$$f(1)+f'(1)(x-1)+\frac{f''(1)(x-1)^2}{2!}+\frac{f'''(1)(x-1)^3}{3!}$$
$$+\frac{f''''(1)(x-1)^4}{4!}+\cdots$$
$$=1-(x-1)+(x-1)^2-(x-1)^3+(x-1)^4-\cdots\cdots$$ ◀

▶STUDY Tip

Exercise #9-12, #9-13 참조

Theorem 9-41

$$f(x)$$
$$=f(a)+f'(a)(x-a)+\frac{f''(a)}{2!}(x-a)^2+\cdots+\frac{f^{(n)}(a)}{n!}(x-a)^n+\cdots$$

▶STUDY Tip

"$f(x)$"와 "$f(x)$의 Taylor Series" 사이에는 중요한 연결점이 있다.

(1) "$f(x)$의 Taylor Series (Power Series)"는 어떠한 범위(Interval of Convergence)이 내 에 서 Converge한다.(Exercise #9-14)

(2) 수렴 구간에서 임의의 "x"를 정한(Fixed)후 그 "x"값에서 "$f(x)$의 Taylor Series"는 "$f(x)$"에 Converge 한다는 사실이다. (왼편의 Theorem 9-41 증명은 쉽지 않기 때문에 이곳에서는 생략한다.)

이것이 Taylor Series의 정의(9-37)~(9-40)가 만들어내는 유용한 Property 이다.

▶STUDY Tip

AP Calculus 전 Chapter를 통하여 가장 어려운 이론 "Theorem 9-42;9-43"이다.

이곳에 쓰인 R_n(Remainder of order "n") 을 가지고 아래의 중요한 문제를 해결할 수가 있다.

(1) "$f(x)$"와 "$f(x)$의 Taylor Polynomial" 사이의 Error를 분석할 수가 있다. (Theorem 9-42)-(Example 26)

(2) 가장 핵심적인 목표인 "$f(x)$의 Taylor Series"가 "$f(x)$"에 Converge 한다는 사실을 증명하는데 사용한다. (Theorem 9-43)-(Example 27)

Theorem 9-43을 보다 구체적으로 설명하면 "$f(x)$"와 "$f(x)$의 Taylor Series"가 서로 동일함을 증명하기 위한 방법으로 Theorem 9-41의 증명절차를 따라서 증명하는 방법 있지만 이 방법은 매우 복잡하므로 "동치관계" (⇔ ; if and only if) (Theorem 9-43)을 사용한다면 간단하게 증명을 마칠 수가 있다. 즉 $R_n(x)=0$ 밝힌다면 "$f(x)$"와 "$f(x)$의 Taylor Series"가 서로 동일함을 증명한 것이다.

⊗ Theorem 9-42 Taylor's Theorem

$$f(x)=f(a)+f'(a)(x-a)+\frac{f''(a)}{2!}(x-a)^2+\cdots+$$

$$\frac{f^{(n)}(a)}{n!}(x-a)^n+\frac{f^{(n+1)}(☆)}{(n+1)!}(x-a)^{n+1}$$

where ☆ lies between a and x

$$R_n(x)=\text{"Remainder of order } n\text{"}=\frac{f^{(n+1)}(☆)}{(n+1)!}(x-a)^{n+1}$$

$$f(x)=\lim_{n\to\infty}\sum_{k=0}^{n}\frac{f^{(k)}(a)}{k!}(x-a)^k$$

$$=\underbrace{f(a)+f'(a)(x-a)+\cdots+\frac{f^{n}(a)}{n!}(x-a)^n}_{P_n(x)}$$

$$+\underbrace{\frac{f^{n+1}(a)}{(n+1)!}(x-a)^{n+1}+\cdots}_{R_n(x)}$$

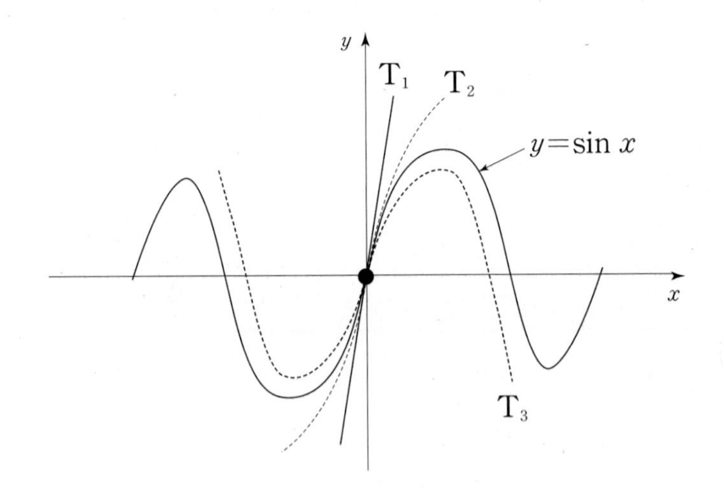

$$\underset{\text{Original Function}}{} \quad \underset{\text{Taylor Polynomial}}{}$$

Original Function ↓ Taylor Polynomial ↓

$$R_n(x)=f(x)-P_n(x)$$

$$=\frac{f^{n+1}(☆)}{(n+1)!}(x-a)^{n+1}$$

=Lagrange Error Bound

=Original Function − Taylor Polynomial

Theorem 9-43

$$f(x)=\sum_{k=0}^{\infty}\frac{f^k(a)}{k!}(x-a)^k \text{ hold} \Leftrightarrow \lim_{n\to\infty}R_n(x)=0$$

proof

$$f(x)-\sum_{k=0}^{\infty}\frac{f^k(a)}{k!}(x-a)^k=0$$

$$\lim_{n\to\infty}\left[f(x)-\sum_{k=0}^{n}\frac{f^k(a)}{k!}(x-a)^k\right]=0$$

$$\lim_{n\to\infty}R_n(x)=0$$

STUDY Tip

Example 16과 같은 방법으로 "Interval of Convergence"를 구할 수 있다.

STUDY Tip

$\frac{1}{1-x}$의 Taylor Series는 (Exercise # 9-14) Power Series (Example 15)이므로 당연 "Interval of Convergence"를 구할 수 있다.

$\tan^{-1}x$, $ln(1+x)$의 Taylor Series는 역시 Power Series 이므로 당연히 "Interval of Convergence" 를 구할 수 있으며, Example 15 와 같은 방법으로 "Interval of Convergence"를 구할 수가 있다.

다시 한 번 강조하며 쉬운 예로 설명한다. e^x의 Taylor Series는 $1+x+\frac{x^2}{2!}+\frac{x^3}{3!}+\frac{x^4}{4!}+\cdots$이며 "Interval of Convergence"는 $(-\infty<x<\infty)$이다.

$x=100$이 결정이 되면 e^{100}의 Taylor Series는 $1+100+\frac{100^2}{2!}+\frac{100^3}{3!}+\cdots$이며 Theorem 9-41에 의하면 e^{100}에 수렴한다.

즉 $e^{100}=1+100+\frac{100^2}{2!}+\frac{100^3}{3!}+\cdots$

Exercise #9-14, #9-15 참조

MACLAURIN SERIES

	Interval of Convergence
$e^x=\sum_{k=0}^{\infty}\frac{x^k}{k!}=1+x+\frac{x^2}{2!}+\frac{x^3}{3!}+\frac{x^4}{4!}+\cdots$	$-\infty<x<\infty$
$\sin x=\sum_{k=0}^{\infty}(-1)^k\frac{x^{2k+1}}{(2k+1)!}=x-\frac{x^3}{3!}+\frac{x^5}{5!}-\frac{x^7}{7!}+\cdots$	$-\infty<x<\infty$
$\cos x=\sum_{k=0}^{\infty}(-1)^k\frac{x^{2k}}{(2k)!}=1-\frac{x^2}{2!}+\frac{x^4}{4!}-\frac{x^6}{6!}+\cdots$	$-\infty<x<\infty$
$\tan^{-1}x=\sum_{k=0}^{\infty}(-1)^k\frac{x^{2k+1}}{2k+1}=x-\frac{x^3}{3}+\frac{x^5}{5}-\frac{x^7}{7}+\cdots$	$-1\le x\le 1$
$\frac{1}{1-x}=\sum_{k=0}^{\infty}x^k=1+x+x^2+x^3+\cdots$	$-1<x<1$
$ln(1+x)=\sum_{k=0}^{\infty}(-1)^k\frac{x^{k+1}}{k+1}=x-\frac{x^2}{2}+\frac{x^3}{3}-\frac{x^4}{4}+\cdots$	$-1<x\le 1$

Example 23

$$\tan^{-1}x = x-\frac{x^3}{3}+\frac{x^5}{5}-\frac{x^7}{7}+\cdots$$

▶ $\frac{\pi}{4}= \tan^{-1}1=1-\frac{1}{3}+\frac{1}{5}-\frac{1}{7}+\cdots$

$$\pi = 4\left(1-\frac{1}{3}+\frac{1}{5}-\frac{1}{7}+\cdots\right) = 3.14\cdots$$ ◀

Example 24

$$\frac{d}{dx}[\sin x]=\cos x$$

▶ $\sin x=x-\frac{x^3}{3!}+\frac{x^5}{5!}-\frac{x^7}{7!}+\cdots$

$$\begin{aligned}&\frac{d}{dx}[\sin x]\\ &=\left[x-\frac{x^3}{3!}+\frac{x^5}{5!}-\frac{x^7}{7!}+\cdots\right]'\\ &=1-\frac{3}{3!}x^2+\frac{5}{5!}x^4-\frac{7}{7!}x^6+\cdots\\ &=1-\frac{x^2}{2!}+\frac{x^4}{4!}-\frac{x^6}{6!}+\cdots\\ &=\cos x\end{aligned}$$ ◀

Example 25

$$\int_0^1 e^{x^3}dx$$

▶ $e^x=1+x+\frac{x^2}{2!}+\frac{x^3}{3!}+\cdots$

$$e^{x^3}=1+x^3+\frac{x^6}{2!}+\frac{x^9}{3!}+\cdots$$

$$\begin{aligned}\int_0^1 e^{x^3}dx&=\int_0^1\left[1+x^3+\frac{x^6}{2!}+\frac{x^9}{3!}+\frac{x^{12}}{4!}+\cdots\right]dx\\ &=\left[x+\frac{x^4}{4}+\frac{1}{2!}\frac{x^7}{7}+\frac{1}{3!}\frac{x^{10}}{10}+\frac{1}{4!}\frac{x^{13}}{13}+\cdots\right]_0^1\\ &=\left[1+\frac{1}{4}+\frac{1}{2!}\cdot\frac{1}{7}+\frac{1}{3!}\cdot\frac{1}{10}+\frac{1}{4!}\frac{1}{13}+\cdots\right]-0\\ &\approx 1.3413\end{aligned}$$

▶STUDY Tip

Exercise #9-16 ~ #9-19 참조

Example 26

Approximate sin 2° to six decimal place.

▶ $\sin x = f(0) + f'(0)x + \frac{f''(0)x^2}{2!} + \cdots + \frac{f^{n}(0)x^n}{n!} + R_n$

$$R^n = \frac{f^{n+1}(☆)}{(n+1)!}x^{n+1}$$

$f(x) = \sin x$; $f(0) = 0$
$f'(x) = \cos x$; $f'(0) = 1$
$f''(x) = -\sin x$; $f''(0) = 0$
$f'''(x) = -\cos x$; $f'''(0) = -1$

$$\sin x = x - \frac{x^3}{3!} + \frac{x^5}{5!} \cdots \leftarrow \left(\sin 2^\circ = \sin\frac{\pi}{90}\right)$$

$$|R^n| = \left|\frac{f^{n+1}(☆)}{(n+1)!}(x)^{n+1}\right| < \frac{1}{(n+1)!}\left(\frac{\pi}{90}\right)^{n+1} < 0.0000005$$

$n=2 \rightarrow 0.00000709$ (×)
$n=3 \rightarrow 0.00000006$ (○)

$$\sin 2^\circ = f(0) + f'(0)x + \frac{f''(0)x^2}{2!} + \frac{f'''(0)x^3}{3!}$$

$$= 0 + 1\cdot x + \frac{0\cdot x^2}{2!} + \frac{x^3}{3!}$$

$$= x + \frac{x^3}{3!} \quad \leftarrow \left(x = \frac{\pi}{90}\right)$$

$$= \left(\frac{\pi}{90}\right) + \frac{\left(\frac{\pi}{90}\right)^3}{3!}$$

$$\approx 0.034899$$ ◀

▶STUDY Tip

Six decimal place
= Remainder less than
$0.5 \times 10^{-6} = 0.0000005$
⇔
$-0.0000005 < R_n < 0.0000005$
⇔
$|Rn| < 0.0000005$

▶STUDY Tip

Exercise #9-20 참조

Example 27

Prove that "the Maclaurin series for $\sin(x)$" converges to "$\sin(x)$" for all x.

▶ "Maclaurin series for $\sin(x)$" $= x - \frac{x^3}{3!} + \frac{x^5}{5!} - \frac{x^7}{7!} + \cdots$

Show that "$\sin(x) = x - \frac{x^3}{3!} + \frac{x^5}{5!} - \frac{x^7}{7!} + \cdots$" by Theorem 9-43

$\Leftrightarrow \lim_{n\to\infty} R_n(x) = 0$

$f(x) = \sin(x)$

$f^{n+1}(x) = (\pm\sin x)$ or $(\pm\cos x)$

$|f^{n+1}(x)| \le 1$

$$0 \le |R_n| = \left|\frac{f^{(n+1)}(c)}{(n+1)!}x^{n+1}\right| \le \left|\frac{1}{(n+1)!}x^{n+1}\right| \leftarrow (|f^{(n+1)}(c)| \le 1)$$

$$\lim_{n\to\infty} 0 \le \lim_{n\to\infty}\left|\frac{f^{(n+1)}(c)}{(n+1)!}x^{n+1}\right| \le \lim_{n\to\infty}\left|\frac{1}{(n+1)!}x^{n+1}\right|$$

$$0 \le \lim_{n\to\infty}\left|\frac{f^{(n+1)}(c)}{(n+1)!}x^{n+1}\right| \le 0$$

$\lim_{n\to\infty}|R_n| = 0 \;\Rightarrow\; \lim_{n\to\infty} R_n = 0$ for all "x"

▶STUDY Tip

이 문제를 증명하는 것은 Theorem 9-41을 증명하라는 것과 같은 수준의 문제이므로 매우 어려운 절차가 필요하다. 그러나 Theorem 9-43을 사용하면 매우 간단하게 이 문제를 해결할 수가 있다.

▶STUDY Tip

$-1 \le \sin x \le 1$

$-1 \le \cos x \le 1$

이므로 $\sin x$, $\cos x$가 취할 수 있는 최댓값은 1 이며 최솟값은 -1 이다.

▶STUDY Tip

아무리 큰 "x"값을 정하더라도(Fix) $n \to \infty$가 된다면

$\lim_{n\to\infty}\left|\frac{1}{(n+1)!}x^{n+1}\right| = 0$이 된다.

▶STUDY Tip

Theorem 9-6

$\lim_{n\to\infty}|a_n| = 0 \;\Rightarrow\; \lim_{n\to\infty} a_n = 0$

9-01 Investigate whether the sequence $\frac{\pi}{3!}, \frac{\pi^2}{4!}, \frac{\pi^3}{5!}, \cdots, \frac{\pi^n}{(n+2)!}$ is increasing, decreasing or neither .

9-02 Determine whether $\sum_{k=1}^{n} \frac{1}{k(k+1)}$ converges or diverges and find its sum if it converges.

Exercise

9-03 Find the rational number $0.123123123\cdots$.

9-04 $1+\frac{1}{2}+\frac{1}{4}+\frac{1}{8}+\frac{1}{16}+\cdots+\frac{1}{2^{n-1}}+\cdots$.

9-05 $\sum_{k=1}^{\infty} \frac{1}{k}$

9-06 $\sum_{k=1}^{\infty} \frac{2}{k^2+1}$

Exercise

9-07 $\sum_{k=1}^{\infty} \frac{1}{k-7}$

9-08 $\sum_{k=1}^{\infty} \frac{1}{\sqrt[3]{k}+8}$

9-09 $\sum_{k=1}^{\infty} \frac{k^k}{k!}$

9-10 $\sum_{k=1}^{\infty} \frac{3}{3k+7}$

Exercise

9-19 Maclaurin series for $e^{x^3} \cdot \dfrac{1}{(1-x)}$.

9-20 Approximate $\sin 47^\circ$ to six decimal place.

9-09 $\sum_{k=1}^{\infty} \frac{k^k}{k!}$

9-10 $\sum_{k=1}^{\infty} \frac{3}{3k+7}$

Exercise

9-11 Find the interval of convergence $\sum_{k=1}^{\infty} \frac{k^k \cdot x^k}{2}$.

9-12 Maclaurin polynomial for $f(x) = \tan^{-1} x$

9-13 Taylor series for $f(x)=\sin x$ about $x=\dfrac{\pi}{4}$.

9-14 Maclaurin series for $f(x)=\dfrac{1}{1-x}$ and interval of convergence.

Exercise

9-15 Maclaurin series for $f(x)=\dfrac{1}{1-5x^3}$.

9-16 Maclaurin Series for $f(x)=e^x$.

9-17 Maclaurin Series for $f(x)=e^{3x}$.

9-18 $\lim_{x \to 0} \dfrac{e^{x^3}-1}{x^3}$ by using Taylor Series.

Exercise

9-19 Maclaurin series for $e^{x^3} \cdot \dfrac{1}{(1-x)}$.

9-20 Approximate sin 47° to six decimal place.

Chapter 10

*Polar Coordinates & Vector-Valued Function (BC Topic Only)

OVERVIEW

Polar Coordinates는 Pre-Calculus에서 이미 다루었다. 이곳에서는 Polar Coordinates가 Calculus에 어떻게 적용되는지 배우게 된다.
Vector Function에서는 새로운 Definition들이 나오는데 정의를 알고 있으면 쉽게 이해할 수가 있는 단원이다.

A ▸ Basic
B ▸ Graph for Polar Coordinates
C ▸ Polar Form of a line
D ▸ Circles in Polar Coordinates
E ▸ Cardioids & Limacons
F ▸ Rose Curves
G ▸ Lemniscates
H ▸ Slope of a Polar Curve
I ▸ Area for Polar Coordinates
J ▸ Motion along a Line
K ▸ Vector
L ▸ Vector-Valued Functions

Chapter 10 ★Polar Coordinates & Vector-Valued Function(BC Only)

▶STUDY Tip

Pre-Calculus에서 배운 기초적인 내용을 다시 수록하였다. 기초를 배운 후에 Polar coordinates가 Calculus에 어떻게 적용되는지 배우게 된다.
Rectangular: 점을 수평 거리와 수직 거리로 나타낸 것.
Polar: r, θ(radians)의 순서쌍으로 나타낸 것.

A Basic

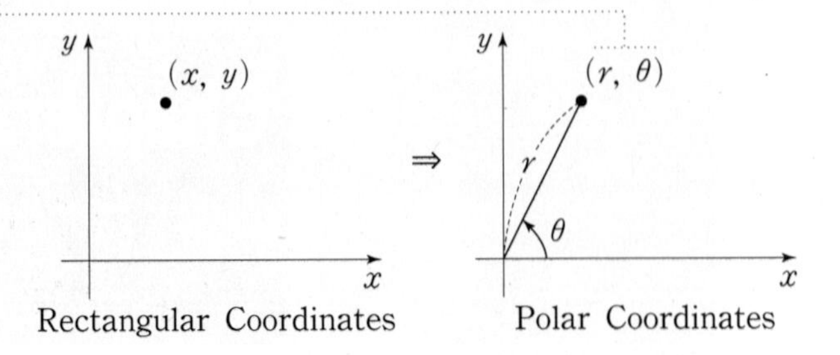

Definition 10-1

$$x = r\cos\theta = r \times \frac{x}{r} = x$$

$$y = r\sin\theta = r \times \frac{y}{r} = y$$

$$\tan\theta = \frac{y}{x}$$

- $(-2,\ 45^\circ) = (2,\ 45^\circ + 180^\circ)$
  Negative value for "r" in polar coordinate

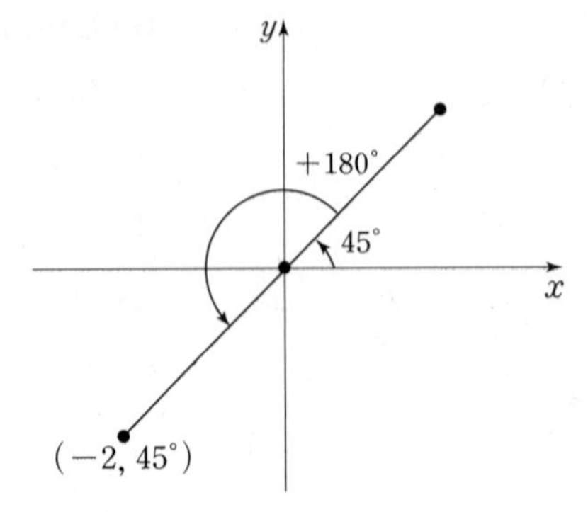

▶STUDY Tip

r: (−)음도 (+)양도 될 수 있음.

Example 1

$(7,\ 135^\circ)=(r,\ \theta)$

▶ $x=7\cos 135^\circ=7\times\left(-\frac{\sqrt{2}}{2}\right)=-\frac{7}{2}\sqrt{2}$

$y=7\cdot\sin 135^\circ=7\times\left(\frac{\sqrt{2}}{2}\right)=\frac{7}{2}\sqrt{2}$

$\left(-\frac{7}{2}\sqrt{2},\ \frac{7}{2}\sqrt{2}\right)$ ◀

B Graph for Polar Coordinates

$x=3 \quad \rightarrow r\cos\theta=3$

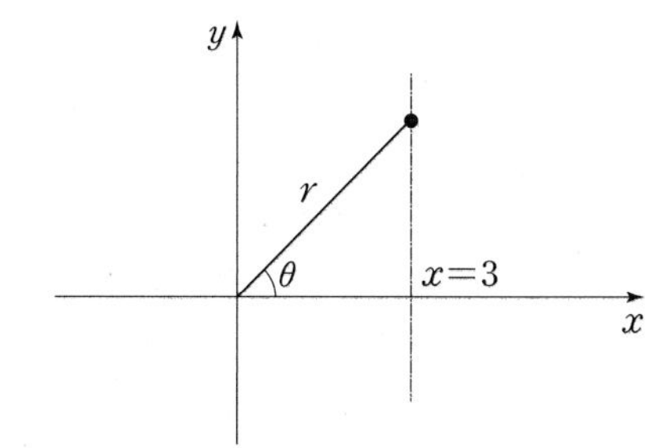

$y=-2 \quad \rightarrow r\sin\theta=-2$

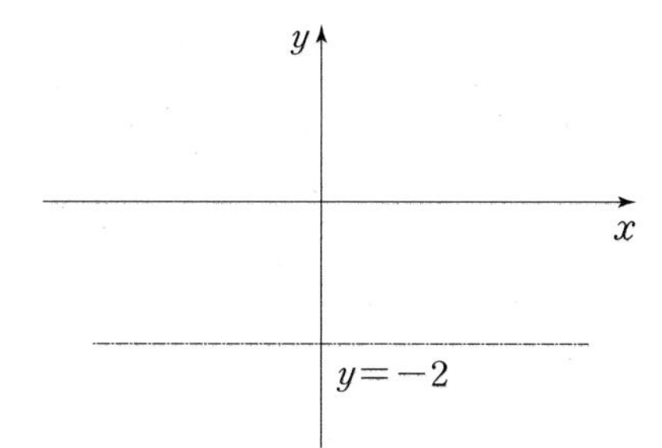

$\theta=\frac{\pi}{4}$

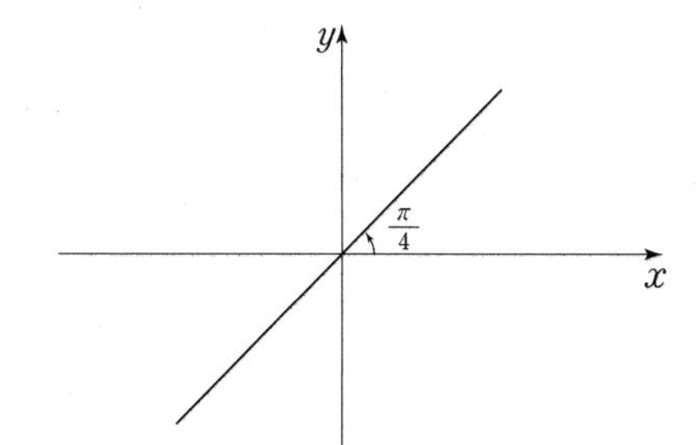

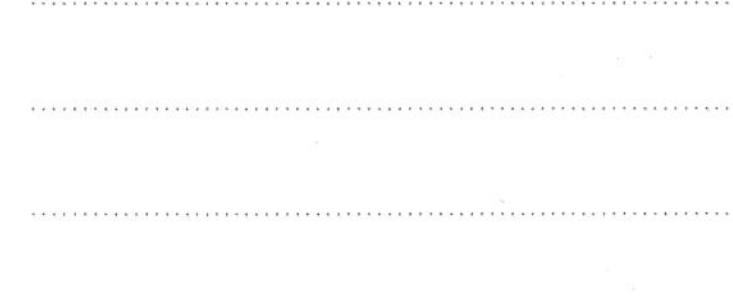

C Polar Form of a Line

$$Ax+By+C=0$$
$$\Leftrightarrow A\cdot(r\cos\theta)+B(r\sin\theta)+c=0$$
$$r[A\cdot\cos\theta+B\cdot\sin\theta]+c=0$$

D Circles in Polar Coordinates

▶STUDY Tip

원의 방정식을 Polar Coordinates를 사용하여 표현했다.
위의 식의 증명은 Pre-Calculus 책에 자세히 설명되어 있다.

⊗ Theorem 10-2

A circle of <u>radius "a"</u>

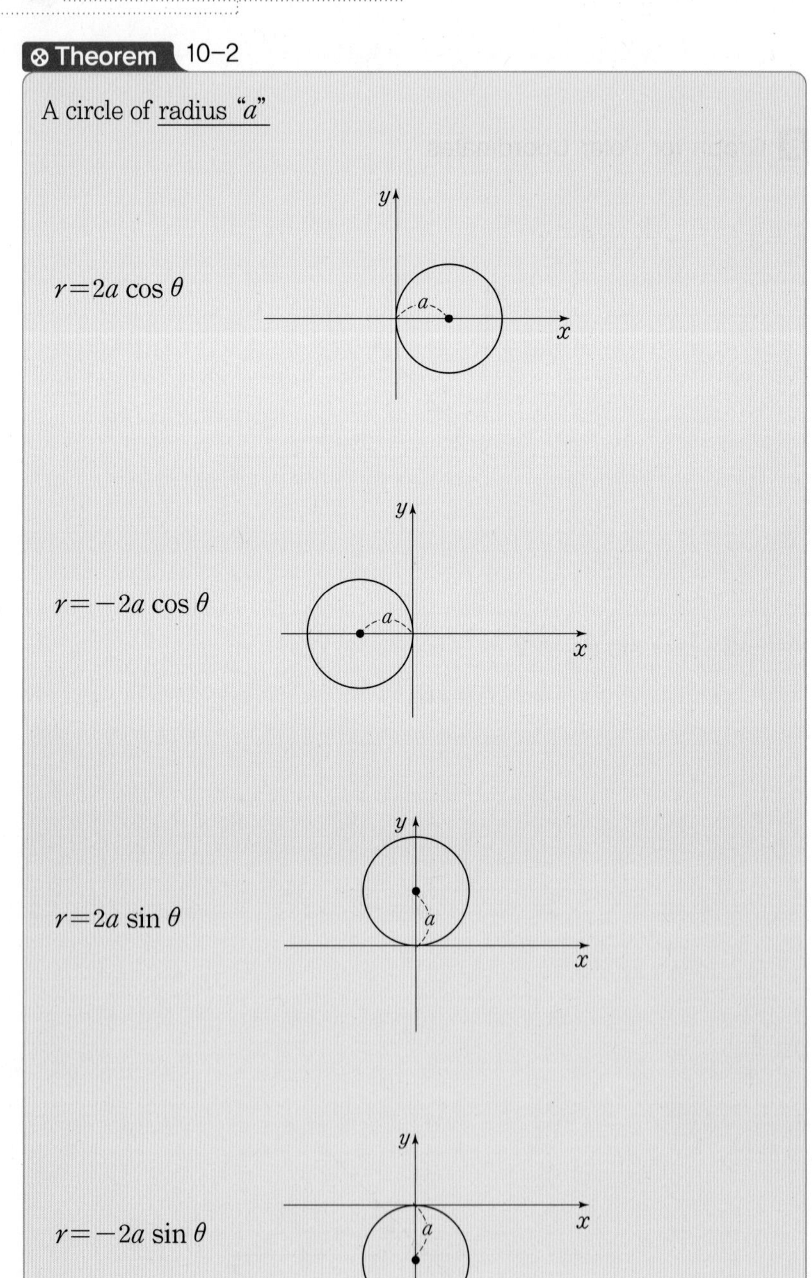

$r=2a\cos\theta$

$r=-2a\cos\theta$

$r=2a\sin\theta$

$r=-2a\sin\theta$

Example 2

Sketch $r=-6\sin\theta$.

▶ $r=-2(3)\sin\theta$

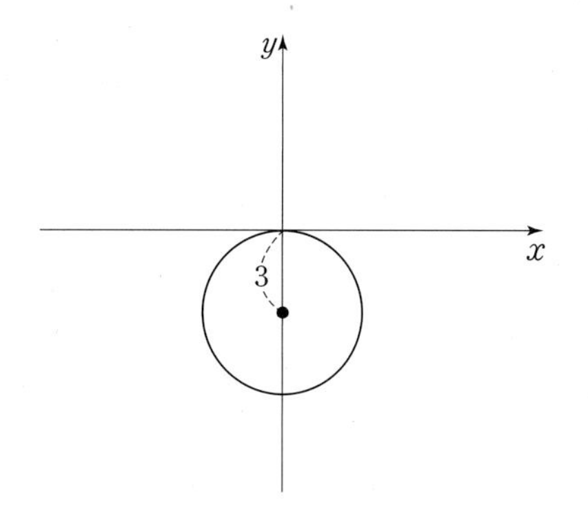

E Cardioids and Limacons

$r=1+1.5\cos\theta$

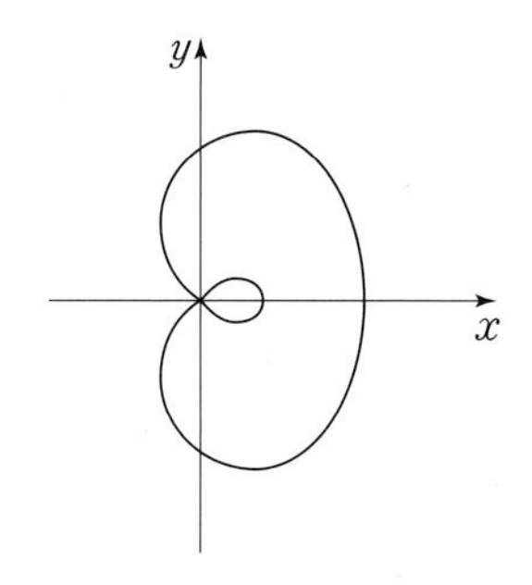

[cardioid]

$r=1+1\cos\theta$

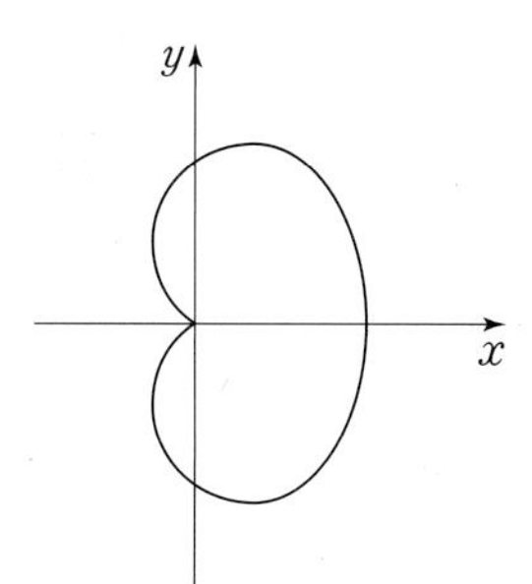

$r=1+0.9\cos\theta$

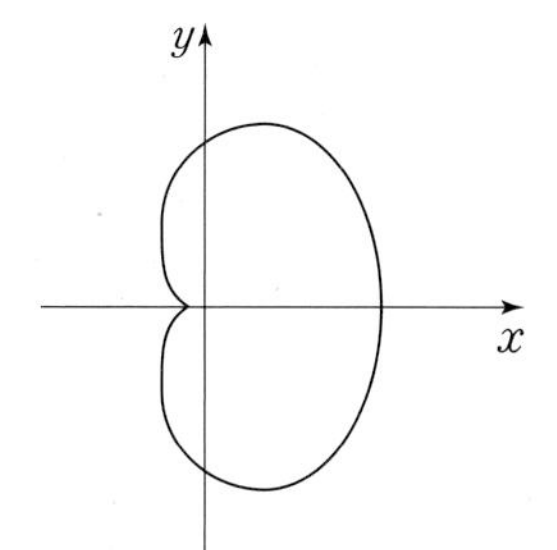

$r=1+0.5\cos\theta$

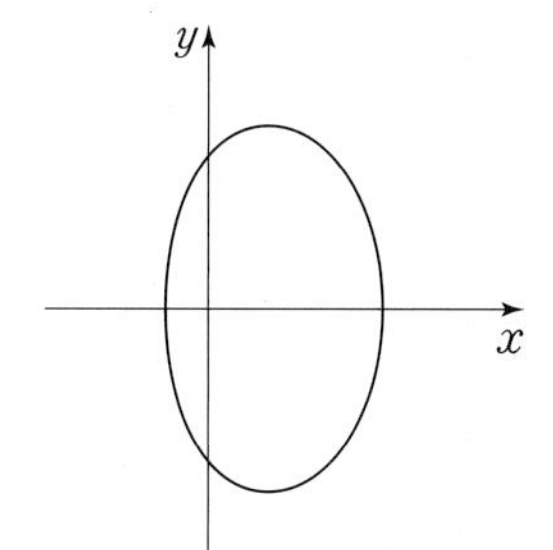

▶STUDY Tip

$r=a+b\cos\theta$에서

$\frac{a}{b}=1$이면 cardioid(심장 모양)

$\frac{a}{b}$의 비율에 의해서 모양이 결정됨

각자의 공학용 계산기를 사용하여 Polar Coordinates의 그래프를 그릴 수 있어야 한다.

$r=1-1.5\cos\theta$

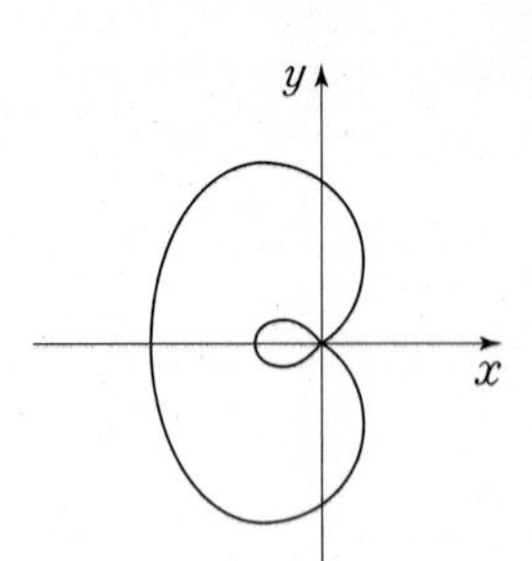

$r=1-1\cdot\cos\theta$

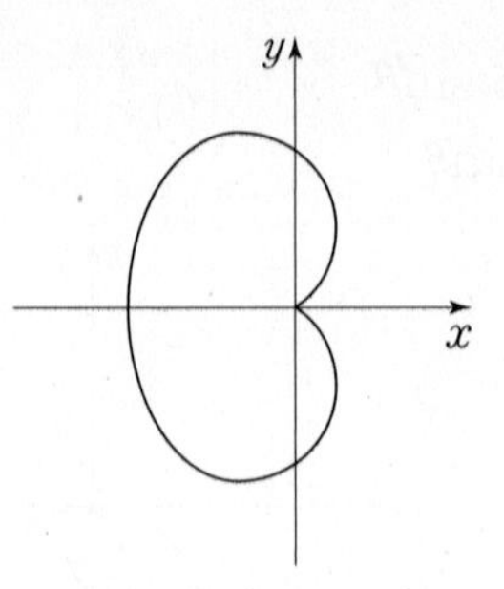

$r=1-0.9\cos\theta$

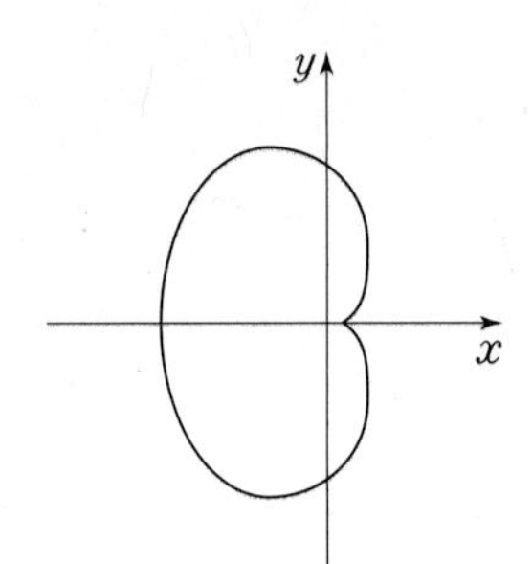

$r=1-0.5\cos\theta$

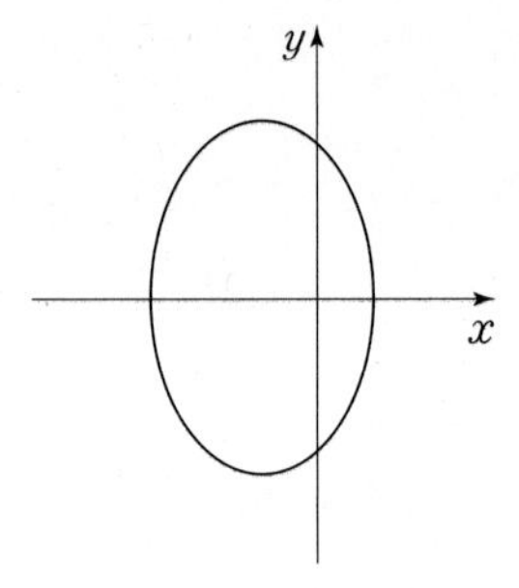

$r=1+1.5\sin\theta$

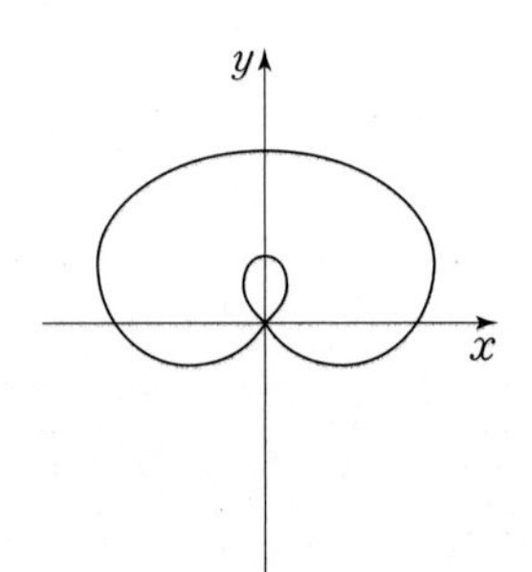

$r=1+1\sin\theta$

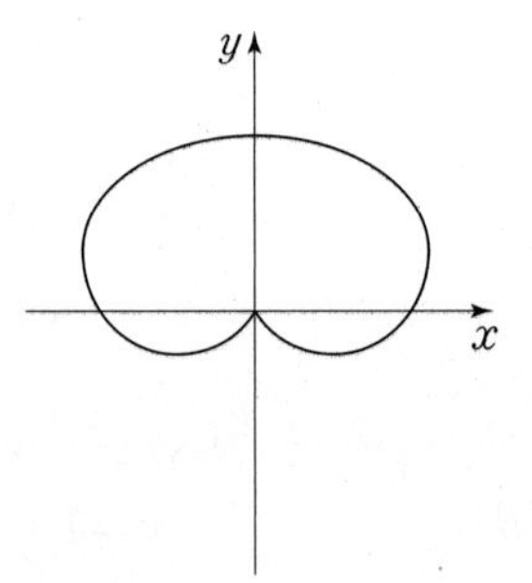

$r=1+0.9\sin\theta$

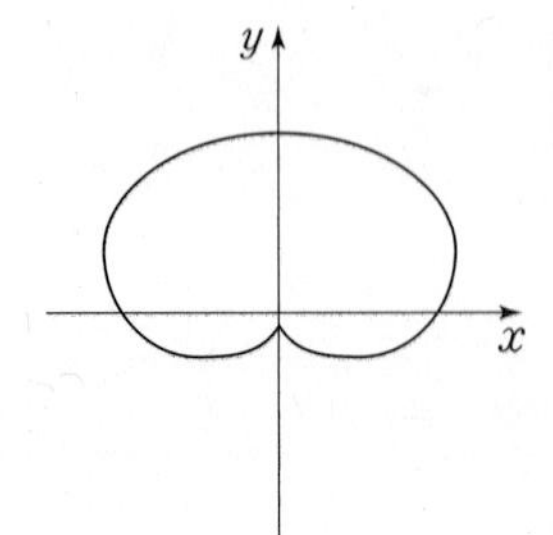

$r=1+0.5\sin\theta$

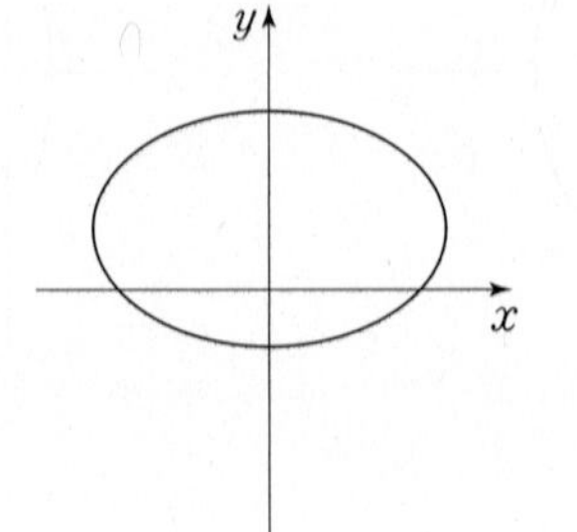

$r=1-1.5\sin\theta$

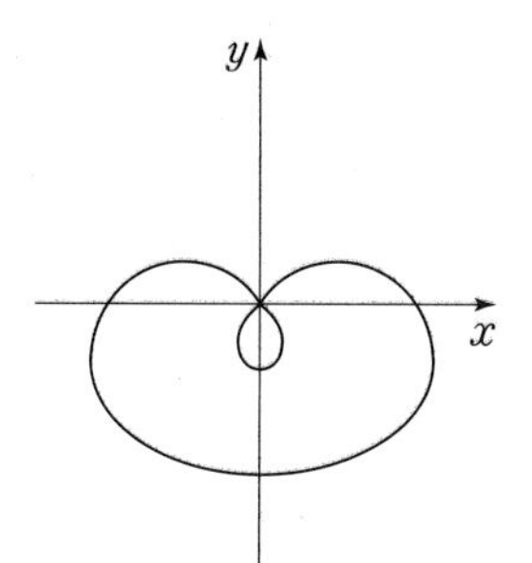

$r=1-\sin\theta$

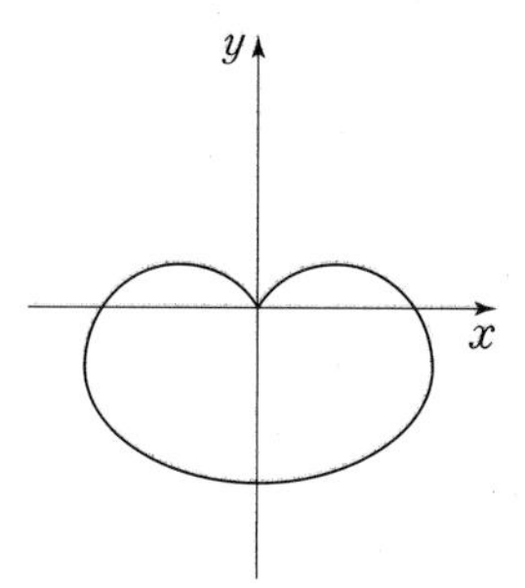

$r=1-0.9\sin\theta$

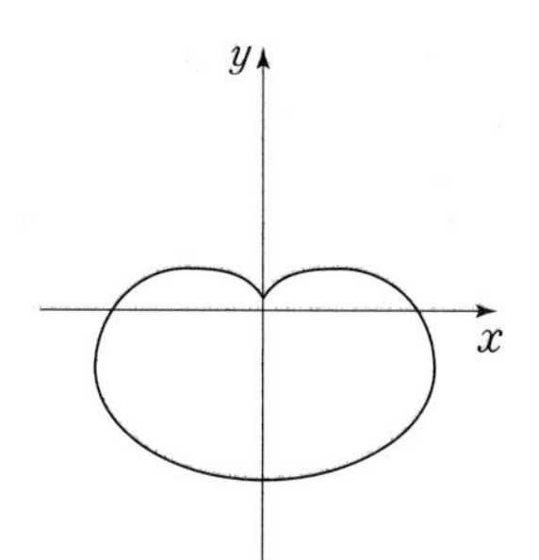

$r=1-0.5\cdot\sin\theta$

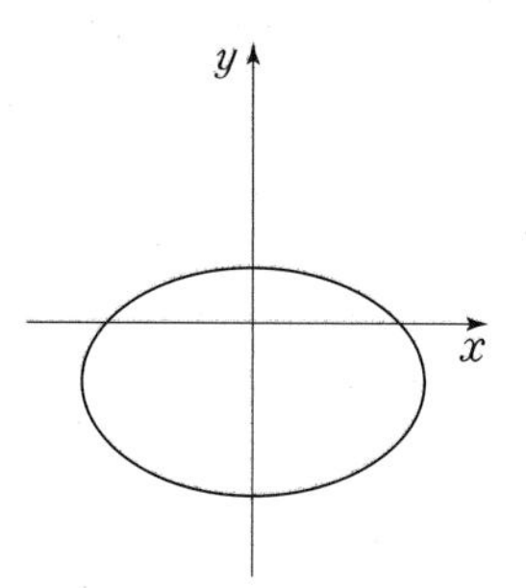

Example 3

Sketch the curve $r=1-\cos\theta$ in polar coordinates.

▶

θ	0	$\frac{\pi}{3}$	$\frac{\pi}{2}$	$\frac{2\pi}{3}$ ($=120^\circ$)	π	$\frac{3}{2}\pi$	$\cdots$
$r=1-\cos\theta$	0	$\frac{1}{2}$	1	$\frac{3}{2}$	2	1	$\cdots$

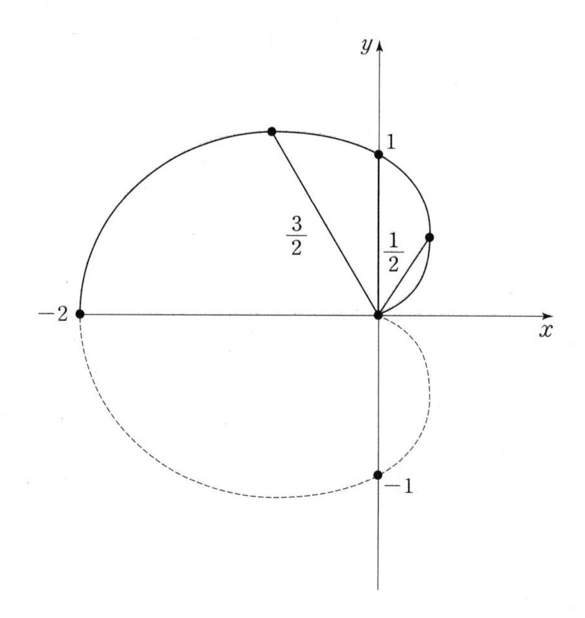

F Rose Curves

$r = \sin 2\theta$

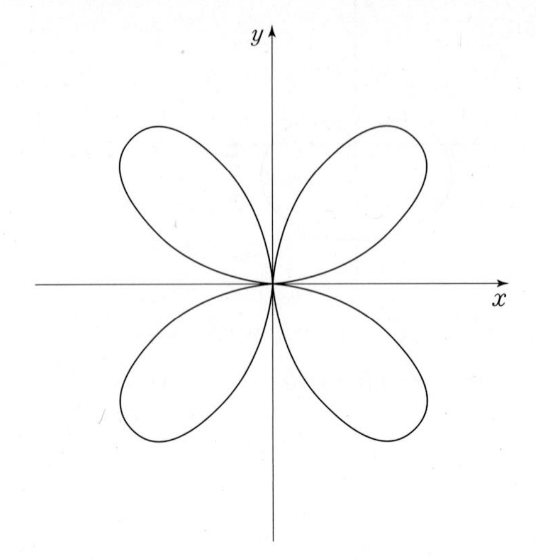

$r = \sin 3\theta$

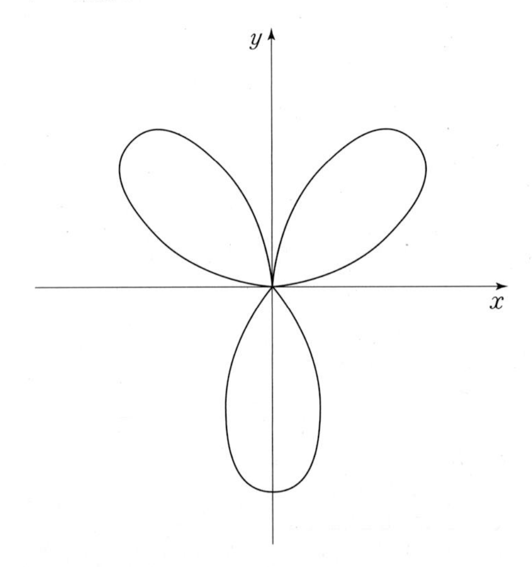

$r = \cos 2\theta$

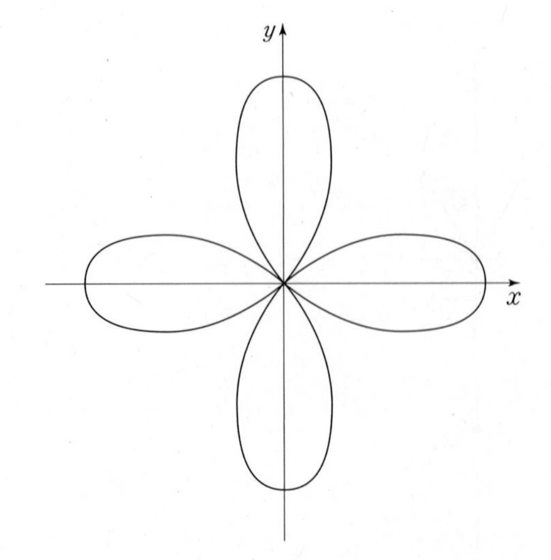

$r=\cos 3\theta$

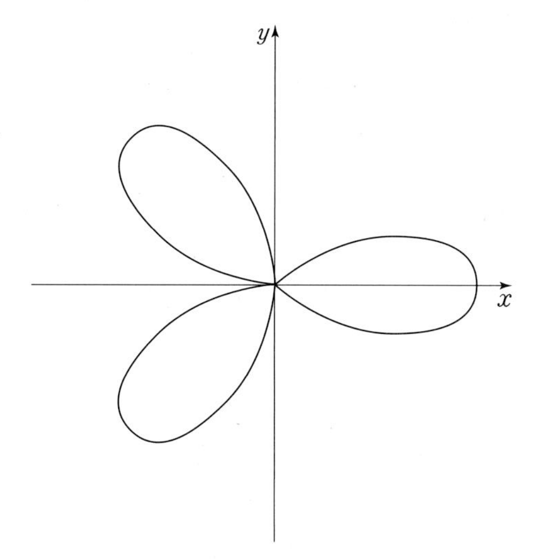

Example 4

Sketch the curve $r=\sin 2\theta$ in polar coordinates .

▶

θ	0	$\frac{\pi}{6}$	$\frac{\pi}{3}$	$\frac{\pi}{2}$	$\frac{\pi}{2}+\frac{\pi}{6}$	$\frac{\pi}{2}+\frac{\pi}{3}$	π	$\pi+\frac{\pi}{6}$	$\pi+\frac{\pi}{3}$
$r=\sin 2\theta$	0	0.866	0.866	0	−0.866	−0.866	0	0.866	0.866

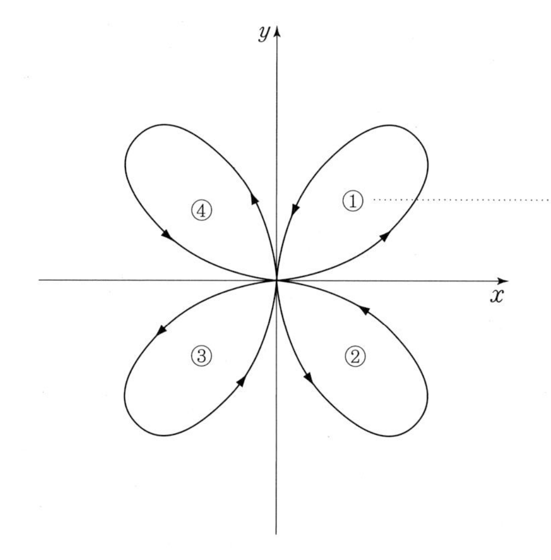

▶STUDY Tip

θ가 $0\sim2\pi$로 증가함에 따라서
①, ②, ③, ④ 순서로 만들어짐

G Lemniscates

• Sketch the curve $r^2=\cos 2\theta$

▶ $r=\pm\sqrt{\cos 2\theta}$

$$\begin{bmatrix} \cos 2\theta \geq 0 \\ -\frac{\pi}{2} \leq 2\theta \leq \frac{\pi}{2} \\ -\frac{\pi}{4} \leq \theta \leq \frac{\pi}{4} \end{bmatrix}$$

θ	0	$\frac{\pi}{6}$	$\frac{\pi}{4}$	0	$-\frac{\pi}{6}$	$-\frac{\pi}{4}$
$r=\sqrt{\cos 2\theta}$	1	$\frac{\sqrt{2}}{2}$	0	1	$\frac{\sqrt{2}}{2}$	0
$r=-\sqrt{\cos 2\theta}$	-1	$-\frac{\sqrt{2}}{2}$	0	-1	$-\frac{\sqrt{2}}{2}$	0

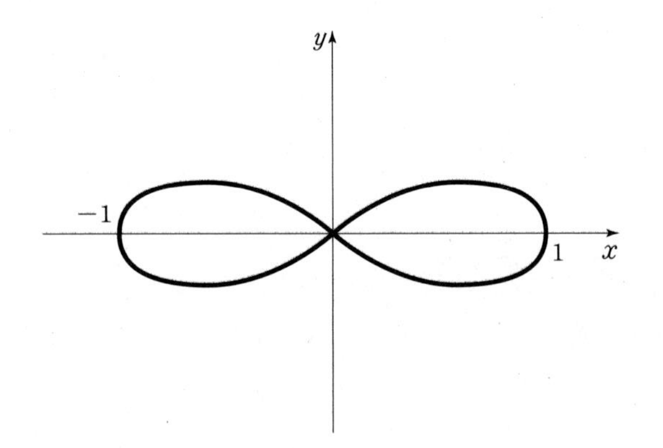

H Slope of a Polar Curve

$$\begin{aligned} y&=r\sin\theta \\ x&=r\cos\theta \end{aligned} \leftarrow \left(r=f(\theta) \right)$$

$$\begin{aligned} y&=f(\theta)\sin\theta \\ x&=f(\theta)\cos\theta \end{aligned}$$

$$\frac{dy}{dx}=\frac{\frac{dy}{d\theta}}{\frac{dx}{d\theta}}=\frac{f'(\theta)\sin\theta+f(\theta)\cos\theta}{f'(\theta)\cos\theta-f(\theta)\sin\theta}$$

$$=\frac{r'\sin\theta+r\cos\theta}{r'\cos\theta-r\sin\theta}$$

Example 5

Find the slope of the tangent line to the curve $r=2+2\sin\theta$ when $\theta=\frac{\pi}{4}$.

▶ $y=r\sin\theta=f(\theta)\sin\theta$

$x=r\cos\theta=f(\theta)\cos\theta$

$$\frac{dy}{dx}=\frac{\frac{dy}{d\theta}}{\frac{dx}{d\theta}}=\frac{f'(\theta)\sin\theta+f(\theta)\cos\theta}{f'(\theta)\cos\theta-f(\theta)\sin\theta}$$

$$=\frac{2\cos\theta\sin\theta+(2+2\sin\theta)\cos\theta}{2\cos\theta\cos\theta-(2+2\sin\theta)\sin\theta}$$

$$=\frac{2\cos\theta\sin\theta+2\cos\theta+2\sin\theta\cos\theta}{2\cos\theta\cos\theta-2\sin\theta-2\sin^2\theta}$$

$$=\frac{4\sin\theta\cos\theta+2\cos\theta}{2\cos^2\theta-2\sin^2\theta-2\sin\theta}$$

$$=\frac{4\cdot\frac{\sqrt{2}}{2}\cdot\frac{\sqrt{2}}{2}+2\cdot\frac{\sqrt{2}}{2}}{2\cdot\left(\frac{\sqrt{2}}{2}\right)^2-2\cdot\left(\frac{\sqrt{2}}{2}\right)^2+2\cdot\frac{\sqrt{2}}{2}}$$

$$=\frac{2+\sqrt{2}}{-\sqrt{2}}=\frac{2\sqrt{2}+2}{-2}=-\sqrt{2}-1$$

$$=-2.41421$$ ◀

Area for Polar Coordinates

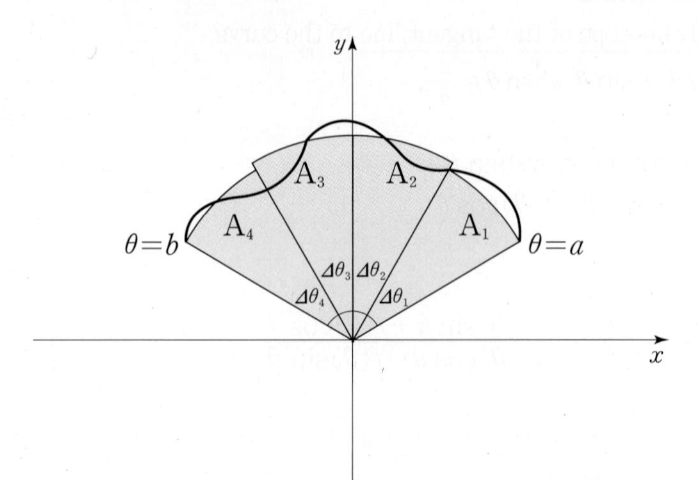

$$A = A_1 + A_2 + A_3 + A_4 + \cdots A_n$$

$$= \sum_{k=1}^{n} A_k \quad \left(A_k = \frac{1}{2}[f(\theta_k)]^2 \Delta\theta_k \ ; \ \frac{1}{2}r^2\theta = \text{Area}\right)$$

$$A = \lim_{\Delta\theta \to 0} \sum_{k=1}^{n} \frac{1}{2}[f(\theta_k)]^2 \Delta\theta_k$$

$$= \int_a^b \frac{1}{2}[f(\theta)]^2 d\theta$$

Example 6

Find the area of the region within $r=3+2\cos\theta$.

▶

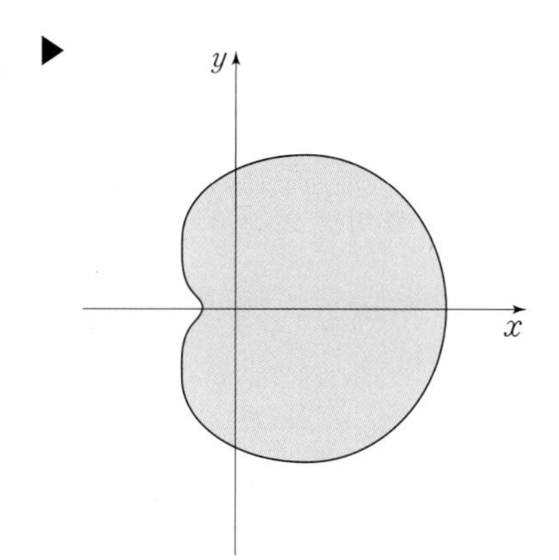

$$A=2\int_0^{\pi}\frac{1}{2}(3+2\cos\theta)^2d\theta$$
$$=\int_0^{\pi}(3+2\cos\theta)^2d\theta$$
$$=\int_0^{\pi}9+2\cdot3\cdot2\cos\theta+4\cos^2\theta\,d\theta$$
$$=\int_0^{\pi}9+12\cos\theta+4\cos^2\theta\,d\theta$$
$$=\int_0^{\pi}9\,d\theta+12\int_0^{\pi}\cos\theta\,d\theta+4\int_0^{\pi}\cos^2\theta\,d\theta$$
$$=\int_0^{\pi}9\,d\theta+12\int_0^{\pi}\cos\theta d\theta+4\int_0^{\pi}\frac{1+\cos 2\theta}{2}d\theta$$
$$=\int_0^{\pi}9\,d\theta+12\int_0^{\pi}\cos\theta d\theta+2\int_0^{\pi}(1+\cos 2\theta)d\theta$$
$$=\int_0^{\pi}9\,d\theta+12\int_0^{\pi}\cos\theta\,d\theta+2\int_0^{\pi}d\theta+2\int_0^{\pi}\cos 2\theta d\theta$$
$$=11\int_0^{\pi}d\theta+12\int_0^{\pi}\cos\theta d\theta+2\int_0^{\pi}\cos 2\theta d\theta \leftarrow (u=2\theta\ ;\ \frac{du}{d\theta}=2)$$
$$=11\Big[\theta\Big]_0^{\pi}+12\Big[\sin\theta\Big]_0^{\pi}+\int_0^{\pi}\cos u\frac{du}{d\theta}d\theta$$
$$=11[\pi]+12\Big[\sin\pi\Big]+\Big[\sin 2\theta\Big]_0^{\pi}$$
$$=11\pi$$ ◀

▶STUDY Tip

$\cos 2\theta=2\cos^2\theta-1$

$2\cos^2\theta=\cos 2\theta+1$

$\cos^2\theta=\frac{1+\cos 2\theta}{2}$

▶STUDY Tip

Exercise #10-1 참조

J Motion along a Line (Rectilinear motion)

Definition 10-3

- Position equation : $s(t)$
- Velocity : $v(t)$

$$v(t)=s'(t)=\frac{ds}{dt}$$

- Speed : $|v(t)|$
- Acceleration : $a(t)$

$$a(t)=v'(t)=\frac{dv}{dt}=s''(t)=\frac{d^2s}{dt^2}$$

- The speed is nonnegative .
- Unit of velocity $=$ ft/sec $\leftarrow \frac{ds}{dt}$
- Unit of acceleration $=$ ft/sec^2 $\leftarrow \frac{d}{dt}\left(\frac{ds}{dt}\right)$

Example 7

The position at time t is specified by
$s(t)=t^3-6t^2+9t+3$. Describe the motion for $t\geq 0$.

▶ $s(t)=t^3-6t^2+9t+3$

$v(t)=3t^2-12t+9$

$=3(t^2-4t+3)$

$=3(t-3)(t-1)=0$

$s(0)=3$

$s(1)=1-6+9+3=7$

$s(3)=27-6\cdot 9+9\cdot 3+3$

$=27-54+27+3=3$

Velocity$=3(t-3)(t-1)=v(t)$

⊖ ⊕ ⊕ ⊕ (0, 1, 3) ← (sign of $t-1$)

⊖ ⊖ ⊖ ⊕ (0, 1, 3) ← (sign of $t-3$)

⊕ ⊖ ⊖ ⊕ (0, 1, 3) ← (sign of $v(t)=3(t-1)(t-3)$

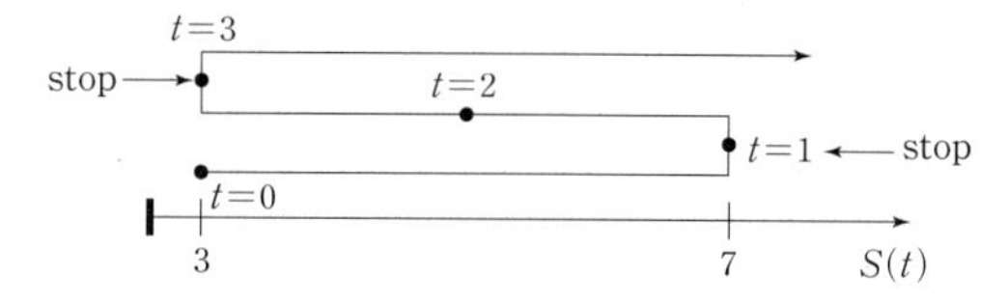

• $v(t)=3t^2-12t+9$

• $a(t)=6t-12=6(t-2)$

• $a(t)>0$ When $t>2$

Acceleration is positive when $t>2$. ◀

▶STUDY Tip

Velocity가 "0"은 무엇을 나타낼까? 시간을 일정한 간격으로 흘러가는데 거리의 변화가 없는 것이므로 자동차가 정지되어 있는 것과 같다.

Velocity가 "Positive"는 무엇을 나타낼까? 시간이 일정한 간격으로 흘러가는데 거리가 증가를 했다는 것이므로 축의 양의 방향으로 자동차가 움직인 것과 같다.

Velocity가 "Negative"는 무엇을 나타낼까? 시간이 일정한 간격으로 흘러가는데 거리가 감소를 했다는 것이므로 축의 음의 방향으로 자동차가 움직인 것과 같다.

Acceleration이 "0"은 무엇을 나타낼까? 시간을 일정한 간격으로 흘러가는데 속도의 변화가 없는 것이므로 자동차가 가속 없이 달리는 것과 같다.

Acceleration이 "Positive"는 무엇을 나타낼까? 시간이 일정한 간격으로 흘러가는데속도가 증가를 했다는 것이므로 자동차가 가속페달을 밟는 것과 같다.

Acceleration이 "Negative"는 무엇을 나타낼까? 시간이 일정한 간격으로 흘러가는데 속도가 감소를 했다는 것이므로 자동차가 브레이크를 밟는 것과 같다.

K Vector

• Area, mass, length, and tempertature → Scalars

• 50 mph(mile per hour) northwest → Vector
Wind(vector) is described by giving the magnitude and the direction .

• $\langle v_1, v_2\rangle$ Ordered pairs of real number
$\langle v_1, v_2, v_3\rangle$ Ordered triples of real number

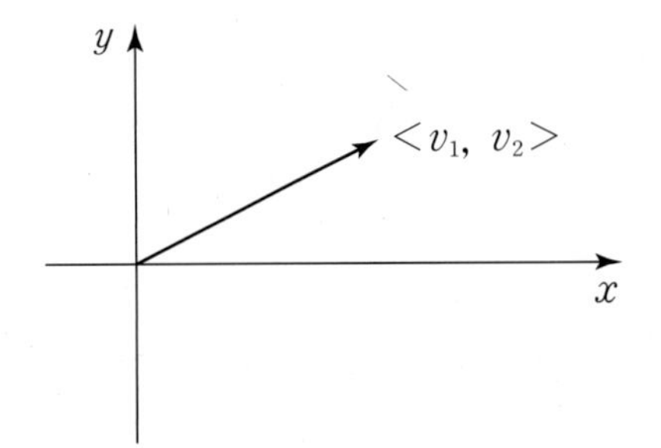

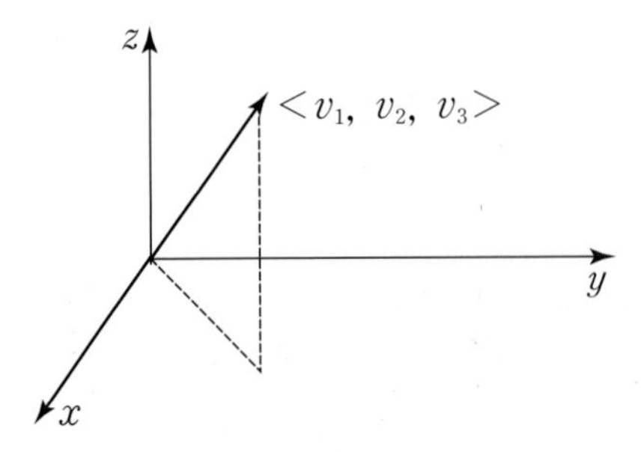

• Adding of Two Vertors
$\langle v_1, v_2, v_3\rangle+\langle u_1, u_2, u_3\rangle=\langle v_1+u_1, v_2+u_2, v_3+u_3\rangle$

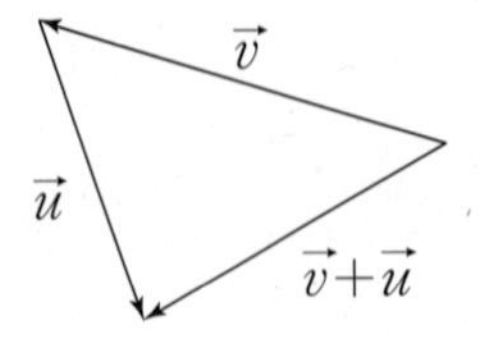

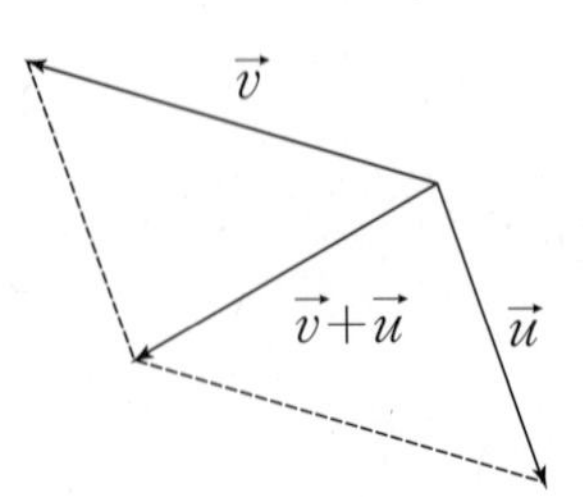

- Subtraction of Two Vectors

  $\langle v_1, v_2, v_3\rangle - \langle u_1, u_2, u_3\rangle = \langle v_1 - u_1, v_2 - u_2, v_3 - u_3\rangle$

- The negative of $\vec{v}$

  $-\vec{v} = (-1)\vec{v}$ has the same length as $\vec{v}$ but points in the opposite direction.

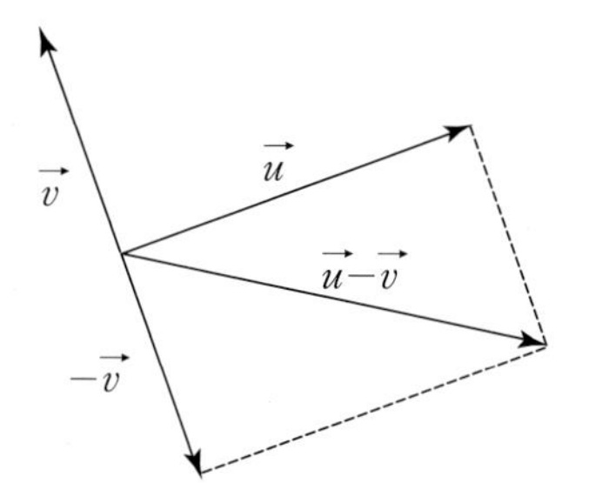

- Scalar Multiplication

  $\alpha\langle a, b, c\rangle = \langle \alpha a, \alpha b, \alpha c\rangle$

- Norm of a Vector

  $||\vec{v}|| = \sqrt{a^2+b^2}$

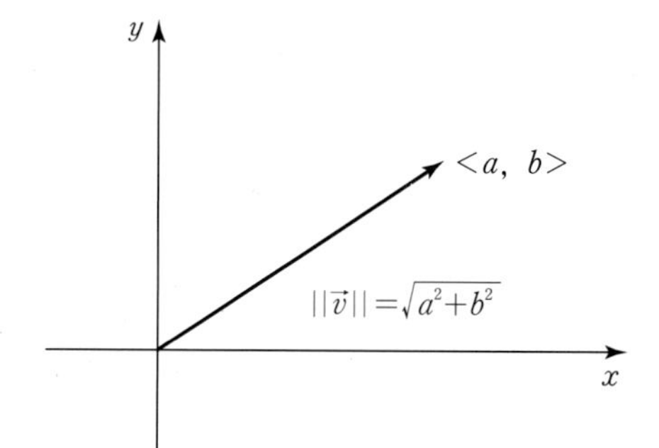

- Unit Vector

  A vector of length 1 is called a unit vector.

$i=\langle 1,\ 0\rangle,\ j=\langle 0,\ 1\rangle$

$i=\langle 1,\ 0,\ 0\rangle,\ j=\langle 0,\ 1,\ 0\rangle,\ k=\langle 0,\ 0,\ 1\rangle$

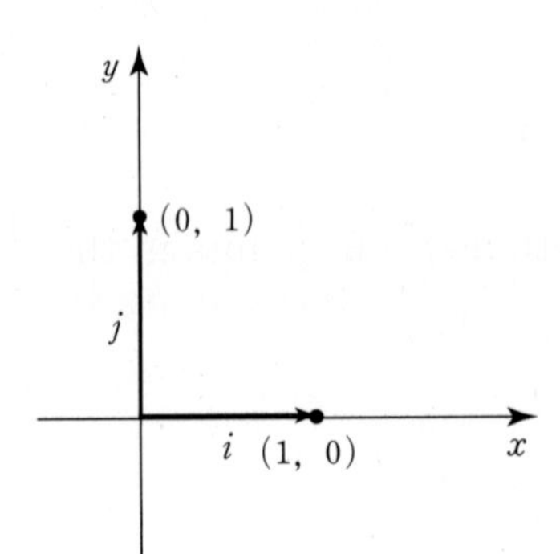

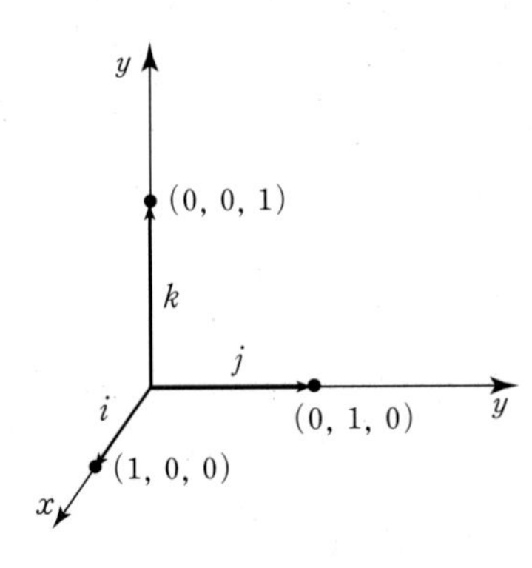

$\vec{v}=\langle v_1,\ v_2\rangle=v_1\langle 1,\ 0\rangle+v_2\langle 0,\ 1\rangle=v_1 i+v_2 j$

$\vec{v}=\langle v_1,\ v_2,\ v_3\rangle=v_1\langle 1,\ 0,\ 0\rangle+v_2\langle 0,\ 1,\ 0\rangle+v_3\langle 0,\ 0,\ 1\rangle$

$=v_1 i+v_2 j+v_3 k$

- $\langle 2,\ 3\rangle=2\langle 1,\ 0\rangle+3\langle 0,\ 1\rangle=2i+3j$

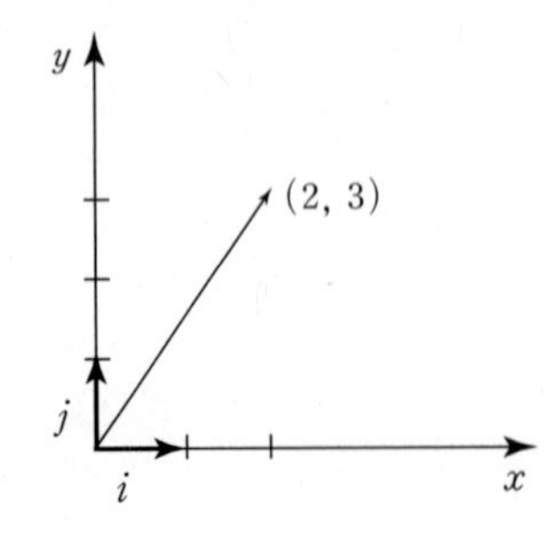

• Unit Vector in the Direction of $\vec{v}=\langle a, b\rangle$

Theorem 10-4

$\dfrac{\vec{v}}{\|\vec{v}\|}$ is the unit vector in the direction of $\vec{v}=\langle a, b\rangle$

proof

$$\left\|\frac{\vec{v}}{\|\vec{v}\|}\right\|=\left\|\frac{1}{\sqrt{a^2+b^2}}\langle a, b\rangle\right\|$$
$$=\left\|\left(\frac{a}{\sqrt{a^2+b^2}}, \frac{b}{\sqrt{a^2+b^2}}\right)\right\|$$
$$=\sqrt{\left(\frac{a}{\sqrt{a^2+b^2}}\right)^2+\left(\frac{b}{\sqrt{a^2+b^2}}\right)^2}$$
$$=\sqrt{\frac{a^2}{a^2+b^2}+\frac{b^2}{a^2+b^2}}$$
$$=\sqrt{\frac{a^2+b^2}{a^2+b^2}}=\sqrt{1}=1$$

L Vector-Valued Functions

Definition 10-5 Vector-Valued Function(Vector Function)

The domain is a set of real numbers, and the range is a set of vectors

$\vec{f}(t)=<x(t), y(t), z(t)>=x(t)i+y(t)j+z(t)k$

$x(t)$, $y(t)$ and $z(t)$ are real-valued functions of the real variable t. (parametric equntion)

Definition 10-6 The Graph of the Vector-Valued Function

It is the graph of the parametric equation $x(t)$, $y(t)$ and $z(t)$

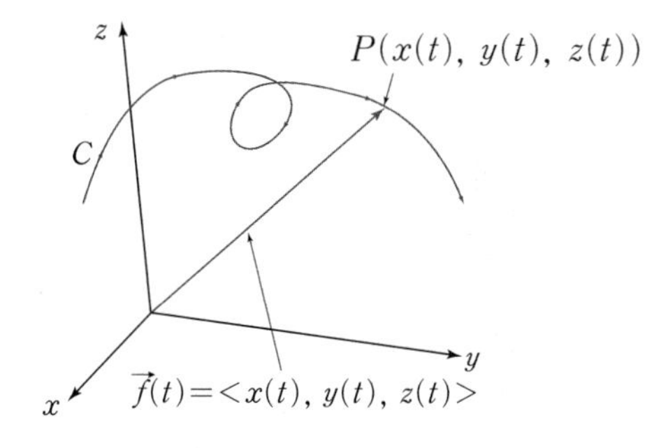

▶STUDY Tip

The Graph of the Vector-Valued Function

$\langle x(t), y(t), z(t)\rangle$의 정의는 Graph of the Parametric Equation $x(t)$, $y(t)$, $z(t)$로 한다. 이 "정의"는 이해를 하는 것이 아니다. 그 자체가 순수한 정의이기 때문이다.

Chapter 10

• Sketch the curve of the vector-valued function

$$\vec{f}(t)=\cos t\, i+\sin t\, j+4tk$$

▶

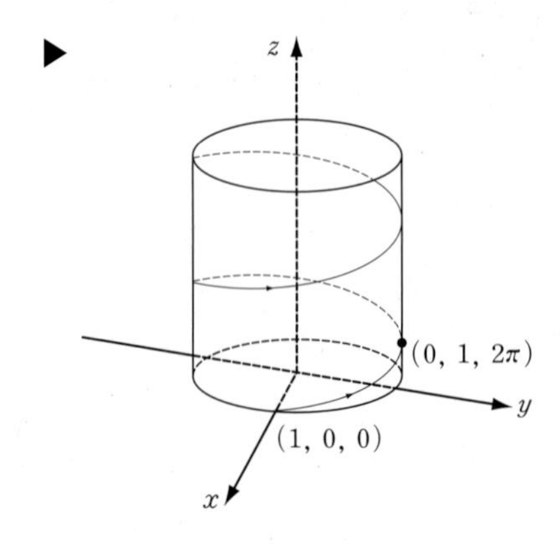

Definition 10-7

$$\lim_{t\to a}\vec{f}(t)=<\lim_{t\to a}x(t),\ \lim_{t\to a}y(t),\ \lim_{t\to a}z(t)>$$
$$=(\lim_{t\to a}x(t))i+(\lim_{t\to a}y(t))j+(\lim_{t\to a}z(t))k$$

Definition 10-8

$$\vec{f}'(t)=\lim_{h\to 0}\frac{\vec{f}(t+h)-\vec{f}(t)}{h}$$

⊗ Theorem 10-9

$$\vec{f}(t)=x'(t)i+y'(t)j+z'(t)k$$

proof

$\vec{f}'(t)$

$$=\lim_{h\to 0}\frac{\vec{f}(t+h)-\vec{f}(t)}{h}$$

$$=\lim_{h\to 0}\frac{[x(t+h)i+y(t+h)j+z(t+h)k]-[x(t)i+y(t)j+z(t)k]}{h}$$

$$=\lim_{h\to 0}\frac{x(t+h)-x(t)}{h}i+\lim_{h\to 0}\frac{y(t+h)-y(t)}{h}j+\lim_{h\to 0}\frac{z(t+h)-z(t)}{h}k$$

$$=x'(t)i+y'(t)j+z'(t)k$$

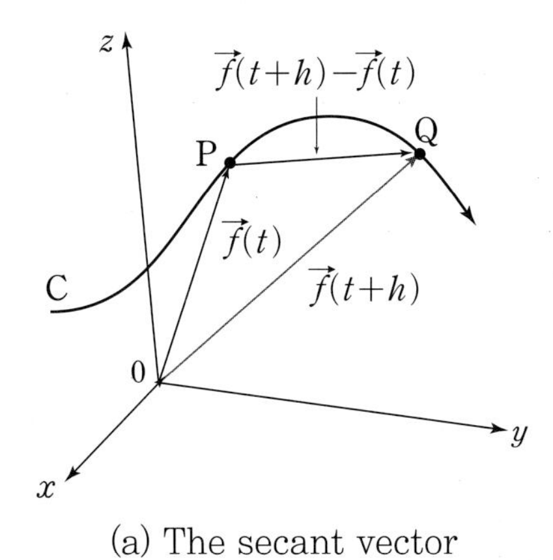

(a) The secant vector

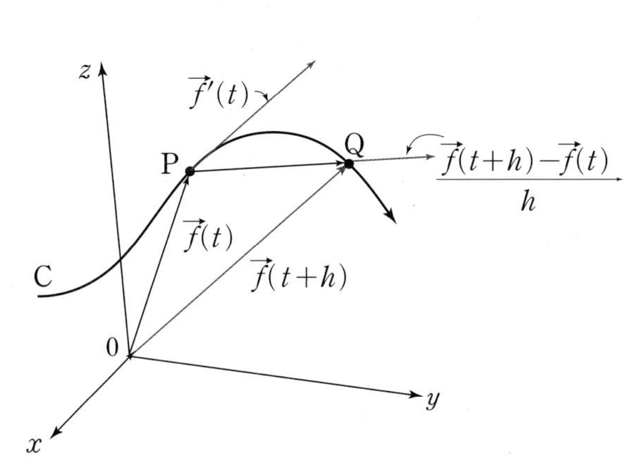

(b) The tangent vector

Definition 10-10

Position Vector
$\vec{r}(t)=x(t)i+y(t)j+z(t)k$

Velocity Vector
$\vec{v}(t)=\frac{d\vec{r}(t)}{dt}=x'(t)i+y'(t)j+z'(t)k$

Acceleration Vector
$\vec{a}(t)=\frac{d\vec{v}(t)}{dt}=x''(t)i+y''(t)j+z''(t)k$

Speed$=\|\vec{v}(t)\|=\sqrt{[x'(t)]^2+[y'(t)]^2+[z'(t)]^2}$

Example 3

A particle moves along the path $x=\sin t, y=\cos 3t$

① Find the velocity vector .

② Find the speed .

③ Find acceleration vector .

▶ ① $\vec{r}(t)=\sin ti+\cos 3tj$

$\vec{v}(t)=\cos ti-3[\sin 3t]j$

$=\cos ti-3\cdot\sin 3tj$ ◀

② $\|\vec{v}(t)\|=\sqrt{\cos^2 t+9\sin^2(3t)}$ ◀

③ $\vec{a}(t)=-\sin ti-3\cdot 3\cdot\cos 3tj$

$=-\sin ti-9\cos 3tj$ ◀

Exercise

10-01 Find the area of $r = \sin 2\theta$.

본 교재는 필요 이상의 연습문제를 과감하게 생략하였다. 이유는 AP Calculus 대비의 가장 좋은 방법은 인터넷에 공식적으로 Open되어 있는 Section Ⅱ (주관식) 기출 문제를 스스로의 힘으로 풀어 보는 것이기 때문이다. 본 교재를 완벽하게 이해한 사람은 개념이 완성된 사람이며 기출 문제도 스스로의 힘으로 해결할 수 있는 힘이 생긴 것이다. Section Ⅱ (주관식) 기출문제 36문제 이상 풀어보기 바란다.

Exercise Answer

Chapter 1 Limits and Continuity

1-01

Find secant slope of the curve $y=x^2$ at $x=1$.

▶

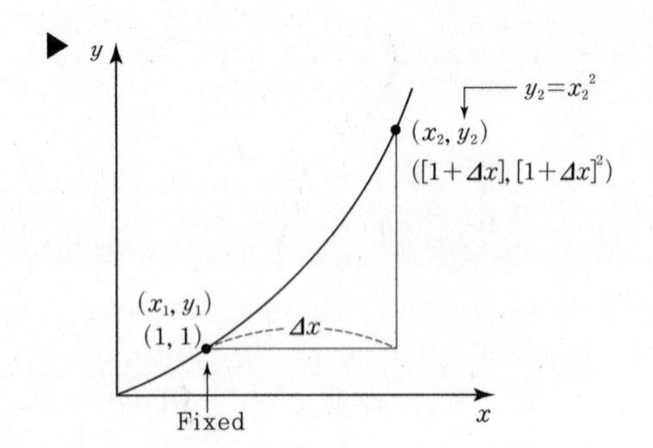

$$m(\text{secant})=\frac{y_2-y_1}{x_2-x_1}$$

$$=\frac{(1+\Delta x)^2-1}{(1+\Delta x)-1}=\frac{1^2+2\Delta x+\Delta x^2-1}{\Delta x}$$

$$=\frac{2\Delta x+\Delta x^2}{\Delta x}$$

$$=\boxed{2+\Delta x}$$

1-02

Find the tangent slope of the $y=2x^2$ at any point.

▶

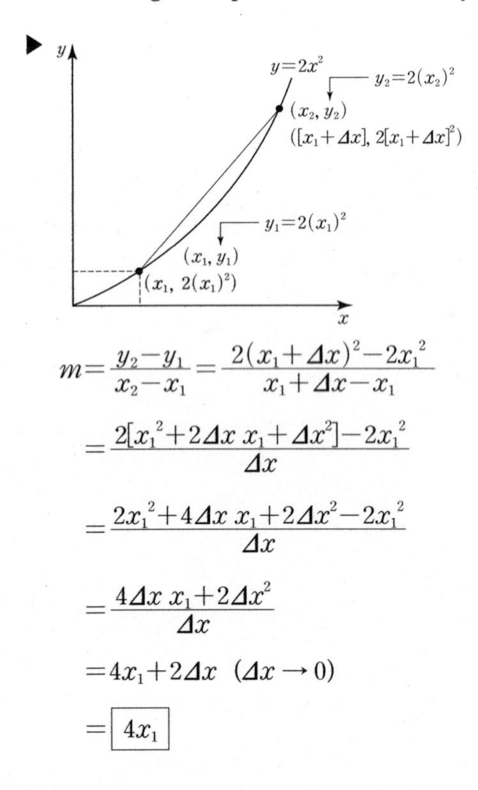

$$m=\frac{y_2-y_1}{x_2-x_1}=\frac{2(x_1+\Delta x)^2-2x_1^2}{x_1+\Delta x-x_1}$$

$$=\frac{2[x_1^2+2\Delta x\,x_1+\Delta x^2]-2x_1^2}{\Delta x}$$

$$=\frac{2x_1^2+4\Delta x\,x_1+2\Delta x^2-2x_1^2}{\Delta x}$$

$$=\frac{4\Delta x\,x_1+2\Delta x^2}{\Delta x}$$

$$=4x_1+2\Delta x\quad(\Delta x\to 0)$$

$$=\boxed{4x_1}$$

1-03

Find the line of equation for the tangent to $y=2x^2$ at $(-1, 2)$.

▶ Point Slope Form :

Point $(-1, 2)$; Slope $4(-1)=-4$

Equation : $y-2=-4(x-(-1))$

$$y=-4(x+1)+2$$

$$y=-4x-4+2$$

$$\boxed{y=-4x-2}$$

1-04

Use the graph of $f(x)$ to find

$\lim_{x\to 0^+} f(x)=1$

$\lim_{x\to 1^-} f(x)=0$

$\lim_{x\to 1^+} f(x)=1$

$\lim_{x\to 1} f(x)=$ do not exist

$\lim_{x\to 2^-} f(x)=1$

$\lim_{x\to 2^+} f(x)=1$

$\lim_{x\to 2} f(x)=1$ even through $f(2)=\frac{1}{2}$

$\lim_{x\to 3^-} f(x)=2$

$\lim_{x\to 3^+} f(x)=2$

$\lim_{x\to 3} f(x)=2$

$\lim_{x\to 4^-} f(x)=1$

1-05

Find

$$\lim_{n\to 2}\frac{n^2-4}{n^2+n-6}=\frac{(n+2)\cancel{(n-2)}}{(n+3)\cancel{(n-2)}}$$

$$=\frac{(n+2)}{(n+3)}$$

$$=\boxed{\frac{4}{5}}$$

1-06

Find

$[a^3-b^3=(a-b)(a^2+ab+b^2)]$

$$\lim_{n\to 3}\frac{n^3-27}{n^2-9}=\frac{\cancel{(n-3)}(n^2+3n+9)}{\cancel{(n-3)}(n+3)}$$

$$=\frac{9+9+9}{6}=\boxed{\frac{27}{6}}$$

1-07

Find

$$\lim_{n\to 9}\frac{n-9}{\sqrt{n}-3}=\frac{(n-9)(\sqrt{n}+3)}{(\sqrt{n}-3)(\sqrt{n}+3)}$$

$$=\frac{\cancel{(n-9)}(\sqrt{n}+3)}{\cancel{(n-9)}}=\sqrt{n}+3$$

$$=\sqrt{9}+3=\boxed{6}$$

1-08

Find

$$\lim_{n\to 0}\frac{\sqrt{1+n}-\sqrt{1-n}}{2n}$$

$$=\frac{(\sqrt{1+n}-\sqrt{1-n})(\sqrt{1+n}+\sqrt{1-n})}{2n(\sqrt{1+n}+\sqrt{1-n})}$$

$$=\frac{1+n-(1-n)}{2n(\sqrt{1+n}+\sqrt{1-n})}$$

$$=\frac{2n}{2n(\sqrt{1+n}+\sqrt{1-n})}=\frac{1}{(\sqrt{1+n}+\sqrt{1-n})}$$

$$=\boxed{\frac{1}{2}}$$

1-09

$$\lim_{x\to 0}x^4\sin^2\frac{1}{x}$$

$$-1\le\sin\frac{1}{x}\le 1\Leftrightarrow 0\le\left(\sin\frac{1}{x}\right)^2\le 1$$

$$\Leftrightarrow 0\cdot x^2\le x^2\left(\sin\frac{1}{x}\right)^2\le 1\cdot x^2$$

$$\Leftrightarrow \lim_{x\to 0}0\cdot x^2\le\lim_{x\to 0}x^2\cdot\sin^2\frac{1}{x}\le\lim_{x\to 0}1\cdot x^2$$

$$0\le\lim_{x\to 0}x^2\sin^2\frac{1}{x}\le 0$$

$$\boxed{\therefore\ \lim_{x\to 0}x^2\sin^2\frac{1}{x}=0}$$

1-10

$$\lim_{h\to 0}\frac{1-\cos h}{2h}$$

$$=\frac{1}{2}\lim_{h\to 0}\frac{1-\cos h}{h}$$

$$=\frac{1}{2}\lim_{h\to 0}\frac{(1-\cos h)(1+\cos h)}{h(1+\cos h)}$$

$$=\frac{1}{2}\lim_{h\to 0}\frac{\sin^2 h}{h(1+\cos h)}$$

$$=\frac{1}{2}\lim_{h\to 0}\frac{\sin h}{h}\lim_{h\to 0}\frac{\sin h}{1+\cos h}$$

$$=\frac{1}{2}\cdot 1\cdot 0=\boxed{0}$$

1-11

$$\lim_{x\to 0}\frac{\sin 4x}{x}$$

$$=\lim_{x\to 0}4\frac{\sin 4x}{4x}$$

$$=4\lim_{4x\to 0}\frac{\sin 4x}{4x}\quad\leftarrow\begin{pmatrix}x\to 0\\ 4x\to 0\end{pmatrix}$$

$$=4\cdot 1=\boxed{4}$$

1-12

$$\lim_{x\to 0}\frac{\tan x}{2x}$$

$$=\frac{1}{2}\lim_{x\to 0}\frac{\frac{\sin x}{\cos x}}{\frac{x}{1}}$$

$$=\frac{1}{2}\lim_{x\to 0}\frac{\sin x}{x\cos x}$$

$$=\frac{1}{2}\lim_{x\to 0}\frac{\sin x}{x}\cdot\lim_{x\to 0}\frac{1}{\cos x}$$

$$=\frac{1}{2}\cdot 1\cdot 1=\boxed{\frac{1}{2}}$$

1-13

$$\lim_{x\to\infty}\frac{x}{8x+2}=\lim_{x\to\infty}\frac{x\cdot\left(\frac{1}{x}\right)}{(8x+2)\cdot\left(\frac{1}{x}\right)}$$

$$=\frac{1}{8+\frac{2}{x}}=\boxed{\frac{1}{8}}$$

1-14

$$\lim_{x\to\infty}\frac{2x^2+x+3}{8x^2+2}=\lim_{x\to\infty}\frac{(2x^2+x+3)\frac{1}{x^2}}{(8x^2+2)\frac{1}{x^2}}$$

$$=\lim_{x\to\infty}\frac{2+\frac{1}{x}+\frac{3}{x^2}}{8+\frac{2}{x^2}}=\frac{2}{8}=\boxed{\frac{1}{4}}$$

1-15

$$\lim_{x\to\infty}3+\frac{\sin x}{2x}$$

$$\left[\lim_{x\to\infty}\frac{-1\le\sin x\le 1}{2x}=0\right]$$

$$\therefore\ \lim_{x\to\infty}3+\frac{\sin x}{2x}^{\,0}=\boxed{3}$$

1-16

$$\lim_{x\to\infty}\frac{\cos x}{5x}$$

$$\lim_{x\to\infty}\frac{-1\le\cos x\le 1}{5x}$$

$$=\boxed{0}$$

1-17

$$\lim_{x\to\infty}(\sqrt{x^2+4}-x)$$

$$=\lim_{x\to\infty}\frac{(\sqrt{x^2+4}-x)(\sqrt{x^2+4}+x)}{\sqrt{x^2+4}+x}$$

$$=\lim_{x\to\infty}\frac{x^2+4-x^2}{\sqrt{x^2+4}+x}=\frac{4}{\infty}$$

$$=\boxed{0}$$

1-18

Find

$$\lim_{x\to 0^+}\frac{20}{x}=\infty$$

$$\lim_{x\to 0^-}\frac{20}{x}=-\infty$$

$$\lim_{x\to 0}\frac{2}{x^2}=\infty$$

$$\lim_{x\to\infty}2\sqrt{x}=\infty$$

$$\lim_{x\to 1^-}\frac{1}{x-1}=-\infty$$

$$\lim_{x\to 2^+}\frac{1}{x^2-4}=\infty$$

$$\lim_{x\to 2^-}\frac{1}{x^2-4}=-\infty$$

$$\lim_{x\to -\infty}4x-\frac{1}{x}=-\infty$$

1-19

Determine the interval for which the function is continuous.

$$f(x)=\begin{cases} x\sin\frac{2}{3x}, & x\neq 0\\ 0, & x=0\end{cases}$$

▶ $-1\le\sin\frac{2}{3x}\le 1$

$$\left|\sin\frac{2}{3x}\right|\le 1$$

$$|x|\cdot\left|\sin\frac{2}{3x}\right|\le 1\cdot|x|$$

$$\left|x\cdot\sin\frac{2}{3x}\right|\le|x|$$

$$-|x|\le\left(x\cdot\sin\frac{2}{3x}\right)\le|x|$$

$$\lim_{x\to 0}-|x|\le\lim_{x\to 0}\left(x\cdot\sin\frac{2}{3x}\right)\le\lim_{x\to 0}|x|$$

$$0\le\lim_{x\to 0}\left(x\cdot\sin\frac{2}{3x}\right)\le 0$$

$$\lim_{x\to 0}\left(x\cdot\sin\frac{2}{3x}\right)=0$$

① $f(0)=0$

② $\lim_{x\to 0}\left(x\cdot\sin\frac{2}{3x}\right)=0$

③ $\lim_{x\to 0}f(x)=f(c)$

f is continuous on the entire interval.

1-20

Determine the interval for which the function is continuous.

$$f(x)=10x^7+4x^5+3x^2+3$$

▶ Polynomial is continuous at every value of x.

1-21

Determine the interval for which the function is continuous.

$$f(x)=\frac{x+7}{x^2+2x+1}$$

▶ $f(x)$ is continuous at every value of x except $x=-1$. ← (Theorem 1-8)

1-22

Verify that $F(x)=\left|\frac{x\cdot\cos x}{x^4+7}\right|$

is continuous at every value of x.

▶ x is continuous

$\cos x$ is continuous

$x\cdot\cos x$ is continuous

x^4+7 is continuous

$g(x)=\frac{x\cos x}{x^4+7}$ is continuous

$f(u)=|u|$ is continuous

$$F(x)=(f\circ g)(x)=f(g(x))=\left|\frac{x\cdot\cos x}{x^4+7}\right|$$

$F(x)$ is continuous at every value of x.

1-23

Prove that the given polynomial function has a zero in the indicated interval.

$f(x)=x^3+3x-1\ \ (0,1)$

▶ $f(0)=-1<0$

$f(1)=3>0$ then

$f(x)$ has at least one zero in $(0,1)$.

(Theorem 1-12)

Chapter 2 Differentiation Part I

2-01

• $\frac{d}{dx}(x^6)=\boxed{6x^5}$

• $\frac{d}{dx}(8x^6)=8\cdot6x^5=\boxed{48x^5}$

2-02

Find $\frac{dy}{dx}$ if $f(x)=x^5+x^3+8x^2-5x+9$

$$\boxed{f'(x)=5x^4+3x^2+16x-5}$$

2-03

Find y', y'', y''', y'''' if $f(x)=x^3+8x^2-5x+29$

▶ $f'(x)=3x^2+16x-5$

$f''(x)=6x+16$

$f'''(x)=6$

$f''''(x)=0$

2-04

Find $\frac{dy}{dx}$ if $f(x)=\frac{x^2+3}{x^2-1}$.

$$\begin{aligned} ▶ f'(x)&=\frac{(x^2-1)(x^2+3)'-(x^2-1)'(x^2+3)}{(x^2-1)^2}\\ &=\frac{(x^2-1)(2x)-(2x)(x^2+3)}{(x^2-1)^2}\\ &=\frac{\cancel{2x^3}-2x-\cancel{2x^3}-6x}{(x^2-1)^2}\\ &=\boxed{\frac{-8x}{(x^2-1)^2}}\end{aligned}$$

2-05

Find the derivative of $f(x)=(x^4+3)(x^3+1)+1$.

$$\begin{aligned} ▶ f'(x)&=[(x^4+3)(x^3+1)]'+(1)'\\ &=(x^4+3)'(x^3+1)+(x^4+3)(x^3+1)'+0\\ &=4x^3(x^3+1)+(x^4+3)(3x^2)\\ &=4x^6+4x^3+3x^6+9x^2\\ &=\boxed{7x^6+4x^3+9x^2}\end{aligned}$$

2-06

Find the derivative of $f(x)=(x^2+3x+2)^5$.

$f'(x)=\boxed{5(x^2+3x+2)^4(2x+3)}$

2-07

Find the derivative of $f(x)=(x^2+3x+2)^2(x^2-1)^3$.

▶ $f'(x)=((x^2+3x+2)^2)'(x^2-1)^3+(x^2+3x+2)^2((x^2-1)^3)'$

$=\boxed{2(x^2+3x+2)(2x+3)(x^2-1)^3+(x^2+3x+2)^2(3(x^2-1)^2)(2x)}$

2-08

Find the derivative of $f(x)=x^2+\dfrac{2}{x^3}$.

▶ $f(x)=x^2+2\cdot x^{-3}$

$f'(x)=2x+2(-3)x^{-4}$

$=\boxed{2x-\dfrac{6}{x^4}}$

2-09

Find the derivative of $f(x)=\dfrac{2}{(x^2+2)^5}$.

▶ $f(x)=2\cdot(x^2+2)^{-5}$

$f'(x)=2\cdot(-5)(x^2+2)^{-6}(2x)$

$=\boxed{\dfrac{-20x}{(x^2+2)^6}}$

2-10

Find the derivative of $f(x)=\left(\dfrac{3x-1}{x+7}\right)^5$.

▶ $f(x)=\dfrac{(3x-1)^5}{(x+7)^5}$

$=(3x-1)^5\cdot(x+7)^{-5}$

$f'(x)=\boxed{5(3x-1)^4(3)(x+7)^{-5}+(3x-1)^5(-5)(x+7)^{-6}}$

2-11

Find the derivative of $f(x)=\dfrac{(x-1)(x^2-x)}{x^5}$

▶ $f(x)=\dfrac{(x-1)(x^2-x)}{x^5}$

$=\dfrac{x^3-x^2-x^2+x}{x^5}$

$=\dfrac{x^3-2x^2+x}{x^5}$

$f(x)=\dfrac{x^3}{x^5}-\dfrac{2x^2}{x^5}+\dfrac{x}{x^5}$

$=x^{-2}-2x^{-3}+x^{-4}$

$f'(x)=(-2)x^{-3}-2(-3)(x)^{-4}+(-4)x^{-5}$

$=\boxed{\dfrac{-2}{x^3}+\dfrac{6}{x^4}-\dfrac{4}{x^5}}$

2-12

Find the $\dfrac{dy}{dx}$ of $2y^2=2x$.

▶ $2y^2=2x$

$y^2=x \Leftrightarrow y=\pm\sqrt{x}$

$2y\cdot y'=1$

$y'=\dfrac{1}{2y}=\boxed{\dfrac{1}{\pm2\sqrt{x}}}$

2-13

Find the $\dfrac{dy}{dx}$ of $x^4+5xy^4+y^4=2$.

▶ $4x^3+5[x'y^4+x(y^4)']+4y^3y'=0$

$4x^3+5(y^4+x\cdot4y^3\cdot y')+4y^3\cdot y'=0$

$4x^3+5y^4+5x\cdot4y^3\cdot y'+4y^3y'=0$

$(5x\cdot4y^3+4y^3)y'=-4x^3-5y^4$

$y'=\dfrac{-4x^3-5y^4}{5x\cdot4y^3+4y^3}$

$=\boxed{\dfrac{-4x^3-5y^4}{20xy^3+4y^3}}$

2-14

Find the $\dfrac{dy}{dx}$ of $2x^2+2y^2=2$.

▶ $2x^2+2y^2=2$

$x^2+y^2=1$

$2x+2y\cdot y'=0$

$y'=\boxed{-\dfrac{x}{y}}$ $(y\neq0)$

2-15

Find $\frac{d^2y}{dx^2}$ if $x^2-y^2=4$.

▶ $2x-2y\cdot\frac{dy}{dx}=0 \Leftrightarrow \frac{dy}{dx}=\frac{x}{y}\quad(y\neq0)$

$$\left(\frac{dy}{dx}\right)'=\frac{yx'-y'x}{y^2}=\frac{y-y'\cdot x}{y^2}$$

$$y''=\frac{y}{y^2}-\frac{x}{y^2}y'$$

$$=\frac{1}{y}-\left(\frac{x}{y^2}\right)\cdot\left(\frac{x}{y}\right)$$

$$=\boxed{\frac{1}{y}-\frac{x^2}{y^3}}$$

2-16

Find the slope of the curve

$x^2+3xy+y^2=5$ *at* $(1,\ 1)$.

▶ $2x+3(x\cdot y)'+2y\cdot y'=0$

$2x+3[1\cdot y+x\cdot y']+2\cdot y\cdot y'=0$

$2x+3y+3xy'+2yy'=0$

$y'(3x+2y)=-2x-3y$

$y'=\frac{-2x-3y}{3x+2y}\quad\leftarrow(x=1,\ y=1)$

$=\frac{-2-3}{3+2}$

$=\frac{-5}{5}$

$=\boxed{-1}$

2-17

Find the tangent line and normal line of the curve

$y^2+3x^2+y=5$ at $(1,\ 1)$.

▶ $2y\cdot y'+3(2)x+y'=0$

$y'(2y+1)=-6x$

$y'=\frac{-6x}{2y+1}\quad\leftarrow(x=1,\ y=1)$

$y'=\frac{-6}{3}=-2\quad\leftarrow$ [Tangent(slope)]

$\frac{1}{2}\quad\leftarrow$ [Normal(slope)]

$m\cdot n'=-1$

$$\boxed{\begin{aligned}&y-1=-2(x-1)\\&y-1=\frac{1}{2}(x-1)\end{aligned}}$$

2-18

Find $\frac{dy}{dx}$ $\quad y=x^{\frac{1}{3}}$.

▶ $y'=\frac{1}{3}x^{\frac{1}{3}-1}=\boxed{\frac{1}{3}x^{-\frac{2}{3}}}$

2-19

$y=(1+x^2)^{\frac{1}{2}}$

▶ $y'=\frac{1}{2}(1+x^2)^{\frac{1}{2}-1}\cdot(1+x^2)'$

$=\boxed{\frac{1}{2}(1+x^2)^{-\frac{1}{2}}\cdot(2x)}$

2-20

Find $\frac{dy}{dx}$; $y=(x^2+x+1)^2$.

▶ $y=u^2$; $u=x^2+x+1$

$\frac{dy}{du}\frac{du}{dx}=2\cdot u(2x+1)$

$=\boxed{2(x^2+x+1)(2x+1)}$

2-21

Find $\frac{dy}{dx}$ at $x=1$; $y=u^2+3u-1$ and $u=x^2+1$.

▶ $\frac{dy}{du}\frac{du}{dx}=(2u+3)(2x)$

$=(2[x^2+1]+3)(2x)$

$=(2x^2+5)(2x)\quad\leftarrow(x=1)$

$=(2+5)(2)$

$=7\times2$

$=\boxed{14}$

2-22

Find the derivative $y=\sqrt[5]{(x^2+1)^2}$.

▶ $y=(x^2+1)^{\frac{2}{5}}$; $u=x^2+1$; $y=u^{\frac{2}{5}}$

$\frac{dy}{du}\frac{du}{dx}=\frac{2}{5}u^{-\frac{3}{5}}(2x)$

$=\boxed{\frac{2}{5}(x^2+1)^{-\frac{3}{5}}(2x)}$

2-23

$f(x)=x\sqrt{1+x^2}$ Find $\dfrac{dy}{dx}$.

▶ $\dfrac{dy}{dx}=x'\cdot\sqrt{1+x^2}+x\boxed{(\sqrt{1+x^2})'}$ ⓘ

ⓘ
$$\begin{aligned}\frac{d}{dx}(\sqrt{1+x^2})&=\frac{d}{dx}(1+x^2)^{\frac{1}{2}}\\&=\frac{dy}{du}\frac{du}{dx}\\&=\frac{1}{2}u^{-\frac{1}{2}}\cdot 2x\\&=\frac{1}{2\sqrt{u}}(2x)\quad\leftarrow (u=1+x^2)\\&=\frac{1}{2\sqrt{1+x^2}}(2x)\\&=\frac{x}{\sqrt{1+x^2}}\end{aligned}$$

$$\frac{dy}{dx}=\boxed{\sqrt{1+x^2}+x\cdot\frac{x}{\sqrt{1+x^2}}}$$

2-24

Let $g(x)=\sqrt{x+3}$ and $x=f(t)=t^3+3$

Find $\dfrac{d}{dt}(g\circ f)$ at $t=1$.

▶
$$\begin{aligned}\frac{dy}{dt}&=\frac{dy}{dx}\frac{dx}{dt}=\frac{1}{2\sqrt{x+3}}\cdot 3t^2\quad\leftarrow \text{(Theorem 2-12)}\\&=\frac{1}{2\sqrt{(t^3+3)+3}}\cdot(3t^2)\quad \text{at } t=1\\&=\frac{1}{2\sqrt{7}}\cdot(3\cdot 1)\\&=\boxed{\frac{3}{2\sqrt{7}}}\end{aligned}$$

2-25

$\dfrac{d}{dx}\sin(3x)=\boxed{(\cos 3x)\cdot 3}$ ← $(y=\sin u\ ;\ u=3x)$

2-26

$\dfrac{d}{dx}\sin(x^3)=\boxed{(\cos x^3)\cdot 3x^2}$ ← $(y=\sin u\ ;\ u=x^3)$

2-27

$\dfrac{d}{dx}(\sin^3 x)=\boxed{3\sin^2 x\cdot\cos x}$ ← $(y=u^3\ ;\ u=\sin x)$

2-28

Find $\dfrac{dy}{dx}$ if $2x\cdot y+\cos(y)=0$.

▶
$$\begin{aligned}&2(x\cdot y)'+(-\sin y)y'=0\\&2(y+xy')-(\sin y)y'=0\\&2y+2xy'-y'\sin y=0\\&y'(2x-\sin y)=-2y\\&y'=\boxed{\frac{-2y}{2x-\sin y}}\end{aligned}$$

2-29

Find $\dfrac{dy}{dx}$ if $y=\cos^2(5x)$

▶ $\left\{\begin{array}{l}y=z^2\\ z=\cos u\\ u=5x\end{array}\right\}\quad \dfrac{dy}{dx}=\dfrac{dy}{dz}\dfrac{dz}{du}\dfrac{du}{dx}$

$$\begin{aligned}y'&=2\cdot z\cdot(-\sin u)\cdot(5)\\&=2\cdot\cos u\cdot(-\sin(5x))(5)\\&=\boxed{-2\cos(5x)(\sin 5x)5}\end{aligned}$$

2-30

Find $\dfrac{dy}{dx}$ if $y=\sec^2(6x)$

▶ $\left(\begin{array}{l}y=z^2\\ z=\sec u\\ u=6x\end{array}\right)\quad \dfrac{dy}{dx}=\dfrac{dy}{dz}\dfrac{dz}{du}\dfrac{du}{dx}$

$$\begin{aligned}y'&=2z\cdot\sec u\cdot\tan u\cdot 6\\&=\boxed{2(\sec(6x))\cdot(\sec 6x)(\tan 6x)\cdot 6}\end{aligned}$$

2-31

Find $\dfrac{dy}{dx}$ if $y=\tan\sqrt{8x}$.

▶ $\left(\begin{array}{l}y=\tan z\\ z=\sqrt{u}\\ u=8x\end{array}\right)\quad \dfrac{dy}{dx}=\dfrac{dy}{dz}\dfrac{dz}{du}\dfrac{du}{dx}$

$$\begin{aligned}y'&=\sec^2 z\cdot\frac{1}{2\sqrt{u}}\cdot 8\\&=\boxed{\sec^2(\sqrt{8x})\cdot\frac{1}{2\sqrt{8x}}\cdot 8}\end{aligned}$$

2-32

Find $\frac{dy}{dx}$ if $\cos(x+y+1)=y^2\cos x$.

▶ $\cos u=y^2\cos x \leftarrow (u=x+y+1)$

$$\frac{d[\cos u]}{du}\frac{du}{dx}=2yy'\cos x+y^2(-\sin x)$$

$\Leftrightarrow (-\sin u)(1+y')$
$=2yy'\cos x+y^2(-\sin x)$

$\Leftrightarrow (-\sin u)+(-\sin u)(y')$
$=2yy'\cos x+y^2(-\sin x)$

$\Leftrightarrow -\sin(x+y+1)-\sin(x+y+1)y'$
$=2yy'\cos x+y^2(-\sin x)$

$\Leftrightarrow -\sin(x+y+1)y'-2yy'\cos x$
$=y^2(-\sin x)+\sin(x+y+1)$

$\Leftrightarrow y'[-\sin(x+y+1)-(\cos x)\cdot 2\cdot y]$
$=y^2(-\sin x)+\sin(x+y+1)$

$$y'=\boxed{\frac{\sin(x+y+1)-(\sin x)\cdot y^2}{-\sin(x+y+1)-(\cos x)\cdot 2\cdot y}}$$

2-33

$x\cdot y=\sin(x\cdot y)$ Find $\frac{dy}{dx}$

▶ $(x\cdot y)'=[\sin(u)]' \leftarrow (u=x\cdot y)$

$x'y+xy'=\frac{d[\sin u]}{du}\frac{du}{dx}$

$x'y+xy'=\cos u\cdot(x'\cdot y+xy')$

$x'y+xy'=\cos(x\cdot y)\cdot x'\cdot y+\cos(x\cdot y)\cdot xy'$

$y+xy'=\cos(x\cdot y)\cdot y+\cos(x\cdot y)\cdot x\cdot y'$

$x\cdot y'-\cos(x\cdot y)\cdot x\cdot y'=\cos(x\cdot y)\cdot y-y$

$y'(x-\cos(x\cdot y)\cdot x)=y\cdot\cos(x\cdot y)-y$

$$y'=\frac{y\cos(x\cdot y)-y}{x-x\cos(x\cdot y)}$$

$$=\frac{y(\cos(x\cdot y)-1)}{-x(\cos(x\cdot y)-1)}$$

$$=\boxed{-\frac{y}{x}}$$

Chapter 3 Differentiation Part II

3-01

Find the linearization of $y=\sqrt{2+x}$ at $x=0$ and estimate $\sqrt{2.1}$ $\sqrt{2.05}$ $\sqrt{2.005}$.

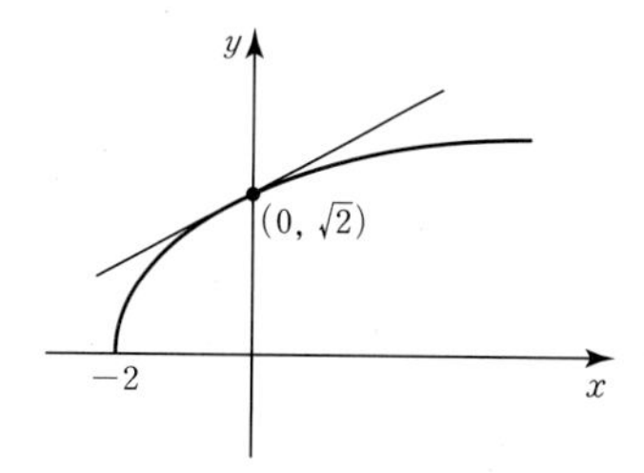

$y=\sqrt{2+x}$

$y'=\frac{1}{2\sqrt{2+x}} \leftarrow \left(\text{at } x=0\ ;\ y'=\frac{1}{2\sqrt{2}}\right)$

$y-\sqrt{2}=\frac{1}{2\sqrt{2}}(x-0)$

$y=\frac{1}{2\sqrt{2}}x+\sqrt{2}\approx\sqrt{2+x}$

$y=\frac{1}{2\sqrt{2}}(0.1)+\sqrt{2}$
$=\boxed{1.449569}\approx\sqrt{2.1}$

$y=\frac{1}{2\sqrt{2}}(0.05)+\sqrt{2}$
$=\boxed{1.43189}\approx\sqrt{2.05}$

$y=\frac{1}{2\sqrt{2}}(0.005)+\sqrt{2}$
$=\boxed{1.415981}\approx\sqrt{2.005}$

3-02

Find the linearization of $y=\sqrt{2+x}$ at $x=2$ and estimate $\sqrt{4.1}$ $\sqrt{4.05}$ $\sqrt{4.005}$.

▶

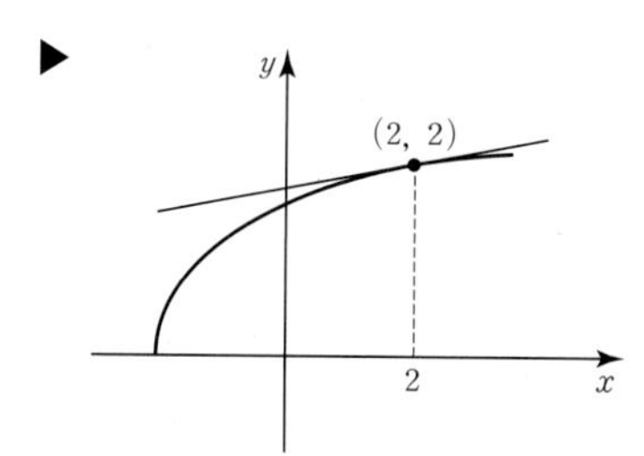

$y=\sqrt{2+x}$

$y'=\frac{1}{2\sqrt{2+x}}$ at $x=2\rightarrow y'=\frac{1}{4}$

$y=\frac{1}{4}(x-2)+2$

$y=\frac{1}{4}(2.1-2)+2$

$=\boxed{2.025}\approx\sqrt{4.1}$

$y=\frac{1}{4}(2.05-2)+2$

$=\boxed{2.0125}\approx\sqrt{4.05}$

$y=\frac{1}{4}(2.005-2)+2$

$=\boxed{2.00125}\approx\sqrt{4.005}$

3-03

Find the linearization of $f(x)=\tan x$ at $x=0$.

▶ $y=f'(0)(x-0)+f(0)$

$y=(\sec^2 0)(x)+0$ ← [Ch3 (H)]

$y=1\cdot x$

$\boxed{y=x}$

3-04

Find the linearization of $f(x)=\sin x$ at $x=\frac{\pi}{2}$.

▶ $y=f'\left(\frac{\pi}{2}\right)\left(x-\frac{\pi}{2}\right)+f\left(\frac{\pi}{2}\right)$

$y=\cos\left(\frac{\pi}{2}\right)\left(x-\frac{\pi}{2}\right)+\sin\left(\frac{\pi}{2}\right)$ (cos → 0)

$\boxed{y=1}$

3-05

Find dy if $y=x\cos x$.

▶ $\frac{dy}{dx}=x'\cos x+x(\cos x)'$

$=\cos x-x\sin x$

$dy=[\cos x-x\sin x]\,dx$

$\boxed{dy=\cos x\,dx-x\sin x\,dx}$ ← (Differential)

3-06

Approximate $\cos(32^\circ)$.

▶ $\Delta L=f'(x_0)\cdot h$ ← $\left(x_0=30^\circ=\frac{\pi}{6}\right)$

$f'(x_0)=-(\sin x_0)$ ← $\left(-\sin\left(\frac{\pi}{6}\right)=-\frac{1}{2}\right)$

$\Delta L=\left(-\frac{1}{2}\right)\cdot\left(\frac{\pi}{90}\right)$ ← $\left(2^\circ\times\frac{\pi}{180^\circ}=\frac{\pi}{90}\right)$

$\Delta L=-\frac{\pi}{180}=-0.017453$

$\frac{\sqrt{3}}{2}-0.01753=\boxed{0.848495}$ ← $\left(\cos 30^\circ=\frac{\sqrt{3}}{2}\right)$

cf) $\cos 32^\circ=0.848048$

3-07

Use differential to approximate $\sqrt{16.4}$.

$\Delta L=f'(x_0)\cdot h$

$\Delta L=\frac{1}{8}(0.4)$ ← $\left(y'=\frac{1}{2\sqrt{x}}=\frac{1}{2\sqrt{16}}=\frac{1}{8}\right)$

$=\frac{4}{80}=\frac{1}{20}$

$\sqrt{16}+\frac{1}{20}=\boxed{4.05}$

cf) $\sqrt{16.4}=4.0496$

3-08

The radius of a sphere is measured to be 10 inch with a possible error in measurement of ±0.01 inch. Estimate the possible error in the volume of the sphere.

▶ $\Delta L=f'(r)\Delta x$ ← $\left(V=\frac{4}{3}\pi r^3\ ;\ \frac{dV}{dr}=4\pi r^2\right)$

$=4\pi r^2\Delta x$ ← Propagated Error

$=4\pi(10)^2(\pm0.01)$ Measurement Error

$4\pi(100)(\pm0.01)=\boxed{\pm12.5664\ \text{in}^3}$

3-09

The radius of a sphere is measured to be 10 inch with a possible error in measurement of ±0.01 inch. Estimate the relative error and percentage error in the volume of the sphere.

▶ Relative error in $V=\frac{\Delta V}{V}=\frac{4\pi r^2\Delta r}{\frac{4}{3}\pi r^3}$

$=3\cdot\frac{1}{r}(\Delta r)=3\cdot\frac{1}{10}\cdot(\pm0.01)$

$=(\pm0.001)\times3$

$=\pm0.003$ ← (Relative Error)

$\pm 0.003 \times 100$

$= \boxed{\pm 0.3\%}$ ← (Percentage Error in Volume)

$= \boxed{\dfrac{6t^2+12t-4}{(2+2t)^3}}$

3-10

The radius a circle is measured with possible percentage error of $\pm 1\%$. Estimate the percentage error in the area of the circle.

▶ $\Delta A = \underset{f'(r)}{2\pi r}\, \Delta r \quad \left(\begin{array}{c} A = \pi r^2 \\ \dfrac{dA}{dr} = 2\pi r \end{array} \right)$

$\dfrac{\Delta A}{A} = \dfrac{2\pi r}{\pi r^2} \Delta r = 2 \cdot \dfrac{1}{r} \Delta r \quad \leftarrow \left(\dfrac{\Delta r}{r} = \pm 0.01 \right)$

$(2 \pm 0.01) = \pm 0.02$

$\pm 0.02 \times 100 = \pm 2\%$

Percentage error in area is $\boxed{\pm 2\%}$

3-11

Find $\dfrac{dy}{dx}$ if $x = 2t + t^2$ and $y = 2t + t^3$.

▶ $\dfrac{dy}{dx} = \dfrac{\frac{dy}{dt}}{\frac{dx}{dt}} = \boxed{\dfrac{2+3t^2}{2+2t}}$

3-12

Find $\dfrac{d^2y}{dx^2}$ if $x = 2t + t^2$ and $y = 2t + t^3$

▶ $\dfrac{d^2y}{dx^2} = \dfrac{dy'}{dx} \leftarrow \left(y' = \dfrac{dy}{dx} = \dfrac{\frac{dy}{dt}}{\frac{dx}{dt}} = \dfrac{2+3t^2}{2+2t} \right)$

$= \dfrac{\frac{dy'}{dt}}{\frac{dx}{dt}}$

$= \dfrac{\frac{(2+2t)(6t)-(2+2t)'(2+3t^2)}{(2+2t)^2}}{\frac{2+2t}{1}}$

$= \dfrac{12t+12t^2-(2)(2+3t^2)}{(2+2t)^3}$

$= \dfrac{12t+12t^2-4-6t^2}{(2+2t)^3}$

3-13

Given that function $f(x) = x^5 + 3x^3 + 2x + 3$ has an inverse function $f^{-1}(x)$, Find the derivative of $f^{-1}(x)$, and find the derivative of $f^{-1}(3)$.

▶ $y = f(x) = x^5 + 3x^3 + 2x + 3$

$y = f^{-1}(x) \Leftrightarrow x = f(y)$

$\Leftrightarrow x = y^5 + 3y^3 + 2y + 3$ ← (Inverse Function)

$\dfrac{dx}{dy} = \dfrac{df(y)}{dy} = 5y^4 + 9y^2 + 2$

$(f^{-1}(x))' = \dfrac{1}{\frac{df(y)}{dy}} = \dfrac{1}{5y^4 + 9y^2 + 2}$

$\left[\begin{array}{l} 3 = y^5 + 3y^3 + 2y + 3 \\ y(y^4 + 2y^2 + 2) = 0 \\ y = 0 \end{array} \right]$

$f^{-1}(3) = \dfrac{1}{5 \cdot 0^4 + 9 \cdot 0^2 + 2} = \boxed{\dfrac{1}{2}}$

3-14

Given that function $f(x) = \pi \cdot x + \cos x$ has an inverse function $f^{-1}(x)$, find the derivative of $f^{-1}(1)$.

▶ $y = \pi x + \cos x \leftarrow (y = f(x))$

$x = \pi y + \cos y \leftarrow (y = f^{-1}(x) \Leftrightarrow x = f(y))$

$\dfrac{dx}{dy} = \dfrac{df(y)}{dy} = \pi - \sin y$

$(f^{-1}(x))' = \dfrac{1}{\frac{df(y)}{dy}} = \dfrac{1}{\pi - \sin y}$

$\left[\begin{array}{l} 1 = \pi y + \cos y \\ \Leftrightarrow y = 0 \end{array} \right]$

$(f^{-1}(1))' = \dfrac{1}{\pi - \sin y} = \dfrac{1}{\pi - \sin 0}$

$= \boxed{\dfrac{1}{\pi}}$

3-15

Find the derivative $y = e^{x^3}$.

▶ $y = e^u \leftarrow (u = x^3)$

$$\frac{dy}{dx}=\frac{dy}{du}\cdot\frac{du}{dx}$$
$$=e^u\cdot\frac{du}{dx}$$
$$=\boxed{e^{x^3}\cdot 3x^2}$$

3-16

Find the derivative $y=3^{x^2}$.

▶ $y=3^u \leftarrow (u=x^2)$

$$\frac{dy}{dx}=\frac{dy}{du}\cdot\frac{du}{dx}=3^u\cdot ln(3)\cdot\frac{du}{dx}$$
$$=3^{x^2}ln(3)\cdot(2x)$$
$$=\boxed{2\cdot x\cdot ln(3)\cdot 3^{x^2}}$$

3-17

Find the derivative of $y=x^2\cdot e^{\frac{1}{x}}$.

▶ $y'=\frac{dy}{dx}=(x^2)'e^{\frac{1}{x}}+x^2(e^{\frac{1}{x}})'$

$$=2xe^{\frac{1}{x}}+x^2(e^{\frac{1}{x}})\left(\frac{1}{x}\right)'$$
$$=2xe^{\frac{1}{x}}+x^2(e^{\frac{1}{x}})(x^{-1})'$$
$$=2xe^{\frac{1}{x}}+x^2e^{\frac{1}{x}}\cdot(-1)(x^{-2})$$
$$=2xe^{\frac{1}{x}}-x^2e^{\frac{1}{x}}\cdot x^{-2}$$
$$=2xe^{\frac{1}{x}}-x^2\cdot e^{\frac{1}{x}}\cdot\frac{1}{x^2}$$
$$=2xe^{\frac{1}{x}}-e^{\frac{1}{x}}$$
$$=\boxed{e^{\frac{1}{x}}(2x-1)}$$

3-18

Find the derivative of $y=ln\,x^2$.

▶ $y=ln\,u \leftarrow (u=x^2)$

$$\frac{dy}{dx}=\frac{dy}{du}\cdot\frac{du}{dx}$$
$$=\frac{1}{u}\cdot(2x)$$
$$=\frac{1}{x^2}(2x)$$
$$=\boxed{\frac{2}{x}}$$

3-19

Find the derivative of $y=ln(x^2+x+1)$.

▶ $y=ln\,u \leftarrow u=(x^2+x+1)$

$$\frac{dy}{dx}=\frac{dy}{du}\cdot\frac{du}{dx}$$
$$=\frac{1}{u}\cdot(2x+1)$$
$$=\frac{1}{(x^2+x+1)}(2x+1)$$
$$=\boxed{\frac{2x+1}{(x^2+x+1)}}$$

3-20

Find the derivative of $y=x^2\,ln\,x^2$.

▶ $\frac{dy}{dx}=(x^2)'\,ln\,x^2+x^2(ln\,x^2)'$

$$=2x\,ln\,x^2+x^2\left(\frac{2}{x}\right)$$
$$=\boxed{2x\,ln\,x^2+2x}$$

3-21

Find $\frac{dy}{dx}$ if $y=ln\frac{x^2\sqrt{x+1}}{(x+1)^2}$.

▶ $y=ln\,\frac{x^2\sqrt{x+1}}{(x+1)^2}$

$$=ln\,[x^2\cdot\sqrt{x+1}]-ln\,[(x+1)^2]$$
$$=ln\,x^2+ln\sqrt{x+1}-ln\,(x+1)^2$$
$$\frac{dy}{dx}=\frac{1}{x^2}\cdot(2x)+\frac{1}{\sqrt{x+1}}\cdot\left(\frac{1}{2\sqrt{x+1}}\right)$$
$$-\frac{1}{(x+1)^2}\cdot 2(x+1)$$
$$=\boxed{\frac{2}{x}+\frac{1}{2(x+1)}-\frac{2}{(x+1)}}$$

3-22

Find $\frac{dy}{dx}$ if $y=\frac{x^2\sqrt{x+1}}{(x+1)^2}$.

▶ $y=\frac{x^2\sqrt{x+1}}{(x+1)^2}$

$$ln\,y=ln\left(\frac{x^2\sqrt{x+1}}{(x+1)^2}\right)$$
$$\frac{1}{y}\cdot y'=\frac{2}{x}+\frac{1}{2(x+1)}-\frac{2}{(x+1)}$$

$$y'=\boxed{y\left[\frac{2}{x}+\frac{1}{2(x+1)}-\frac{2}{(x+1)}\right]}$$

3-23

Find $\frac{dy}{dx}$ if $y^{\frac{5}{3}}=\frac{x^2\cdot\sqrt{x+1}}{(x+1)^2}$.

▶ $y^{\frac{5}{3}}=\frac{x^2\cdot\sqrt{x+1}}{(x+1)^2}$

$ln\, y^{\frac{5}{3}}=ln\,\frac{x^2\sqrt{x+1}}{(x+1)^2}$

$\left(\frac{5}{3}\,ln\, y\right)'=\left(ln\,\frac{x^2\sqrt{x+1}}{(x+1)^2}\right)'$

$\frac{5}{3}\cdot\frac{1}{y}\cdot y'=\frac{2}{x}+\frac{1}{2(x+1)}-\frac{2}{(x+1)}$

$$y'=\boxed{\frac{3}{5}\,y\left[\frac{2}{x}+\frac{1}{2(x+1)}-\frac{2}{(x+1)}\right]}$$

3-24

$\frac{d}{dx}(\sin^{-1}x^3)=\frac{d}{dx}\sin^{-1}u=\frac{dy}{du}\cdot\frac{du}{dx}$

$$\frac{1}{\sqrt{1-u^2}}\cdot 3x^2=\boxed{\frac{1}{\sqrt{1-(x^3)^2}}\cdot 3x^2}$$

3-25

$\frac{d}{dx}(\tan^{-1}2\sqrt{x})=\frac{d}{dx}(\tan^{-1}u)$

$\frac{dy}{du}\cdot\frac{du}{dx}=\frac{1}{1+u^2}\left(2\cdot\frac{1}{2\sqrt{x}}\right)$

$=\frac{1}{(1+(2\sqrt{x})^2)}\left(\frac{1}{\sqrt{x}}\right)$

$$=\boxed{\frac{1}{(x+4x)}\left(\frac{1}{\sqrt{x}}\right)}$$

Chapter 4 Applications of Derivative

4-01

Locate the local extreme(relative extreme)

$f(x)=6x^{\frac{5}{3}}-12x^{\frac{2}{3}}$

▶ Ⅰ Continuous Ⅱ Critical point

$f'(x)=6\cdot\left(\frac{5}{3}\right)x^{\frac{5}{3}-1}-12\left(\frac{2}{3}\right)x^{\frac{2}{3}-1}$

$=10x^{\frac{2}{3}}-8x^{-\frac{1}{3}}$

$=10\cdot x^{-\frac{1}{3}}x^{\frac{3}{3}}-8x^{-\frac{1}{3}}$

$=(2\cdot x^{-\frac{1}{3}})(5x-4)$

$=\frac{2(5x-4)}{\sqrt[3]{x}}$

$f'(x)$ does not exist $x=0$

$f'(0)=0$ when $x=\frac{4}{5}$

Critical Point $x=0,\ \frac{4}{5}$

	$(-\infty,0)$	$(0,\frac{4}{5})$	$(\frac{4}{5},\infty)$	
$\leftarrow x^{-\frac{1}{3}}$	⊖⊖	⊕⊕	⊕⊕	
$\leftarrow 5x-4$	⊖⊖	⊖⊖	⊕⊕	
$\leftarrow x^{-\frac{1}{3}}(5x-4)$	⊕⊕	⊖⊖	⊕⊕	

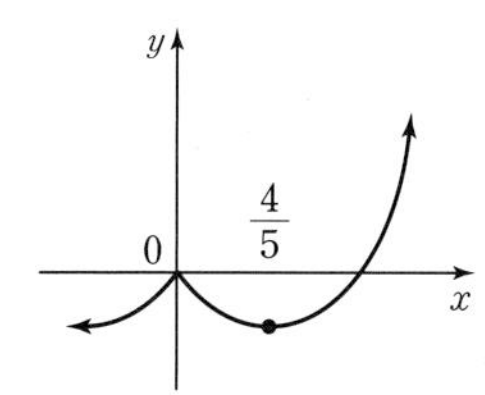

$f(0)=\boxed{0}$ ← (Local Max)

$f\left(\frac{4}{5}\right)=\boxed{-6.20477}$ ← (Local Min)

4-02

Find the absolute extreme of $f(x)=2x^{\frac{2}{3}}+1$ on the closed interval $[-1,\ 3]$.

▶ Ⓘ Continuous

Ⓘ Critical Point

$y'=2\left(\frac{2}{3}\right)x^{\frac{2}{3}-1}=\frac{4}{3}x^{-\frac{1}{3}}=\frac{4}{3\sqrt[3]{x}}$

$\ominus \quad \oplus \quad f'(x)$ (sign chart at 0)

Critical point $x=0$ and $y'(0)$ is not defined

- Critical Point $y(0)=1$
- End Point $y(-1)=2\cdot(-1)^{\frac{2}{3}}+1=3$
- End Point $y(3)=2\cdot 3^{\frac{2}{3}}+1=\max(abs.)$

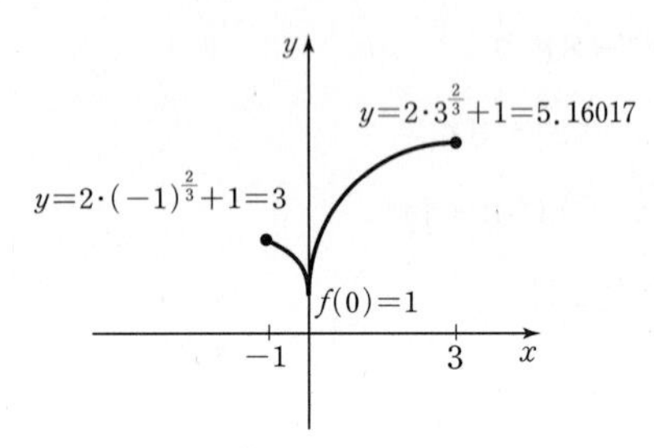

Absolute Max$=2\cdot 3^{\frac{2}{3}}+1=$ $\boxed{5.16017}$

Absolute Min$=$ $\boxed{1}$

4-03

Find the local extreme of $y=2x+\frac{2}{x}+1$.

▶ Ⓘ Continuous

Ⓘ Critical point

$y=2x+\frac{2}{x}+1$

↳ (The graph is not continuous at $x=0$. We can not apply the theorem at $x=0$. but we can apply the theorem at $x\neq 0$.)

$y=2x+2\cdot x^{-1}+1$

$y'=2+2\cdot(-1)x^{-2}$

$y'=2-2\cdot\frac{1}{x^2}=2\left(1-\frac{1}{x^2}\right)$

Critical Point

$f'(0)$ at $x=\pm 1$

and $x=0$(critical point) but domain is not defined in here.

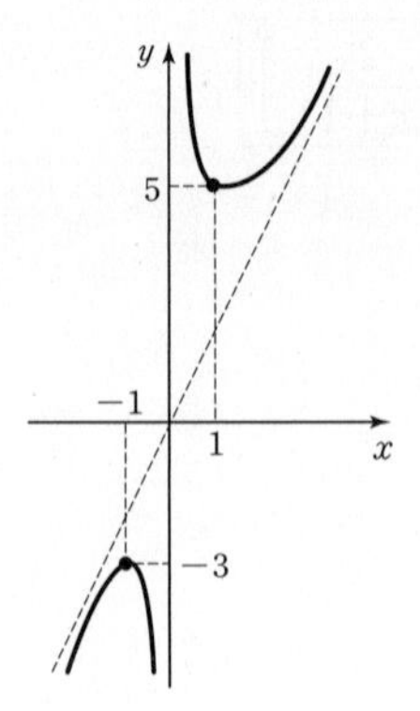

$f(1)=\boxed{5}$ ← (Local Min)

$f(-1)=\boxed{-3}$ ← (Local Max)

No absolute maximum or minimum

4-04

Use the second derivative test to find the relative extremum of $f(x)=x^3-3x^2+7$.

▶ $f'(x)=3x^2-6x$

$f'(x)=3x(x-2)=0$; $x=0, 2$

$f''(x)=6x-6=6(x-1)$

$f''(0)=\boxed{-6}<0$ ← (Relative Max)

$f''(2)=\boxed{6}>0$ ← (Relative Min)

4-05

Use the mean value theorem to find a value of "c" for $f(x)=x^3+4$ on the interval $[-1, 1]$.

▶ $\frac{f(1)-f(-1)}{1-(-1)}=\frac{5-3}{2}=\frac{2}{2}=1$

$f'(c)=3x^2=1$

$x^2=\frac{1}{3}$

$x=\pm\sqrt{\frac{1}{3}}$

$c=\boxed{\pm\sqrt{\frac{1}{3}}}$

4-06

The indeterminate form $\frac{0}{0}$.

- $\lim_{x \to 0} = \dfrac{\sin x}{x}$ Type $\dfrac{0}{0}$

$= \lim_{x \to 0} = \dfrac{\cos x}{1} = \boxed{1}$

- $\lim_{x \to 0} = \dfrac{1-\cos x}{x}$ Type $\dfrac{0}{0}$

$= \lim_{x \to 0} = \dfrac{\sin x}{1} = \dfrac{0}{1} = \boxed{0}$

4-07

The indeterminate form $\dfrac{\infty}{\infty}$

$\lim_{x \to \infty} \dfrac{3x^2+2}{x^2-4}$ Type $\dfrac{\infty}{\infty}$

$= \lim_{x \to \infty} \dfrac{3 \cdot 2x}{2x}$

$= \lim_{x \to \infty} \dfrac{6}{2} = \boxed{3}$

4-08

The indeterminate form $\infty - \infty$

$\lim_{x \to 0} \left(\dfrac{2}{x} - \dfrac{2}{\sin x} \right)$ Type $\infty - \infty$

▶ $= \lim_{x \to 0} \dfrac{2 \sin x - 2x}{x \sin x}$

$= 2 \lim_{x \to 0} \dfrac{\sin x - x}{x \sin x}$ Type $\dfrac{0}{0}$

$= 2 \cdot \lim_{x \to 0} \dfrac{\cos x - 1}{\sin x + x \cos x}$

$= 2 \lim_{x \to 0} \dfrac{\cos x - 1}{\sin x + x \cos x}$ Type $\dfrac{0}{0}$

$= 2 \lim_{x \to 0} \dfrac{-\sin x}{\cos x + \cos x - x \sin x} = 2 \cdot \dfrac{0}{2} = \boxed{0}$

4-09

The indeterminate form $0 \cdot \infty$

$\lim_{x \to \infty} x \cdot \sin\left(\dfrac{4}{x}\right)$ Type $\infty \cdot 0$

▶ $\left[t = \dfrac{4}{x} \ ; \ x \to \infty \ ; \ t \to 0^+ \Leftrightarrow x = \dfrac{4}{t} \right]$

$= 4 \cdot \lim_{t \to 0^+} \dfrac{\sin t}{t} = 4 \lim_{t \to 0^+} \dfrac{\cos t}{1} = 4 \cdot \dfrac{1}{1} = \boxed{4}$

Chapter 5 Integration

5-01

$\int \cos x \, dx = \boxed{\sin x + c}$

$\int \sin x \, dx = \boxed{-\cos x + c}$

$\int \sec^2 x \, dx = \boxed{\tan x + c}$

$\int \csc^2 x \, dx = \boxed{-\cot x + c}$

$\int \sec x \tan x = \boxed{\sec x + c}$

$\int \csc x \cot x \, dx = \boxed{-\csc x + c}$

$\int x^{\frac{1}{2}} dx = \dfrac{x^{\frac{1}{2}}}{\frac{1}{2}+1} = \dfrac{x^{\frac{3}{2}}}{\frac{3}{2}} = \boxed{\dfrac{2}{3} x^{\frac{3}{2}} + c}$

5-02

$\int \dfrac{2 \cos x}{\sin^2 x} dx = 2 \int \dfrac{\cos x}{\sin^2 x} dx$

$= 2 \int \dfrac{\cos x}{\sin x \sin x} dx$

$= 2 \int \dfrac{\cos x}{\sin x} \cdot \dfrac{1}{\sin x} dx$

$= 2 \int \cot x \cdot \csc x \, dx$

$= 2 \int \csc x \cdot \cot x \, dx$

$= \boxed{-2 \csc x + c}$

5-03

$\int (x^3 + \sqrt{x} + \dfrac{1}{x^3}) dx = \int x^3 \, dx + \int \sqrt{x} \, dx + \int \dfrac{1}{x^3} \, dx$

$= \int x^3 \, dx + \int x^{\frac{1}{2}} x + \int x^{-3} dx$

$= \dfrac{x^4}{4} + \dfrac{x^{\frac{3}{2}}}{\frac{3}{2}} + \dfrac{x^{-3+1}}{-3+1} + c$

$= \dfrac{x^4}{4} + \dfrac{2}{3} x^{\frac{3}{2}} + \dfrac{x^{-2}}{-2} + c$

$= \boxed{\dfrac{x^4}{4} + \dfrac{2}{3} x^{\frac{3}{2}} - \dfrac{1}{2x^2} + c}$

5-04

$$\int (x^2+2)^5 \cdot 2x\,dx \quad \leftarrow \left(u=x^2+2\ ;\ \frac{du}{dx}=2x\right)$$

$$=\int u^5 \cdot 2x\,dx$$

$$=\int u^5 \frac{du}{dx}\,dx=\frac{u^6}{6}+c=\boxed{\frac{(x^2+2)^6}{6}+c}$$

5-05

$$\int 2\cdot \sin^2 x \cdot \cos x\,dx \quad \leftarrow \left(u=\sin x\ ;\ \frac{du}{dx}=\cos x\right)$$

$$=2\int u^2 \cos x\,dx$$

$$=2\int u^2 \frac{du}{dx}\,dx$$

$$=2\int u^2\,du$$

$$=2\cdot\frac{u^3}{3}+c$$

$$=\boxed{\frac{2}{3}(\sin x)^3+c}$$

5-06

$$\int x\cdot\sqrt{4+x}\,dx=\int x\sqrt{u}\,dx \quad \leftarrow \left(\begin{matrix} u=4+x \Leftrightarrow x=u-4 \\ \frac{du}{dx}=1\end{matrix}\right)$$

$$=\int [u-4]\sqrt{u}\cdot\frac{du}{dx}\cdot dx$$

$$=\int [u\cdot\sqrt{u}-4\sqrt{u}\,)du$$

$$=\int\left(u^{1+\frac{1}{2}}-4u^{\frac{1}{2}}\right)du$$

$$=\int\left(u^{\frac{3}{2}}-4u^{\frac{1}{2}}\right)du$$

$$=\frac{u^{\frac{3}{2}+1}}{\frac{3}{2}+1}-4\cdot\frac{u^{\frac{1}{2}+1}}{\frac{3}{2}}+c$$

$$=\frac{u^{\frac{5}{2}}}{\frac{5}{2}}-4\frac{u^{\frac{3}{2}}}{\frac{3}{2}}+c$$

$$=\frac{2}{5}u^{\frac{5}{2}}-4\cdot\frac{2}{3}u^{\frac{3}{2}}+c$$

$$=\boxed{\frac{2}{5}(4+x)^{\frac{5}{2}}-\frac{8}{3}(4+x)^{\frac{3}{2}}+c}$$

5-07

$$\int 7x\cos(x^2)\,dx=7\int x\cos(x^2)dx \quad \leftarrow \left(\begin{matrix} u=x^2 \\ \frac{du}{dx}=2x\end{matrix}\right)$$

$$=7\int\frac{1}{2}\,2x\cos(u)dx$$

$$=\frac{7}{2}\int\frac{du}{dx}\cos(u)dx$$

$$=\frac{7}{2}\int\cos(u)\,\frac{du}{dx}\,dx$$

$$=\frac{7}{2}\int\cos u\,du$$

$$=\frac{7}{2}\sin u+c$$

$$=\boxed{\frac{7}{2}\sin(x^2)+c}$$

5-08

$$\int\frac{3\sin\sqrt{x}}{2\sqrt{x}}\,dx=3\int\frac{\sin\sqrt{x}}{2\sqrt{x}}\,dx \quad \leftarrow \left(\begin{matrix} u=\sqrt{x} \\ \frac{du}{dx}=\frac{1}{2\sqrt{x}}\end{matrix}\right)$$

$$=3\int\sin x\cdot\frac{1}{2\sqrt{x}}\,dx$$

$$=3\int\sin u\,\frac{du}{dx}\,dx$$

$$=3\int\sin u\,du$$

$$=3\cdot(-\cos u)+c$$

$$=\boxed{-3\cos(\sqrt{x})+c}$$

5-09

$$\int 2\cdot\sqrt{1+x^2}\cdot x^5\,dx \quad \leftarrow \left(u=1+x^2\ ;\ \frac{du}{dx}=2x\right)$$

$$=\int\sqrt{1+x^2}\,2\cdot xx^4\,dx$$

$$=\int\sqrt{u}\,\frac{du}{dx}\,x^2\cdot x^2dx \quad \leftarrow \left(\begin{matrix} x^2=u-1\ ; \\ x^2\cdot x^2=x^4=u^2-2u+1\end{matrix}\right)$$

$$=\int u^{\frac{1}{2}}(u^2-2u+1)\frac{du}{dx}\,dx$$

$$=\int\left(u^{\frac{1}{2}}\cdot u^2-2u^{\frac{1}{2}}\cdot u+u^{\frac{1}{2}}\right)du$$

$$=\int\left(u^{\frac{5}{2}}-2u^{\frac{3}{2}}+u^{\frac{1}{2}}\right)du$$

$$=\frac{u^{\frac{5}{2}+1}}{\frac{5}{2}+1}-2\frac{u^{\frac{3}{2}+1}}{\frac{3}{2}+1}+\frac{u^{\frac{1}{2}+1}}{\frac{1}{2}+1}+c$$

$$=\frac{u^{\frac{7}{2}}}{\frac{7}{2}}-2\frac{u^{\frac{5}{2}}}{\frac{5}{2}}+\frac{u^{\frac{3}{2}}}{\frac{3}{2}}+c$$

$$=\boxed{\frac{2}{7}(1+x^2)^{\frac{7}{2}}-\frac{4}{5}(1+x^2)^{\frac{5}{2}}+\frac{2}{3}(1+x^2)^{\frac{3}{2}}+c}$$

5-10

- $\frac{d}{dx}\int_{\sqrt{2}}^{\pi}\sin t\,dt=\boxed{\sin x}$
- $\frac{d}{dx}\int_{\pi}^{x}\frac{t^2+t+1}{\tan t}\,dt=\boxed{\frac{x^2+x+1}{\tan x}}$

5-11

$$\frac{d}{dx}\int_{\pi}^{x^2}\sin t\,dt \leftarrow (u=x^2)$$

$$\frac{dy}{du}\cdot\frac{du}{dx}=\sin u\cdot(2x) \leftarrow \left(\frac{dy}{du}=\sin u\right)$$

$$=\boxed{\sin(x^2)\cdot(2x)}$$

5-12

$$y=\int_{x^2}^{\pi}\sin t\,dt \Leftrightarrow y=-\int_{\pi}^{x^2}\sin t\,dt$$

$$\frac{dy}{du}\cdot\frac{du}{dx}=-\sin u(2x)=\boxed{-\sin(x^2)(2x)}$$

5-13

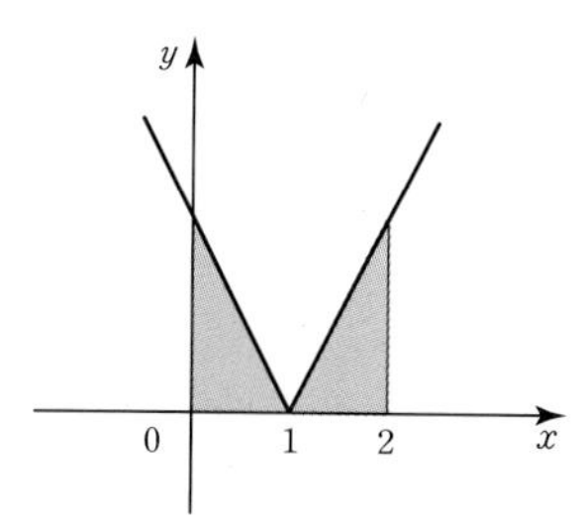

$$\int_0^2 |x-1|\,dx$$

$$=\int_0^1(-x+1)dx+\int_1^2(x-1)dx$$

$$=\left[-\frac{x^2}{2}+x\right]_0^1+\left[\frac{x^2}{2}-x\right]_1^2$$

$$=\left[-\frac{1}{2}+1\right]+\left[\frac{4}{2}-2\right]-\left[\frac{1}{2}-1\right]$$

$$=\left[\frac{1}{2}\right]+\left[\frac{1}{2}\right]=\boxed{1}$$

5-14

$$\int_0^{\frac{\pi}{2}}\sin^3 t\cos t\,dt \quad \leftarrow \left(\sin t=u\ ;\ \frac{du}{dt}=\cos t\right)$$

$$=\int_0^{\frac{\pi}{2}}u^3\frac{du}{dt}\,dt$$

$$=\int_0^1 u^3\,du \quad \leftarrow \left(\begin{matrix}u=\sin\frac{\pi}{2}=1\\ u=\sin 0=0\end{matrix}\right)$$

$$=\int_0^1 u^3du=\left[\frac{u^4}{4}\right]_0^1=\frac{1}{4}-0=\boxed{\frac{1}{4}}$$

cf)

$$\int_0^{\frac{\pi}{2}}u^3du=\left[\frac{u^4}{4}\right]_0^{\frac{\pi}{2}}=\left[\frac{\sin^4 t}{4}\right]_0^{\frac{\pi}{2}}=\frac{1}{4}-0=\frac{1}{4}$$

5-15

$$\left[\begin{aligned}f(x)&=\frac{x^7}{x^2+7}\\ f(-x)&=\frac{-x^7}{x^2+7}\\ &=-f(x) \quad \leftarrow \text{(Odd Function)}\end{aligned}\right]$$

$$\int_{-10}^{10}\frac{x^7}{x^2+7}dx=\boxed{0}$$

5-16

$$\underbrace{\int_{-1}^{1}(x\cdot\sin^2 x+x^5)}_{\text{Odd}}-\underbrace{\int_{-1}^{1}x^2dx}_{\text{Even}}$$

$$=0-2\int_0^1 x^2dx$$

$$=0-2\left[\frac{x^3}{3}\right]_0^1=0-\frac{2}{3}=\boxed{-\frac{2}{3}}$$

5-17

Find "c" that satisfies the mean value theorem of integrals for $f(x)=x$ on the interval $[-2, 2]$.

$$\int_a^b f(x)dx=f(c)(b-a) \Leftrightarrow f(c)=\frac{1}{b-a}\int_a^b f(x)dx$$

$$f(c)=\frac{1}{4}\int_{-2}^{2} x\,dx=\frac{1}{4}\left[\frac{x^2}{2}\right]_{-2}^{2}=\frac{1}{4}[0]=0$$

$$f(c)=0 \leftarrow (f(x)=x)$$

$$c=\boxed{0}$$

5-18

Find the average value of the function $f(x)=x^2$ $[-2, 2]$.

$$\frac{1}{2-(-2)}\int_{-2}^{2} x^2\,dx=\frac{1}{4}\left[\frac{x^3}{3}\right]_{-2}^{2}$$

$$=\frac{1}{4}\left[\frac{8}{3}+\frac{8}{3}\right]=\frac{1}{4}\cdot\frac{16}{3}=\boxed{\frac{4}{3}}$$

5-19

$$\frac{d}{dx}(ln\,|x|)=\frac{d}{dx}\int_1^{|x|}\frac{1}{t}\,dt$$

If $x\geq 0$

$$\frac{d}{dx}\int_1^{x}\frac{1}{t}\,dt=\frac{1}{x}$$

If $x<0$

$$\frac{d}{dx}\int_1^{-x}\frac{1}{t}dt=\frac{d}{du}\int_1^{u}\frac{1}{t}dt\,\frac{du}{dx}$$

$$=\frac{1}{u}\cdot(-1)$$

$$=\frac{1}{(-x)}(-1)=\frac{1}{x}$$

$$\therefore \frac{d}{dx}\,ln\,|x|=\boxed{\frac{1}{x}}\ \text{if } x\neq 0$$

5-20

$$\frac{d}{dx}\int_1^{|\cos x|}\frac{1}{t}\,dt$$

$\cos x\geq 0$

$$\frac{d}{dx}\int_1^{\cos x}\frac{1}{t}\,dt=\frac{1}{u}\frac{du}{dx}$$

$$=\frac{1}{\cos x}\cdot(-\sin x)$$

$$=-\tan x$$

$\cos x<0$

$$\frac{d}{dx}\int_1^{-\cos x}\frac{1}{t}\,dt$$

$$=\frac{1}{u}\frac{du}{dx}=\frac{1}{-\cos x}\cdot(\sin x)$$

$$=-\frac{\sin x}{\cos x}$$

$$=\boxed{-\tan x}$$

5-21

$$\frac{1}{2}\int\frac{ln\,x}{x}\,dx \leftarrow \left(u=ln\,x\ ;\ \frac{du}{dx}=\frac{1}{x}\right)$$

$$=\frac{1}{2}\int u\cdot\frac{du}{dx}\,dx$$

$$=\frac{1}{2}\left(\frac{u^2}{2}+c\right)$$

$$=\frac{1}{2}\,\frac{(ln\,x)^2}{2}+\bar{c}$$

$$=\boxed{\frac{(ln\,x)^2}{4}+\bar{c}}$$

5-22

$$\int\frac{4x}{2x^2+1}\,dx=\int\frac{1}{u}\frac{du}{dx}\,dx$$

$$\uparrow \left(u=2x^2+1\ ;\ \frac{du}{dx}=4x\right)$$

$$=\int\frac{1}{u}du$$

$$=ln|u|+c$$

$$=\boxed{ln|2x^2+1|+c}$$

5-23

$$\int\tan x\,dx=\int\frac{\sin x}{\cos x}dx$$

$$\uparrow \left(u=\cos x\ ;\ \frac{du}{dx}=-\sin x\right)$$

$$=-\int\frac{1}{u}\frac{du}{dx}\,dx$$

$$=-ln|u|+c$$

$$=-ln|\cos x|+c \leftarrow \begin{pmatrix} ln\,x^n=n\cdot ln\,x \\ \log_a x^n=n\cdot\log_a x \\ |x|^{-1}=|x^{-1}| \end{pmatrix}$$

$$=ln|\cos x|^{-1}+c$$

$$=ln|(\cos x)^{-1}|+c$$

$$=ln\left|\frac{1}{\cos x}\right|+c$$

$$=\boxed{ln|\sec x|+c}$$

5-24

$$\int \cot x\,dx = \int \frac{\cos x}{\sin x}\,dx$$

$\left(u=\sin x\ ;\ \frac{du}{dx}=\cos x\right)$

$$= \int \frac{1}{u}\frac{du}{dx}\,dx$$

$$= ln|u|+c = \boxed{ln|\sin x|+c}$$

5-25

$$\int x^2\cdot\tan\left(\frac{x^3}{3}+7\right)dx \leftarrow \left(u=\frac{x^3}{3}+7,\quad \frac{du}{dx}=\frac{3x^2}{3}+0=x^2\right)$$

$$= \int \tan u\,\frac{du}{dx}\,dx$$

$$= ln|\sec u|+c$$

$$= \boxed{ln\left|\sec\left(\frac{x^3}{3}+7\right)\right|+c}$$

5-26

$$y=\sqrt[3]{ln\,x} \Leftrightarrow y=(ln\,x)^{\frac{1}{3}} \leftarrow \left(u=ln\,x\ ;\ \frac{du}{dx}=\frac{1}{x}\right)$$

$$y'=\frac{1}{3}(u)^{-\frac{2}{3}}\cdot\frac{du}{dx}$$

$$=\frac{1}{3}(u)^{-\frac{2}{3}}\left(\frac{1}{x}\right)$$

$$=\frac{1}{3}(ln\,x)^{-\frac{2}{3}}\left(\frac{1}{x}\right)=\boxed{\frac{1}{3\cdot x\cdot\sqrt[3]{(ln\,x)^2}}}$$

5-27

$$y=ln(ln\,x) \Leftrightarrow y=ln\,u \leftarrow \left(u=ln\,x\ ;\ \frac{du}{dx}=\frac{1}{x}\right)$$

$$\frac{dy}{du}\frac{du}{dx}=\frac{1}{u}\cdot\frac{1}{x}=\frac{1}{ln\,x}\cdot\frac{1}{x}$$

$$=\boxed{\frac{1}{x\cdot ln\,x}}$$

5-28

$$x\cdot y=ln[\cos y]$$

$$\boxed{\frac{d}{dx}(x\cdot y)}^{(i)}=\boxed{\frac{d}{dx}(ln(\cos y))}^{(ii)} \leftarrow \text{Implicit}$$

(i) $y+x\cdot y'$

(ii) $\frac{d}{dx}\int_1^{\cos y}\frac{1}{t}dt=\frac{d}{du}\int_1^{u}\frac{1}{t}dt\cdot\frac{du}{dx}$

$=\frac{1}{u}\cdot\frac{du}{dx} \leftarrow \left(u=\cos y,\quad \frac{du}{dx}=\frac{du}{dy}\cdot\frac{dy}{dx}=(-\sin y)\cdot y'\right)$

$=\frac{1}{u}\cdot(-\sin y)y'=\frac{1}{\cos y}(-\sin y)y'$

$=(-\tan y)y'$

$$y+x\cdot y'=(-\tan y)y'$$

$$y+x\cdot y'+(\tan y)y'=0$$

$$y+y'(x+\tan y)=0$$

$$y'=\boxed{\frac{-y}{(x+\tan y)}}$$

5-29

$$y=x^{ln\,x} \Leftrightarrow ln\,y=ln\,x^{ln\,x}$$

$$ln\,y=(ln\,x)(ln\,x)$$

$$ln\,y=(ln\,x)^2$$

$\left(u=ln\,x\ ;\ \frac{d}{dx}u^2=\frac{d(u^2)}{du}\frac{du}{dx}=2u\cdot\frac{du}{dx}\right)$

$$\frac{1}{y}\cdot y'=2(ln\,x)\cdot\frac{1}{x}$$

$$y'=y\cdot 2\cdot(ln\,x)\frac{1}{x}$$

$$=\frac{(x^{ln\,x})2(ln\,x)}{x}$$

$$f'(e)=\frac{e^{ln\,e}\cdot 2\,ln\,e}{e}$$

$$=\boxed{2}$$

5-30

$$y=\frac{3x}{ln\,x} \Leftrightarrow y\cdot ln\,x=3x$$

$$y'\cdot ln\,x+y\frac{1}{x}=3$$

$$y'\cdot ln\,x=3-\frac{y}{x} \Leftrightarrow y'=\frac{3-\frac{y}{x}}{ln\,x}$$

$$y'=\boxed{\frac{3-\frac{\left(\frac{3x}{ln\,x}\right)}{x}}{ln\,x}}$$

5-31

$$\int \frac{2\cdot\log_4 x}{x}dx = \int \frac{2\cdot ln\, x}{ln\, 4}\cdot\frac{1}{x}dx$$

$$=\frac{1}{ln\, 4}\int\frac{2\cdot ln\, x}{x}dx \quad \leftarrow\left(u=ln\, x,\ \frac{du}{dx}=\frac{1}{x}\right)$$

$$=\frac{2}{ln\, 4}\int u\frac{du}{dx}dx$$

$$=\frac{2}{ln\, 4}\int u\, du$$

$$=\frac{2}{ln\, 4}\frac{u^2}{2}+c$$

$$=\boxed{\frac{(ln\, x)^2}{ln\, 4}+c}$$

5-32

$$y=2ln\left(\frac{\sin x}{x}\right) \Leftrightarrow y=2(ln\,[\sin x]-ln\, x)$$

$$y'=2(ln\,[\sin x]-ln\, x)'$$

$$=2\frac{1}{\sin x}(\cos x)-2\frac{1}{x}$$

$$=\boxed{2\cot x-\frac{2}{x}}$$

5-33

$$\int\frac{4}{x}ln(x^4)dx \leftarrow \left(\begin{array}{l} u=ln(x^4) \\ \frac{du}{dx}=\frac{1}{x^4}\cdot(4x^3)=\frac{4}{x}\end{array}\right)$$

$$\int u\frac{du}{dx}dx$$

$$=\frac{u^2}{2}+c$$

$$=\frac{(ln\, x^4)^2}{2}+c$$

$$=\frac{(4ln\, x)^2}{2}+c$$

$$=\frac{16(ln\, x)^2}{2}+c$$

$$=\boxed{8(ln\, x)^2+c}$$

5-34

$$\int\frac{(ln\, x)^3}{x}dx \leftarrow \left(\begin{array}{l} u=ln\, x \\ \frac{du}{dx}=\frac{1}{x}\end{array}\right)$$

$$=\int u^3\frac{du}{dx}dx$$

$$=\frac{u^4}{4}+c$$

$$=\boxed{\frac{(ln\, x)^4}{4}+c}$$

5-35

$$y=ln\sqrt{\frac{2-x}{2+x}} \Leftrightarrow \frac{dy}{dx}=\frac{d}{dx}\left(ln\left(\frac{2-x}{2+x}\right)^{\frac{1}{2}}\right)$$

$$=\frac{d}{dx}\frac{1}{2}\left(ln\left(\frac{2-x}{2+x}\right)\right)$$

$$=\frac{1}{2}\frac{d}{dx}(ln(2-x)-ln(2+x))$$

$$=\frac{1}{2}\left(\frac{d}{dx}ln(2-x)-\frac{d}{dx}ln(2+x)\right)$$

$$=\frac{1}{2}\left(\frac{1}{2-x}(-1)-\frac{1}{(2+x)}(1)\right)$$

$$=\boxed{\frac{-1}{2(2-x)}-\frac{1}{2(2+x)}}$$

5-36

$$y=(ln\, x)^{2\sqrt{x}} \Leftrightarrow ln[y]=ln[(ln\, x)^{2\sqrt{x}}]$$

$$ln\, y=2\sqrt{x}\cdot ln(ln\, x)$$

$$\frac{1}{y}\cdot y'=\frac{2\cdot 1}{2\sqrt{x}}\cdot ln(ln\, x)+2\sqrt{x}\,\frac{1}{ln\, x}\cdot\frac{1}{x}$$

$$y'=y\left(\frac{1}{1\sqrt{x}}\cdot ln(ln\, x)+\frac{2\sqrt{x}}{x\, ln\, x}\right)$$

$$y'=\boxed{(ln\, x)^{2\sqrt{x}}\left(\frac{1}{\sqrt{x}}ln(ln\, x)+\frac{2\sqrt{x}}{x\, ln\, x}\right)}$$

5-37

$$\int\frac{2}{x\cdot ln\, x}dx \leftarrow \left(\begin{array}{l} u=ln\, x \\ \frac{du}{dx}=\frac{1}{x}\end{array}\right)$$

$$=2\int\frac{1}{u}\frac{du}{dx}dx$$

$$=2\int\frac{1}{u}du$$

$$=2ln|u|+c$$

$$=\boxed{2ln|ln\, x|+c}$$

5-38

$y=e^{\cos^{-1}x}$ Find $\frac{dy}{dx}$.

$$\frac{d}{dx}[\sin^{-1}x]=\frac{1}{\sqrt{1-x^2}}$$
$$\frac{d}{dx}[\cos^{-1}x]=\frac{1}{-\sqrt{1-x^2}}$$
$$\frac{d}{dx}[\sec^{-1}x]=\frac{1}{x\sqrt{x^2-1}}$$
$$\frac{d}{dx}[\csc^{-1}x]=\frac{1}{-x\sqrt{x^2-1}}$$
$$\frac{d}{dx}[\tan^{-1}x]=\frac{1}{x^2+1}$$
$$\frac{d}{dx}[\cot^{-1}x]=\frac{-1}{(x^2+1)}$$

$$y=e^u \leftarrow \left(u=\cos^{-1}x\ ;\ \frac{du}{dx}=\frac{1}{-\sqrt{1-x^2}}\right)$$

$$\frac{dy}{dx}=\frac{dy}{du}\frac{du}{dx}=e^u\cdot\frac{1}{-\sqrt{1-x^2}}$$
$$=\boxed{e^{\cos^{-1}x}\cdot\frac{1}{-\sqrt{1-x^2}}}$$

5-39

$$y=\tan^{-1}(e^{2x}) \leftarrow \begin{pmatrix} y=\tan^{-1}(u) \\ u=e^s \\ s=2x \end{pmatrix}$$
$$y=\tan^{-1}(u)$$

$$\frac{dy}{dx}=\frac{dy}{du}\frac{du}{ds}\frac{ds}{dx}=\frac{1}{1+u^2}\cdot e^{2\cdot x}(2)$$
$$=\frac{1}{1+(e^{2x})^2}\cdot 2\cdot e^{2x}$$
$$=\boxed{\frac{1}{1+e^{4x}}\cdot 2\cdot e^{2x}}$$

5-40

$$\int_0^1 \frac{e^{\cot^{-1}x}}{-1-x^2}dx \leftarrow \begin{pmatrix} u=\cot^{-1}x \\ \frac{du}{dx}=\frac{1}{-(1+x^2)} \end{pmatrix}$$

$$\int_0^1 e^u\frac{du}{dx}dx \leftarrow \begin{pmatrix} u=\cot^{-1}(1)=\frac{\pi}{4} \\ u=\cot^{-1}(0)=\frac{\pi}{2} \end{pmatrix} \leftarrow \text{Ch3 (H)}$$

$$\int_{\frac{\pi}{2}}^{\frac{\pi}{4}} e^u du=\boxed{e^{\frac{\pi}{4}}-e^{\frac{\pi}{2}}}$$

5-41

$$\int_0^1 \frac{dx}{1+x^2}=\left[\tan^{-1}x\right]_0^1$$
$$=\tan^{-1}1-\tan^{-1}(0)$$
$$=\frac{\pi}{4}-0=\boxed{\frac{\pi}{4}}$$

5-42

$$\frac{1}{2}\int\frac{2}{1+(2x)^2} \leftarrow \left(u=2x\ ;\ \frac{du}{dx}=2\right)$$
$$\frac{1}{2}\int\frac{1}{1+u^2}\frac{du}{dx}dx$$
$$=\frac{1}{2}\int\frac{1}{1+u^2}du$$
$$=\frac{1}{2}\tan^{-1}u+c$$
$$=\boxed{\frac{1}{2}\tan^{-1}(2x)+c}$$

5-43

$$y=[\log_3 x]^{-1} \leftarrow \begin{pmatrix} u=\log_3 x \\ \frac{du}{dx}=\left(\frac{ln\,x}{ln\,3}\right)'=\frac{1}{ln\,3}\frac{1}{x} \end{pmatrix}$$
$$y'=-1(u)^{-2}\frac{du}{dx}$$
$$y'=-1(\log_3 x)^{-2}\frac{du}{dx}$$
$$y'=\frac{-1}{(\log_3 x)^2}\cdot\frac{1}{ln\,3}\frac{1}{x}$$
$$=\boxed{-\frac{1}{(ln\,3)x\cdot(\log_3 x)^2}}$$

5-44

$$y=(2^x)^3 \leftarrow \begin{pmatrix} u=2^x \\ \frac{du}{dx}=2^x ln\,2 \end{pmatrix}$$
$$y=u^3$$
$$\frac{dy}{dx}=\frac{dy}{du}\frac{du}{dx}$$
$$=3u^2\cdot(2^x ln\,2)$$
$$=3(2^x)^2(2^x ln\,2)$$
$$=3(2^{2x})(2^x\cdot ln\,2)$$
$$=\boxed{3\cdot(2^{3x})ln\,2}$$

5-45

$\int_{-1}^{0} -2(\underline{4^{-x}})\ln 2\, dx$ ←

$u=\underline{4^{-x}}$

$u=4^{s}$

$\frac{du}{dx}=\frac{du}{ds}\frac{ds}{dx}$

$=4^{s}\ln 4\cdot(-1)$

$=-(4^{s})\ln 4$

$=-(4^{-x})\ln 4$

$=-(4^{-x})\ln 2^{2}$

$=-2(4^{-x})\ln 2$

$=-2\cdot u\cdot \ln 2$

$=\int_{-1}^{0} -2\cdot u\cdot \ln 2\, dx=\int_{-1}^{0} \frac{du}{dx}dx$

$\int_{4}^{1} du=\Big[u\Big]_{4}^{1}$ ← $\begin{pmatrix} u=4^{-x} \\ 4^{-0}=1 \\ 4^{-(-1)}=4 \end{pmatrix}$

$=[1-4]$

$=\boxed{-3}$

5-46

$y=\frac{e^{x}+e^{-x}}{e^{x}-e^{-x}}$ Find $\frac{dy}{dx}$. ← (Derivative)

$y'=\frac{(e^{x}-e^{-x})(e^{x}-e^{-x})-(e^{x}+e^{-x})(e^{x}+e^{-x})}{(e^{x}-e^{-x})^{2}}$

$y'=\frac{(e^{x}-e^{-x})^{2}-(e^{x}+e^{-x})^{2}}{(e^{x}-e^{-x})^{2}}$

$=\frac{e^{2x}+e^{-2x}-2e^{x}\cdot e^{-x}-[e^{2x}+e^{-2x}+2e^{x}e^{-x}]}{(e^{x}-e^{-x})^{2}}$

$=\frac{\cancel{e^{2x}}+\cancel{e^{-2x}}-2e^{x}\cdot e^{-x}-\cancel{e^{2x}}-\cancel{e^{-2x}}-2e^{x}e^{-x}}{[e^{x}-e^{-x}]^{2}}$

$=\frac{-(2+2)}{[e^{x}-e^{-x}]^{2}} = \boxed{\frac{-4}{[e^{x}-e^{-x}]^{2}}}$

5-47

$\int_{-2}^{2} \frac{e^{x}-e^{-x}}{e^{x}+e^{-x}}dx$ ← $\begin{pmatrix} u=e^{x}+e^{-x} \\ \frac{du}{dx}=e^{x}-e^{-x} \end{pmatrix}$ ← (Integral)

$=\int_{-2}^{2} \frac{1}{u}\ \frac{du}{dx}dx$ ← $\begin{pmatrix} u=e^{2}+e^{-2} \\ u=e^{-2}+e^{2} \end{pmatrix}$

$=\Big[\ln|u|\Big]_{e^{-2}+e^{2}}^{e^{2}+e^{-2}}$

$=\ln|e^{2}+e^{-2}|-\ln|e^{-2}+e^{2}|=\boxed{0}$

Chapter 6 Application of the Definite Integral

6-01

$y=|x^{2}-x|$

$x^{2}-x\geq 0 \Leftrightarrow x(x-1)\geq 0$

$y=x^{2}-x$

or

$x^{2}-x<0 \Leftrightarrow x(x-1)<0,$

$y=-x^{2}+x$

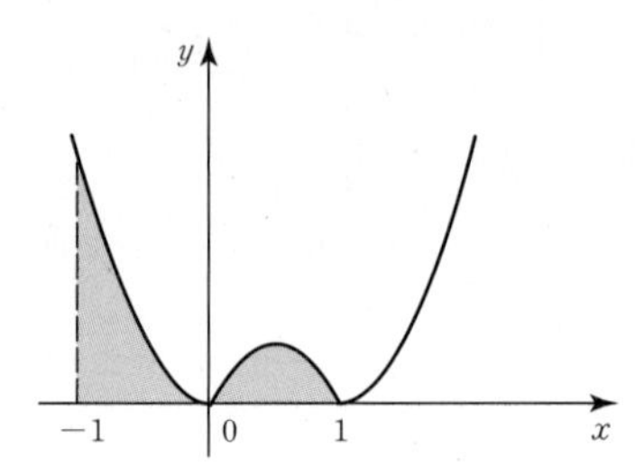

$\int_{-1}^{0}(x^{2}-x)dx+\int_{0}^{1}(x-x^{2})dx$

$=\left[\frac{x^{3}}{3}-\frac{x^{2}}{2}\right]_{-1}^{0}+\left[\frac{x^{2}}{2}-\frac{x^{3}}{3}\right]_{0}^{1}$

$=-\left(\frac{-3}{1}-\frac{1}{2}\right)+\left[\frac{1}{2}-\frac{1}{3}\right]$

$=\frac{1}{3}+\frac{1}{2}+\frac{1}{2}-\frac{1}{3}=\frac{2}{2}=\boxed{1}$

6-02

$\frac{2}{1+x^{2}}=x^{2}$ ←

$x^{4}+x^{2}=2$

$x^{4}+x^{2}-2=0$

$t^{2}+t-2=0$

$(t+2)(t-1)=0$

$(x^{2}+2)(x^{2}-1)$

$=(x^{2}+2)(x+1)(x-1)=0$

$x=\pm 1$

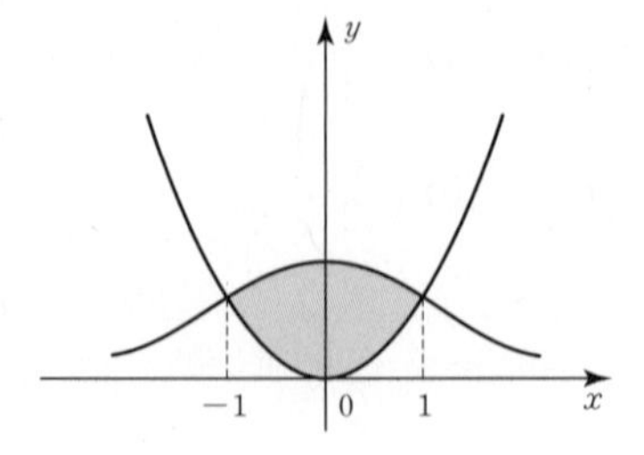

$$\int_{-1}^{1}\frac{2}{1+x^2}-x^2\,dx=\int_{-1}^{1}\frac{2}{1+x^2}dx-\int_{-1}^{1}x^2dx$$

$$=\left[2\tan^{-1}x-\frac{x^3}{3}\right]_{-1}^{1}$$

$$=2\tan^{-1}1-\frac{1}{3}-\left(2\tan^{-1}(-1)+\frac{1}{3}\right)$$

$$=2\cdot\frac{\pi}{4}-\frac{1}{3}+2\cdot\frac{\pi}{4}-\frac{1}{3}=\boxed{\pi-\frac{2}{3}}$$

6-03

$$\int_0^1\frac{y}{\sqrt{4-y^2}}dy \leftarrow \left(\begin{array}{l}u=4-y^2\\ \frac{du}{dy}=-2y\end{array}\right)$$

$$\frac{1}{-2}\int\frac{-2y}{\sqrt{u}}dy=\frac{1}{-2}\int\frac{1}{\sqrt{u}}\frac{du}{dy}dy$$

$$=\frac{1}{-2}\int u^{-\frac{1}{2}}du$$

$$=\left[-\frac{1}{2}\times\frac{u^{\frac{1}{2}}}{\frac{1}{2}}\right]_4^3$$

$$=\left(-\frac{1}{2}\times\frac{3^{\frac{1}{2}}}{\frac{1}{2}}\right)-\left(-\frac{1}{2}\times\frac{4^{\frac{1}{2}}}{\frac{1}{2}}\right)$$

$$=-3^{\frac{1}{2}}+4^{\frac{1}{2}}=\boxed{2-\sqrt{3}}$$

6-04

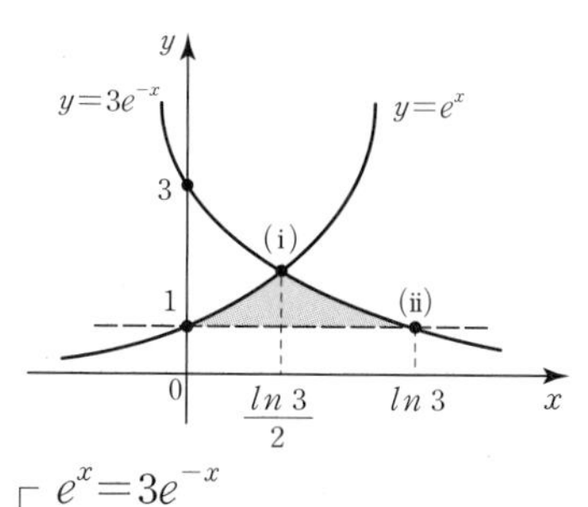

$$e^x=3e^{-x}$$

$$ln\,e^x=ln(3\cdot e^{-x})$$

$$=ln\,3+ln\,e^{-x}$$

$$=ln\,3+(-x)ln\,e$$

$$x=ln\,3-x$$

$$2x=ln\,3$$

$$\boxed{x=\frac{ln\,3}{2}}=ln\sqrt{3}$$

$$3e^{-x}=1$$

$$e^{-x}=\frac{1}{3}\Leftrightarrow ln\,e^{-x}=ln(3^{-1})$$

$$\Leftrightarrow(-x)ln\,e=-ln\,3$$

$$\boxed{x=ln\,3}$$

$$\int_0^{\frac{ln3}{2}}[e^x-1]dx+\int_{\frac{ln3}{2}}^{ln3}[3e^{-x}-1]dx$$

$$=\underbrace{\int_0^{ln\sqrt{3}}(e^x-1)dx}_{(i)}+\underbrace{\int_{ln\sqrt{3}}^{ln3}(3e^{-x}-1)dx}_{(ii)}$$

$$\int e^{-x}dx\ \left(\begin{array}{l}u=-x\\ \frac{du}{dx}=-1\end{array}\right)$$

$$-\int e^u\cdot\frac{du}{dx}dx=-e^u$$

$$=\underline{-e^{-x}}$$

(i) $\left[e^x-x\right]_0^{ln\sqrt{3}}=e^{ln\sqrt{3}}-ln\sqrt{3}-1$

$$=\boxed{\sqrt{3}-ln\sqrt{3}-1}$$

(ii) $\left[3e^{-x}(-1)-x\right]_{ln\sqrt{3}}^{ln3}$

$$=[3e^{-(ln\,3)}(-1)-ln3]$$
$$-[3e^{-(ln\sqrt{3})}(-1)-ln\sqrt{3}]$$
$$=[3\cdot e^{ln3^{-1}}(-1)-ln3]$$
$$-[3e^{ln\sqrt{3}^{-1}}(-1)-ln\sqrt{3}]$$
$$=3\cdot3^{-1}(-1)-ln3$$
$$-\left(3\cdot\left(\frac{1}{\sqrt{3}}\right)(-1)-ln\sqrt{3}\right)$$

$$=\boxed{-1-ln\,3+\frac{3}{\sqrt{3}}+ln\sqrt{3}}$$

(i)+(ii)

$$\sqrt{3}-\cancel{ln\sqrt{3}}-1-1-ln3+\frac{3}{\sqrt{3}}+\cancel{ln\sqrt{3}}$$

$$=-2-ln3+\frac{3}{\sqrt{3}}+\sqrt{3}$$

$$=\boxed{0.365}$$

6-05

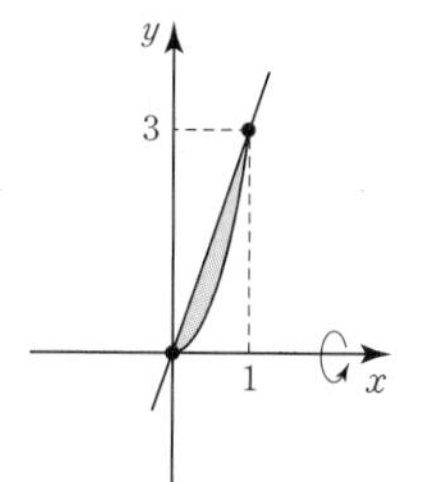

$$\int_0^1 \pi[(3x)^2-(3x^2)^2]dx$$

$$=\pi\int_0^1 [9x^2-9x^4]dx$$

$$=9\pi\int_0^1 x^2-x^4\,dx$$

$$=9\pi\left[\frac{x^3}{3}-\frac{x^5}{5}\right]_0^1$$

$$=9\pi\left(\frac{1}{3}-\frac{1}{5}\right)=9\pi\frac{2}{15}=\frac{18\pi}{15}=\boxed{\frac{6}{5}\pi}$$

6-06

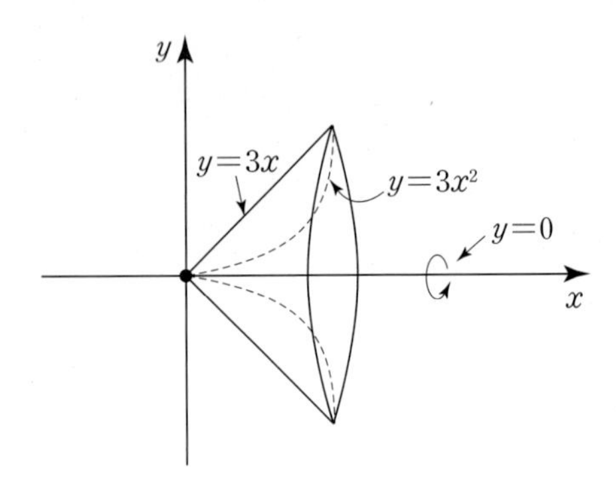

≠

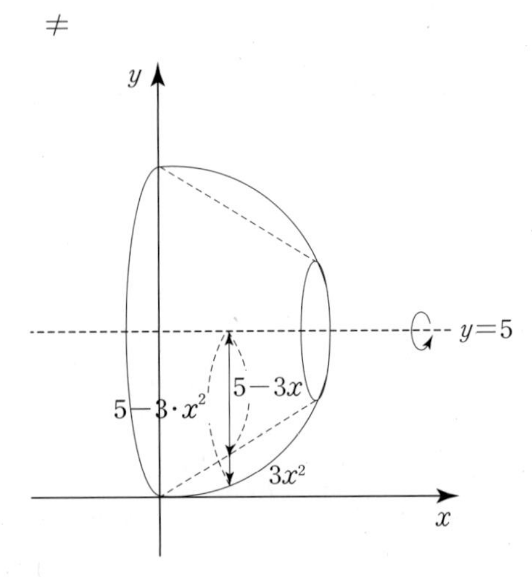

$$\int_0^1 \pi[(5-3x^2)^2-(5-3x)^2]\,dx$$

$$=\int_0^1 \pi[(25-2\cdot5\cdot3x^2+9x^4)-(25-2\cdot5\cdot3x+9x^2)]\,dx$$

$$=\int_0^1 \pi[\cancel{25}-30x^2+9x^4-\cancel{25}+30x-9x^2]\,dx$$

$$=\int_0^1 \pi[9x^4-39x^2+30x]\,dx$$

$$=\pi\left[9\cdot\frac{x^5}{5}-39\cdot\frac{x^3}{3}+30\frac{x^2}{2}\right]_0^1$$

$$=\pi\left(\frac{9}{5}-\frac{39}{3}+\frac{30}{2}\right)$$

$$=\boxed{11.93\cdots}$$

6-07

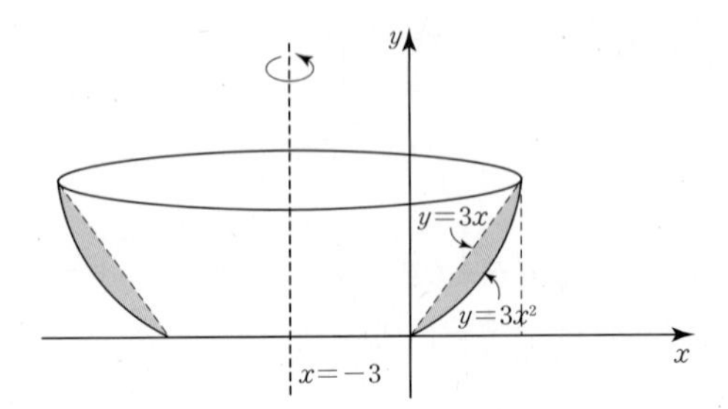

$$\int_0^3 \pi\left[\left(\sqrt{\frac{y}{3}}-(-3)\right)^2-\left(\frac{1}{3}y-(-3)\right)^2\right]dy$$

$$=\int_0^3 \pi\left[\left(\sqrt{\frac{y}{3}}+3\right)^2-\left(\frac{1}{3}y+3\right)^2\right]dy$$

$$=\int_0^3 \pi\left(\left[\frac{y}{3}+6\sqrt{\frac{y}{3}}+9\right]-\left[\frac{y^2}{9}+2\cdot3\cdot\frac{1}{3}y+9\right]\right)dy$$

$$=\int_0^3 \pi\left[\frac{y}{3}+6\sqrt{\frac{y}{3}}+\cancel{9}-\frac{y^2}{9}-2y-\cancel{9}\right]dy$$

$$=\int_0^3 \pi\left[-\frac{y^2}{9}-2y+\frac{y}{3}+6\sqrt{\frac{y}{3}}\right]dy$$

$$=\int_0^3 \pi\left[-\frac{y^2}{9}-\frac{5y}{3}+6\sqrt{\frac{y}{3}}\right]dy$$

$$=\pi\left[-\frac{1}{9}\cdot\frac{y^3}{3}-\frac{5}{3}\cdot\frac{y^2}{2}+6\cdot\frac{1}{\sqrt{3}}\frac{y^{\frac{3}{2}}}{\frac{3}{2}}\right]_0^3$$

$$=\pi\left[-\frac{1}{9}\cdot\frac{27}{3}-\frac{5\cdot9}{6}+\frac{6}{\sqrt{3}}\cdot\frac{2}{3}(3)^{\frac{3}{2}}\right]$$

$$=\pi\left[-1-\frac{15}{2}+\frac{4}{\sqrt{3}}(3)^{\frac{3}{2}}\right]$$

$$=\boxed{\frac{7}{2}\pi}$$

6-08

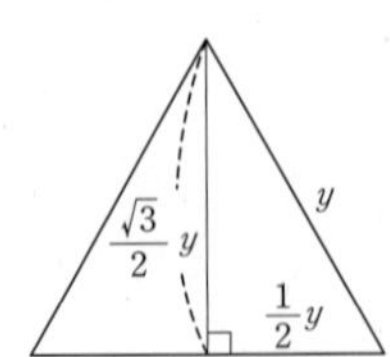

$$A=\frac{1}{2}\cdot y\left(\frac{\sqrt{3}}{2}y\right)=\frac{\sqrt{3}}{4}y^2$$

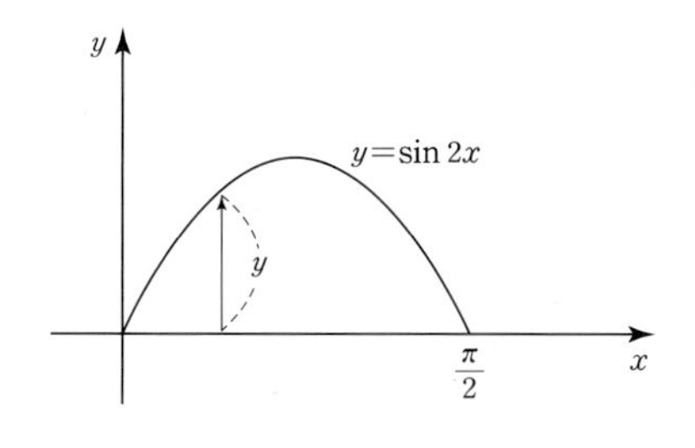

$$\int A(x)dx$$

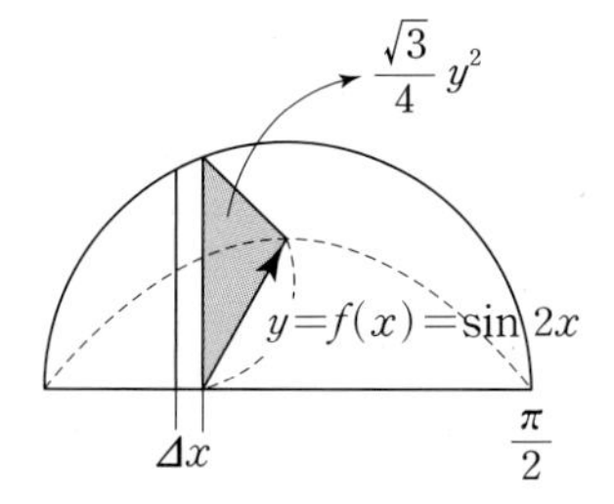

$$=\int_0^{\frac{\pi}{2}}\frac{\sqrt{3}}{4}\underline{\sin^2(2x)}\,dx$$

$$\left(\begin{aligned}\cos 2A&=2\cos^2 A-1\\&=\boxed{1-2\sin^2 A}\\&=\cos^2 A-\sin^2 A\\ \underline{\sin^2 A}&=\frac{1-\cos 2A}{2}\end{aligned}\right)$$

$$=\frac{\sqrt{3}}{4}\int_0^{\frac{\pi}{2}}\frac{1}{2}(1-\cos 4x)dx$$

$$=\frac{\sqrt{3}}{8}\int_0^{\frac{\pi}{2}}(1-\cos 4x)dx$$

$$=\frac{\sqrt{3}}{8}\left[\int_0^{\frac{\pi}{2}}1\,dx-\underbrace{\boxed{\int_0^{\frac{\pi}{2}}\cos 4x\,dx}}_{\text{(i)}}\right]$$

(i)

$$\int_0^{\frac{\pi}{2}}\cos 4x\,dx \leftarrow \left(\begin{aligned}u&=4x\\ \frac{du}{dx}&=4\end{aligned}\right)$$

$$\frac{1}{4}\int_0^{\frac{\pi}{2}}4\cdot\cos 4x\,dx=\frac{1}{4}\int_0^{\frac{\pi}{2}}\cos 4x\cdot\frac{du}{dx}dx$$

$$=\frac{1}{4}\int_0^{\frac{\pi}{2}}\cos u\,du$$

$$=\frac{1}{4}(\sin u)$$

$$=\frac{1}{4}\Big[\sin(4x)\Big]_0^{\frac{\pi}{2}}$$

$$=\frac{1}{4}\sin(2\pi)-\frac{1}{4}\sin 0$$

$$=0-0$$

$$=0$$

$$=\frac{\sqrt{3}}{8}\left[[x]_0^{\frac{\pi}{2}}-0\right]$$

$$=\frac{\sqrt{3}}{8}\left[\frac{\pi}{2}\right]=\boxed{\frac{\sqrt{3}}{16}\pi}$$

6-09

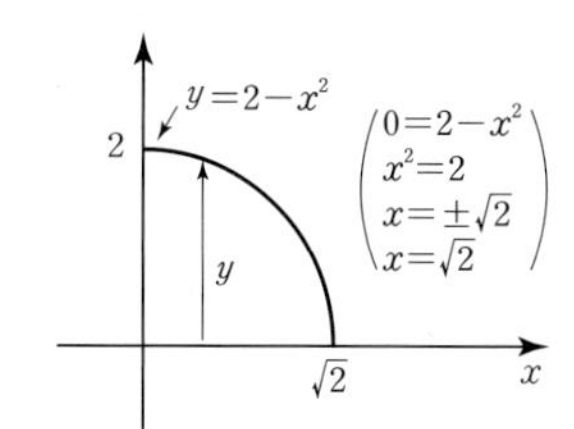

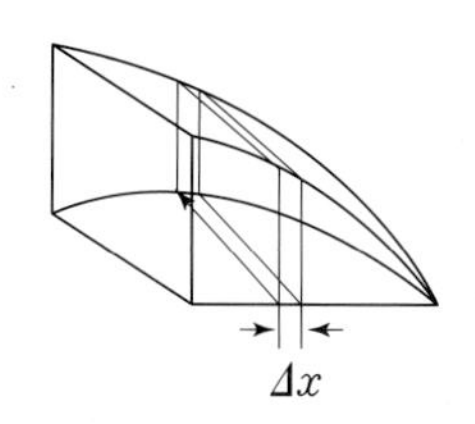

A(x) y ; $A(x)=(y)^2=(2-x^2)^2$

$$\int_0^{\sqrt{2}}(2-x^2)^2\,dx=\int_0^{\sqrt{2}}(4-2\cdot 2x^2+x^4)dx$$

$$=\int_0^{\sqrt{2}}(4-4x^2+x^4)dx$$

$$=\left[4x-4\cdot\frac{x^3}{3}+\frac{x^5}{5}\right]_0^{\sqrt{2}}$$

$$=4\sqrt{2}-4\cdot\frac{(\sqrt{2})^3}{3}+\frac{(\sqrt{2})^5}{5}$$

$$=\boxed{3.01699\cdots}$$

6-10

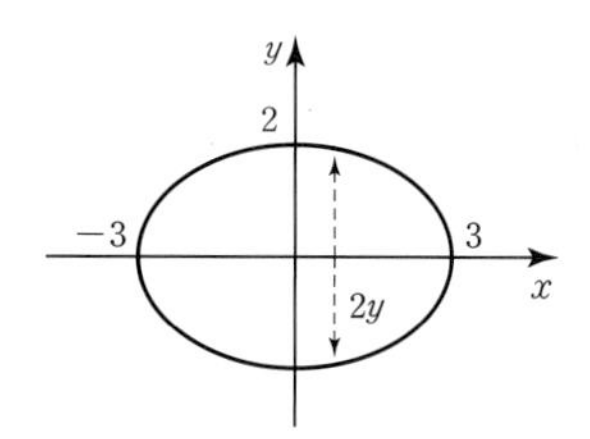

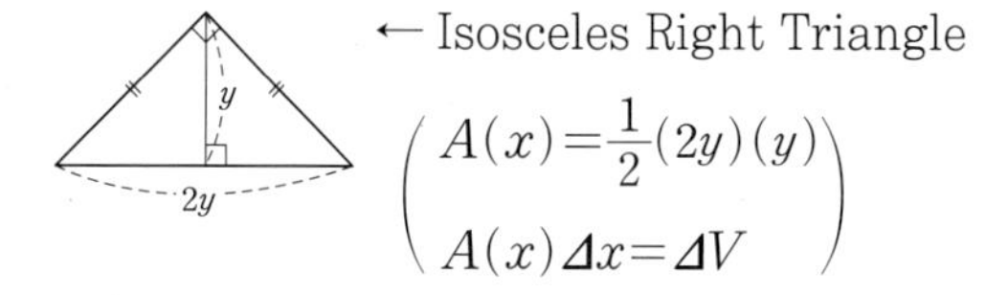

$$\left[\begin{aligned}&\frac{y^2}{2^2}=1-\frac{x^2}{3^2}\Leftrightarrow y^2=2^2\left(1-\frac{x^2}{3^2}\right)=4\left(1-\frac{x^2}{9}\right)\\&\qquad\qquad\qquad\qquad=4-\frac{4x^2}{9}\\&y=\pm\sqrt{2^2}\sqrt{1-\frac{x^2}{9}}\\&\ \ =2\sqrt{1-\frac{x^2}{9}}\ \leftarrow (y\geq 0)\end{aligned}\right]$$

$$\int_{-3}^{3}(2\cdot y)\cdot y\cdot\frac{1}{2}\,dx$$

$$=2\int_0^3 4\cdot\sqrt{1-\frac{x^2}{9}}\cdot\cancel{2}\sqrt{1-\frac{x^2}{9}}\cdot\frac{1}{\cancel{2}}\,dx$$

$$=\int_0^3 8\left(1-\frac{x^2}{9}\right)dx$$

$$=\int_0^3\left(8-\frac{8x^2}{9}\right)dx$$

$$=\left[8x-\frac{8x^3}{9\cdot 3}\right]_0^3$$

$$=\left[8\cdot 3-\frac{8\cdot 27}{9\cdot 3}\right]$$

$$=[24-8]$$

$$=\boxed{16}$$

6-11

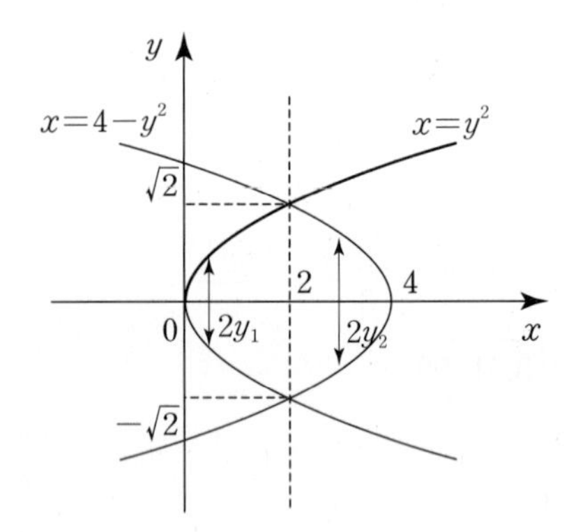

$$\left(\begin{aligned}&y^2=4-y^2\\&2y^2=4\\&y^2=2\\&y=\pm\sqrt{2}\\&x=y^2\\&x=2\end{aligned}\right)$$

$$\left(\begin{aligned}&\text{(i) } y^2=4-x &&\text{(ii) } y^2=x\\&\quad y=\pm\sqrt{4-x} &&\quad y=\pm\sqrt{x}\\&\quad y_2=\sqrt{4-x} &&\quad y_1=\sqrt{x}\end{aligned}\right)$$

$$\int_2^4(2y_2)(2y_2)\,dx+\int_0^2(2y_1)(2y_1)\,dx$$

$$=4\int_2^4(\sqrt{4-x})^2\,dx+4\int_0^2(\sqrt{x})^2\,dx$$

$$=4\int_2^4(4-x)\,dx+4\int_0^2 x\,dx$$

$$=4\left[4x-\frac{x^2}{2}\right]_2^4+4\left[\frac{x^2}{2}\right]_0^2$$

$$=4(16-8-(8-2))+4[2]$$

$$=4(16-14)+8=8+8$$

$$=\boxed{16}$$

6-12

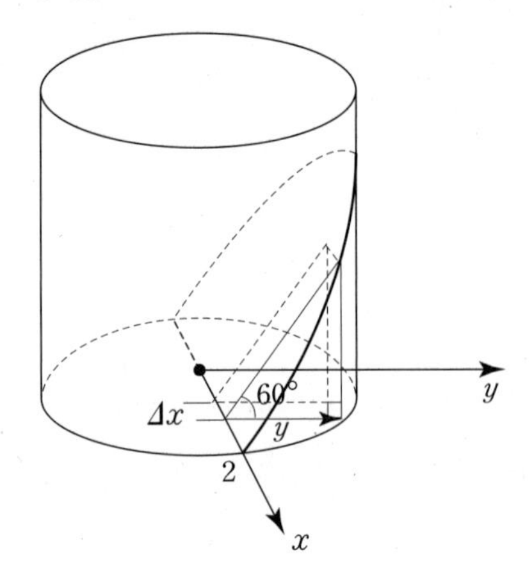

$$x^2+y^2=2^2$$

$$y=\pm\sqrt{4-x^2}$$

$$\left[\begin{aligned}A(x)&=\frac{1}{2}y\cdot y\cdot\tan 60^\circ\\&=\frac{1}{2}(y)^2\cdot\sqrt{3}\\&=\frac{1}{2}(\sqrt{4-x^2})^2\sqrt{3}\\&=\frac{1}{2}(4-x^2)\sqrt{3}\\&=\left(2-\frac{x^2}{2}\right)\sqrt{3}\\&=2\sqrt{3}-\frac{\sqrt{3}}{2}x^2\end{aligned}\right]$$

$$\int_{-2}^{2}\left(2\sqrt{3}-\frac{\sqrt{3}}{2}x^2\right)dx$$

$$=2\int_0^2\left(2\sqrt{3}-\frac{\sqrt{3}}{2}x^2\right)dx\ \leftarrow \text{(Even Function)}$$

$$=2\left[2\sqrt{3}x-\frac{\sqrt{3}}{2}\cdot\frac{x^3}{3}\right]_0^2$$

$$=2\left[2\sqrt{3}\cdot 2-\frac{\sqrt{3}}{2}\cdot\frac{8}{3}\right]$$

$$=8\sqrt{3}-\frac{8\sqrt{3}}{3}$$

$$=\boxed{9.2376}$$

6-13

$$\begin{pmatrix}2\sqrt{x}=2\\ x=1\end{pmatrix}$$

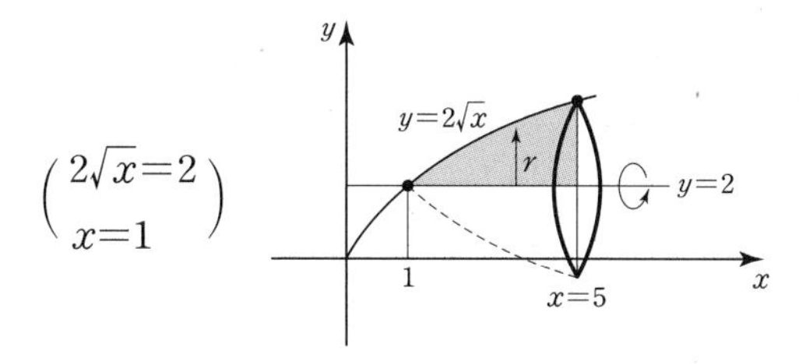

$$\int_1^5 A(x)dx=\int_1^5 \pi\underbrace{(2\sqrt{x}-2)}_{\text{Radius }(r)}{}^2\,dx$$

$$\pi\int_1^5(4x-2\cdot2\cdot2\sqrt{x}+4)dx$$

$$=\pi\int_1^5(4x-8\sqrt{x}+4)dx$$

$$=\pi\left[4\cdot\frac{x^2}{2}-8\cdot\frac{x^{\frac{1}{2}+1}}{\frac{1}{2}+1}+4x\right]_1^5$$

$$=\pi\left[\left(4\cdot\frac{25}{2}-8\cdot\frac{2}{3}\cdot5^{\frac{3}{2}}+4\cdot5\right)-\left(4\cdot\frac{1}{2}-8\cdot\frac{2}{3}\cdot1+4\right)\right]$$

$$=\pi\left(10.3715-\frac{2}{3}\right)$$

$$=\boxed{30.4888}$$

Chapter 7 Integration Techniques

7-01

$$\int \underset{f'(x)}{1}\times \underset{g(x)}{ln\,x}\,dx$$

$$=x\cdot ln\,x-\int\frac{1}{x}\cdot x\,dx$$

$$=x\cdot ln\,x-\int dx$$

$$=\boxed{x\cdot ln\,x-x+c}$$

7-02

$$\int \underset{f'(x)}{x^2}\cdot \underset{g(x)}{ln\,x}\,dx=\frac{x^3}{3}\cdot ln\,x-\int\frac{x^3}{3}\cdot\frac{1}{x}dx$$

$$=\frac{x^3}{3}\cdot ln\,x-\frac{1}{3}\int x^2dx$$

$$=\frac{x^3}{3}\cdot ln\,x-\frac{1}{3}\cdot\frac{x^3}{3}+c$$

$$=\boxed{\frac{x^3}{3}\cdot ln\,x-\frac{x^3}{9}+c}$$

7-03

$$\int \underset{f'(x)}{1}\cdot \underset{g(x)}{(ln\,x)^2}dx$$

$$=x\cdot(ln\,x)^2-\int x\cdot2(ln\,x)\cdot\frac{1}{x}\,dx$$

$$=x\cdot(ln\,x)^2-2\boxed{\int ln\,x\,dx}$$ ← (Exercise 7-01)

$$=x\cdot(ln\,x)^2-2[x\cdot ln\,x-x+c]$$

$$=\boxed{x(ln\,x)^2-2x\,ln\,x+2x+\bar{c}}$$

7-04

$$\int_1^3 \underset{g'(x)}{x^{-2}}\ \underset{f(x)}{ln\,x}\,dx$$

$$=\left(\frac{x^{-2+1}}{-2+1}\right)ln\,x-\int\frac{-1}{x}\,\frac{1}{x}\,dx$$

$$=-\frac{1}{x}\cdot ln\,x+\int\frac{1}{x^2}\,dx$$

$$=-\frac{ln\,x}{x}+\int x^{-2}\,dx$$

$$=\frac{-ln\,x}{x}+\frac{x^{-2+1}}{-2+1}+c$$

$$=\frac{-ln\,x}{x}-\frac{1}{x}+c$$

$$\left[\frac{-ln\,x}{x}-\frac{1}{x}\right]_1^3=\frac{-ln\,3}{3}-\frac{1}{3}-(0-1)$$

$$=\frac{-ln\,3}{3}+\frac{2}{3}=\boxed{0.30046\cdots}$$

7-05

Ch7 Example 4 ↓

$$\int \underset{f(x)}{x}\cdot\underset{g'(x)}{\sec x\cdot\tan x}\,dx=x\cdot\sec x-\int 1\cdot\sec x\;dx$$

$$=\boxed{x\cdot\sec x-ln|\sec x+\tan x|+c}$$

7-06

$$\int \underset{g'(x)}{1}\times\underset{f(x)}{\sin^{-1}x}\,dx$$

$$=x\cdot\sin^{-1}x-\boxed{\int x\cdot\frac{1}{\sqrt{1-x^2}}dx}\ \text{(i)}$$

(i) $\int x\cdot\frac{1}{\sqrt{1-x^2}}dx \leftarrow \left(u=1-x^2,\ \frac{du}{dx}=-2x\right)$

$$\frac{1}{-2}\int\frac{-2x}{\sqrt{u}}dx=-\frac{1}{2}\int\frac{1}{\sqrt{u}}\frac{du}{dx}dx$$

$$=-\frac{1}{2}\int\frac{1}{\sqrt{u}}du$$

$$=-\frac{1}{2}\int u^{-\frac{1}{2}}du=-\frac{1}{2}\frac{u^{\frac{1}{2}}}{\frac{1}{2}}$$

$$=-\sqrt{u}=-\sqrt{1-x^2}+c$$

$$=\boxed{x\cdot\sin^{-1}x+\sqrt{1-x^2}+c}$$

7-07

$$\int_0^2 \underset{g'(x)}{1}\cdot\underset{f(x)}{\tan^{-1}x}\,dx$$

$$=\left[x\cdot\tan^{-1}x\right]_0^2-\boxed{\int_0^2 x\cdot\frac{1}{1+x^2}dx}\ \text{(i)}$$

(i) $\int\frac{x}{(1+x^2)}dx \leftarrow \left(u=1+x^2,\ \frac{du}{dx}=2x\right)$

$$\frac{1}{2}\int\frac{2x}{u}dx$$

$$\frac{1}{2}\int\frac{1}{u}\frac{du}{dx}dx$$

$$\frac{1}{2}ln|u|+c$$

$$=\left[x\tan^{-1}x-\frac{1}{2}ln|1+x^2|\right]_0^2$$

$$=2\cdot\tan^{-1}2-\frac{1}{2}ln\,5\approx\boxed{1.409\cdots}$$

7-08

$$\int \underset{f(x)}{x}\,\underset{g'(x)}{e^x}\,dx$$

$$=x\cdot e^x-\int e^x\,dx$$

$$=\boxed{x\cdot e^x-e^x+c}$$

7-09

$\int x^2e^{-x}dx \leftarrow \int e^{-x}dx \leftarrow \left(u=-x,\ \frac{du}{dx}=-1\right)$

$$(-1)\int e^u(-1)dx$$

$$(-1)\int e^u\frac{du}{dx}dx$$

$$(-1)\int e^u du$$

$$(-1)\,e^u$$

$$(-1)\,e^{-x}+c$$

$$=x^2\,e^{-x}(-1)-\int 2x\cdot(-1)e^{-x}dx$$

$$=x^2\,e^{-x}(-1)+2\boxed{\int xe^{-x}dx}\ \text{(i)}$$

(i) $\int x\cdot e^{-x}dx \leftarrow \left(u=-x,\ \frac{du}{dx}=-1\right)$ (Exercise 7-08) ↓

$$\int(-x)e^{-x}(-1)dx=\int ue^u\frac{du}{dx}dx=\boxed{\int ue^u du}$$

$$=u\cdot(e^u)-e^u+c=(-x)(e^{-x})-e^{-x}+c$$

$$=\boxed{-x^2e^{-x}+2(-x)e^{-x}-2e^{-x}+c}$$

7-10

$$\int \underset{f'(x)}{e^x}\cdot\underset{g(x)}{\cos x}\,dx=e^x\cos x-\int e^x\cdot(-\sin x)dx$$

$$=e^x\cos x+\boxed{\int e^x\sin x\,dx}\ \text{(i)}$$

(i) $\int \underset{f'(x)}{e^x}\,\underset{g(x)}{\sin x}\,dx$

$$e^x\sin x-\int e^x\cos x\,dx$$

$$=e^x\cos x+e^x\sin x-\int e^x\cos x\,dx$$

$$\therefore \int e^x\cos x\,dx=e^x\cos x+e^x\sin x-\int e^x\cos x\,dx$$

$$2\int e^x \cos x\,dx = e^x \cos x + e^x \sin x$$

$$\int e^x \cos x\,dx = \boxed{\frac{e^x \cos x + e^x \sin x}{2} + c}$$

---

cf)

$$\int \underset{f(x)}{e^x} \cdot \underset{g'(x)}{\cos x}\,dx = e^x \cdot \sin x - \boxed{\int e^x \cdot \sin x\,dx}^{(i)}$$

(i) $\left[\begin{array}{l} \int \underset{f(x)}{e^x} \underset{g'(x)}{\sin x}\,dx \\ e^x(-\cos x) - \int e^x(-\cos x)dx \end{array}\right]$

$$\therefore \int e^x \cos x\,dx$$

$$= e^x \sin x + e^x \cos x - \int e^x \cos x\,dx$$

$$2\int e^x \cos x\,dx = e^x \sin x + e^x \cos x$$

$$\int e^x \cos x\,dx = \boxed{\frac{e^x \sin x + e^x \cos x}{2} + c}$$

7-11

$$\int \underset{f(x)}{e^{2x}} \cdot \underset{g'(x)}{\cos 2x}\,dx$$

$\left[\begin{array}{l} \int \cos 2x\,dx \quad \begin{pmatrix} u=2x \\ \frac{du}{dx}=2 \end{pmatrix} \\ \frac{1}{2}\int \cos u \cdot \frac{du}{dx}\,dx = \frac{1}{2}\int \cos u\,du = \frac{1}{2}\sin u \end{array}\right]$

$$= e^{2x} \cdot \frac{1}{2}\sin(2x) - \int e^{2x} \cdot 2 \cdot \frac{1}{2}\sin 2x\,dx$$

$$= e^{2x} \cdot \frac{1}{2} \cdot \sin(2x) - \boxed{\int e^{2x} \sin 2x\,dx}^{(i)}$$

(i) $\left[\begin{array}{l} \int \underset{f(x)}{e^{2x}} \underset{g'(x)}{\sin 2x}\,dx \\ = e^{2x} \cdot \frac{1}{2}(-\cos 2x) - \int 2e^{2x} \cdot \frac{1}{2}(-\cos 2x)dx \\ = e^{2x}\frac{1}{2} \cdot (-\cos 2x) + \int e^{2x} \cos 2x\,dx \end{array}\right]$

$$\int e^{2x} \cos 2x\,dx$$

$$= \frac{1}{2}e^{2x}\sin(2x) + e^{2x} \cdot \frac{1}{2}(\cos 2x)$$

$$- \int e^{2x} \cos 2x\,dx$$

$$\therefore 2\int e^{2x} \cos 2x\,dx = \frac{1}{2}e^{2x}(\sin 2x + \cos 2x)$$

$$\int e^{2x} \cos 2x\,dx = \boxed{\frac{1}{4}e^{2x}(\sin 2x + \cos 2x) + c}$$

7-12

$$\int \underset{f(x)}{x} \cdot \underset{g'(x)}{\sec^2 x}\,dx$$

$$= x \cdot \tan x - \int 1 \cdot \tan x\,dx$$

$$= x \cdot \tan x - \boxed{\int \tan x\,dx}^{(i)}$$

(i) $\left[\begin{array}{l} \int \tan x\,dx = \int \frac{\sin x}{\cos x}dx \quad \begin{pmatrix} u=\cos x \\ \frac{du}{dx}=-\sin x \end{pmatrix} \\ = -\int \frac{1}{u}\frac{du}{dx}\,dx \\ = -\int \frac{1}{u}\,du = -ln|u| = -ln|\cos x| + c \end{array}\right]$

$$= x \cdot \tan x - (-ln|\cos x| + c)$$

$$= \boxed{x \cdot \tan x + ln|\cos x| + \bar{c}}$$

7-13

$\begin{pmatrix} \boxed{\cos 2x = 1 - 2\sin^2 x} \\ 2\sin^2 x = 1 - \cos 2x \\ \sin^2 x = \frac{1-\cos 2x}{2} \end{pmatrix}$

$$\int \sin^2 x\,dx = \int \frac{1-\cos 2x}{2}dx$$

$$= \frac{1}{2}\int 1 - \cos 2x\,dx$$

$$= \frac{1}{2}\left[\int 1\,dx - \int \cos 2x\,dx\right]$$

$$= \frac{1}{2}\left[x - \boxed{\int \cos 2x\,dx}^{(i)}\right]$$

(i) $\left[\begin{array}{l} \int \cos 2x\,dx \leftarrow \begin{pmatrix} u=2x \\ \frac{du}{dx}=2 \end{pmatrix} \\ = \int \frac{1}{2}\cos u\,\frac{du}{dx}\,dx \\ = \frac{1}{2}\sin u + c = \frac{1}{2}\sin 2x + c \end{array}\right]$

$$= \frac{1}{2}\left[x - \left(\frac{1}{2}\sin 2x + c\right)\right]$$

$$= \boxed{\frac{1}{2}x - \frac{1}{4}\sin 2x + \bar{c}}$$

7-14

$$\int \sin^3 x\,dx$$
$$=\int \sin^2 x\cdot\sin x\,dx$$
$$=\int (1-\cos^2 x)\sin x\,dx$$
$$=\int \sin x\,dx-\boxed{\int \cos^2 x\sin x\,dx}^{(i)}$$

(i) $\int \cos^2 x\cdot\sin x\,dx \quad \left(\begin{matrix} u=\cos x \\ \frac{du}{dx}=-\sin x\end{matrix}\right)$

$$-\int u^2\frac{du}{dx}dx=-\int u^2\,du$$
$$=-\frac{u^3}{3}+c$$
$$=-\frac{(\cos x)^3}{3}+c$$

$$=\boxed{(-\cos x)+\frac{\cos^3 x}{3}+\bar{c}}$$

7-15

$$\left(\begin{matrix} \boxed{\cos 2x=2\cos^2 x-1} \\ 2\cos^2 x=1+\cos 2x \\ \cos^2 x=\frac{1+\cos 2x}{2}\end{matrix}\right)$$

$$\int \cos^2 x\,dx=\int \frac{1+\cos 2x}{2}dx$$
$$=\frac{1}{2}\int 1+\cos 2x\,dx$$
$$=\frac{1}{2}\left[\int dx+\int \cos 2x\,dx\right]$$
$$=\frac{1}{2}x+\frac{1}{2}\boxed{\int \cos 2x\,dx}\ \text{(i)}$$

(i) $\int \cos 2x\,dx \quad \leftarrow \left(\begin{matrix} u=2x \\ \frac{du}{dx}=2\end{matrix}\right)$

$$\frac{1}{2}\left[\int \cos u\frac{du}{dx}dx\right]$$
$$=\frac{1}{2}\int \cos u\,du$$
$$=\frac{1}{2}\sin u+c$$
$$=\frac{1}{2}\sin(2x)+c$$

$$=\boxed{\frac{1}{2}x+\frac{1}{4}\sin(2x)+\bar{c}}$$

7-16

$$\int \cos^3 x\,dx$$
$$=\int \cos^2 x\cos x\,dx$$
$$=(1-\sin^2 x)\cos x\,dx$$
$$=\int \cos x\,dx-\int \cos x\sin^2 x\,dx$$
$$=\sin x-\boxed{\int \cos x\sin^2 x\,dx}^{(i)}$$

(i) $\int \cos x\sin^2 x\,dx \quad \leftarrow \left(\begin{matrix} u=\sin x \\ \frac{du}{dx}=\cos x\end{matrix}\right)$

$$\int u^2\frac{du}{dx}dx=\int u^2du=\frac{u^3}{3}+c=\frac{\sin^3 x}{3}+c$$

$$=\boxed{\sin x-\frac{\sin^3 x}{3}+c}$$

7-17

$$\int \sin x\cdot\cos^4 x\,dx \quad \leftarrow \left(\begin{matrix} u=\cos x \\ \frac{du}{dx}=-\sin x\end{matrix}\right)$$
$$=-\int(-\sin x)\,u^4\,dx$$
$$=-\int u^4\,\frac{du}{dx}\,dx$$
$$=-\int u^4\,du$$
$$=-\frac{u^5}{5}+c$$
$$=\boxed{-\frac{(\cos^5 x)}{5}+c}$$

7-18

$$\int \sin^2 x\cdot\cos x\,dx \quad \leftarrow \left(\begin{matrix} u=\sin x \\ \frac{du}{dx}=\cos x\end{matrix}\right)$$
$$=\int u^2\,\frac{du}{dx}\,dx$$
$$=\int u^2\,du$$
$$=\frac{u^3}{3}+c$$
$$=\boxed{\frac{(\sin^3 x)}{3}+c}$$

7-19

$$\int \sin^2 x \cos^2 x\, dx$$

$$=\int\left(\frac{1-\cos 2x}{2}\right)\left(\frac{1+\cos 2x}{2}\right)dx$$

$$=\frac{1}{4}\int(1^2-\cos^2(2x))\, dx$$

$$=\frac{1}{4}\left[\int dx-\int\cos^2(2x)\, dx\right]$$

$$=\frac{1}{4}x-\frac{1}{4}\int\cos^2(2x)\, dx$$

$$=\frac{1}{4}x-\frac{1}{4}\int\frac{1+\cos 4x}{2}\, dx$$

$$=\frac{1}{4}x-\frac{1}{8}\int(1+\cos 4x)dx$$

$$=\frac{1}{4}x-\frac{1}{8}x-\frac{1}{8}\boxed{\int\cos 4x\, dx}^{(\text{i})}$$

(i)

$$\int\cos 4x\, dx=\frac{1}{4}\int\cos u\frac{du}{dx}dx$$

$$=\frac{1}{4}\int\cos u\, du$$

$$=\frac{1}{4}\sin u$$

$$=\frac{1}{4}\sin(4x)+c$$

$$=\frac{1}{4}x-\frac{1}{8}x-\frac{1}{32}\sin 4x+\bar{c}$$

$$=\boxed{\frac{1}{8}x-\frac{1}{32}\sin(4x)+\bar{c}}$$

7-20

$$\int\sin^2 x\cdot\underline{\cos^3 x}\, dx$$

$$=\int\sin^2 x\,\underline{\cos^2 x\cos x}\, dx$$

$$=\int\sin^2 x(1-\sin^2 x)\cos x\, dx$$

$$=\int(\sin^2 x-\sin^4 x)\cos x\, dx \leftarrow \left(u=\sin x,\ \frac{du}{dx}=\cos x\right)$$

$$=\int(u^2-u^4)\frac{du}{dx}\, dx$$

$$=\int(u^2-u^4)du$$

$$=\frac{u^3}{3}-\frac{u^5}{5}+c$$

$$=\boxed{\frac{\sin^3 x}{3}-\frac{\sin^5 x}{5}+c}$$

7-21

$$\int\sin^2 x\cdot\underline{\cos^5 x}\, dx$$

$$=\int\sin^2 x\,\underline{\cos^4 x\cos x}\, dx$$

$$=\int\sin^2 x(1-\sin^2 x)(1-\sin^2 x)\cos x\, dx$$

$$\left(u=\sin x,\ \frac{du}{dx}=\cos x\right)$$

$$=\int u^2(1-u^2)(1-u^2)du$$

$$=\int(u^2-u^4)(1-u^2)\, du$$

$$=\int u^2-u^4-u^4+u^6\, du$$

$$=\int u^2-2u^4+u^6\, du$$

$$=\frac{u^3}{3}-2\cdot\frac{u^5}{5}+\frac{u^7}{7}+c$$

$$=\boxed{\frac{\sin^3 x}{3}-\frac{2}{5}\sin^5 x+\frac{1}{7}\sin^7 x+c}$$

7-22

$$\int\underline{\sin^3 x}\cdot\cos^2 x\, dx$$

$$=\int\underline{\sin x\sin^2 x}\cos^2 x\, dx$$

$$=\int\sin x(1-\cos^2 x)\cos^2 x\, dx$$

$$=-\int(1-u^2)u^2\frac{du}{dx}\, dx \leftarrow \left(u=\cos x,\ \frac{du}{dx}=-\sin x\right)$$

$$=-\int u^2-u^4\, du$$

$$=-\left[\frac{u^3}{3}-\frac{u^5}{5}\right]+c$$

$$=-\frac{u^3}{3}+\frac{u^5}{5}+c$$

$$=\boxed{\frac{-\cos^3 x}{3}+\frac{\cos^5 x}{5}+c}$$

7-23

$$\int\sin^3 x\cdot\underline{\cos^3 x}\, dx$$

$$=\int\sin^3 x\,\underline{\cos^2 x\cos x}\, dx$$

$$=\int\sin^3 x(1-\sin^2 x)\cos x\, dx \leftarrow \left(u=\sin x,\ \frac{du}{dx}=\cos x\right)$$

$$=\int u^3(1-u^2)\frac{du}{dx}\, dx$$

$=\int[u^3-u^5]\,du$

$=\frac{u^4}{4}-\frac{u^6}{6}+c$

$=\boxed{\frac{\sin^4 x}{4}-\frac{\sin^6 x}{6}+c}$

7-24

$\int \sin^4 x\cdot\underline{\cos^5 x}\,dx$

$=\int \sin^4 x\,\underline{\cos^4 x\cos x}\,dx$

$=\int \sin^4 x(1-\sin^2 x)(1-\sin^2 x)\cos x\,dx$

$\left(u=\sin x,\quad \frac{du}{dx}=\cos x\right)$

$=\int u^4(1-u^2)(1-u^2)\frac{du}{dx}\,dx$

$=\int (u^4-u^6)(1-u^2)\,du$

$=\int (u^4-u^6-u^6+u^8)\,du$

$=\frac{u^5}{5}-2\frac{u^7}{7}+\frac{u^9}{9}+c$

$=\boxed{\frac{\sin^5 x}{5}-\frac{2}{7}\sin^7 x+\frac{1}{9}\sin^9 x+c}$

7-25

$\left[\sin\alpha\cdot\cos\beta=\frac{1}{2}[(\sin(\alpha+\beta)+\sin(\alpha-\beta))]\right]$

$\int \sin 6x\cdot\cos 2x\,dx$

$=\int\frac{1}{2}[\sin 8x+\sin 4x]dx$

$=\int\frac{1}{2}\sin 8x+\frac{1}{2}\sin 4x\,dx$

$=\frac{1}{2}\cdot\frac{1}{8}\int\sin u\frac{du}{dx}dx+\frac{1}{2}\cdot\frac{1}{4}\int\sin\bar{u}\frac{d\bar{u}}{dx}dx$

$=\frac{1}{16}\int\sin u\,du+\frac{1}{8}\int\sin\bar{u}\,d\bar{u}$

$=-\frac{1}{16}\cos u-\frac{1}{8}\cos\bar{u}+c$

$=\boxed{-\frac{1}{16}\cos 8x-\frac{1}{8}\cos 4x+c}$

7-26

$\int \underline{\tan^2 x}\,dx \leftarrow \left(\begin{array}{l}1+\tan^2 x=\sec^2 x\\ 1+\cot^2 x=\csc^2 x\end{array}\right)$

$=\int(\sec^2 x-1)dx$

$=\int\sec^2 x\,dx-\int dx$

$=\boxed{\tan x-x+c}$

7-27

$\int\tan^3 x\,dx$

$=\int\tan x\tan^2 x\,dx$

$=\int\tan x(\sec^2 x-1)dx$

$=\int\tan x\sec^2 x-\tan x\,dx$

$=\boxed{\int\tan x\sec^2 x\,dx}_{(i)}-\int\tan x\,dx$

(i) $\left[\begin{array}{l}\int\tan x\sec^2 x\,dx \leftarrow \left(u=\tan x,\ \frac{du}{dx}=\sec^2 x\right)\\ \int u\frac{du}{dx}dx=\int u\,du\\ =\frac{u^2}{2}+c=\frac{\tan^2 x}{2}+c\end{array}\right]$

$=\boxed{\frac{\tan^2 x}{2}-ln|\sec x|+\bar{c}}$

7-28

$\int\sec^2 x\,dx$

$=\boxed{\tan x+c}$

7-29

$\int\sec^3 x\,dx$

$=\int\underset{f'(x)}{\sec^2 x}\ \underset{g(x)}{\sec x}\,dx \leftarrow$ (Integration by part)

$=\tan x\cdot\sec x-\int\tan x\cdot\sec x\tan x\,dx$

$=\tan x\cdot\sec x-\int\tan^2 x\cdot\sec x\,dx$

$=\tan x\cdot\sec x-\int(\sec^2 x-1)\sec x\,dx$

$=\tan x\cdot\sec x-\int(\sec^3x-\sec x)dx$

$=\tan x\cdot\sec x-\int\sec^3x\,dx+\int\sec x\,dx$

$\therefore 2\int\sec^3x\,dx=\tan x\cdot\sec x+ln|\sec x+\tan x|+c$

$\int\sec^3x\,dx=\boxed{\frac{1}{2}(\tan x\cdot\sec x+ln|\sec x+\tan x|)+c}$

7-30

$\int\tan x\cdot\sec x\,dx$

$=\int\frac{\sin x}{\cos x}\frac{1}{\cos x}dx=\int\frac{\sin x}{\cos^2x}dx$ $\left(u=\cos x,\ \frac{du}{dx}=-\sin x\right)$

$=-\int\frac{1}{u^2}du$

$=-\left[\frac{u^{-2+1}}{-2+1}\right]+c=(\cos x)^{-1}+c$

$=\frac{1}{\cos x}+c$

$=\boxed{\sec x+c}$

7-31

$\int\tan x\cdot\sec^2x\,dx$ $\left(u=\tan x,\ \frac{du}{dx}=\sec^2x\right)$

$=\int u\,du$

$=\boxed{\frac{\tan^2x}{2}+c}$

7-32

$\int\tan x\sec^3x\,dx$

$=\frac{\sin x}{\cos x}\frac{1}{\cos^3x}dx=\int\frac{\sin x}{\cos^4x}dx \leftarrow \left(u=\cos x,\ \frac{du}{dx}=-\sin x\right)$

$=-\int\frac{1}{u^4}du=-1\left[\frac{u^{-4+1}}{-4+1}\right]$

$=\frac{(\cos x)^{-3}}{3}$

$=\left(\frac{1}{\cos^3x}\right)\times\frac{1}{3}$

$=\left(\frac{1}{\cos x}\right)^3\times\frac{1}{3}=\boxed{\frac{\sec^3x}{3}+c}$

7-33

$\int\tan^2x\sec^2x\,dx \leftarrow \left(\tan x=u,\ \frac{du}{dx}=\sec^2x\right)$

$=\int u^2du$

$=\boxed{\frac{\tan^3x}{3}+c}$

7-34

$\int\tan^2x\sec^4x\,dx$

$=\int\tan^2x\sec^2x\sec^2x\,dx$

$=\int\tan^2x(\tan^2x+1)\sec^2x\,dx \leftarrow \left(u=\tan x,\ \frac{du}{dx}=\sec^2x\right)$

$=\int(u^2)(u^2+1)\frac{du}{dx}dx$

$=\int u^4+u^2\,du$

$=\boxed{\frac{\tan^5x}{5}+\frac{\tan^3x}{3}+c}$

7-35

$\int\tan^3x\sec x\,dx$

$=\int\tan^2x\tan x\sec x\,dx$

$=\int(\sec^2x-1)\tan x\sec x\,dx$ $\left(u=\sec x,\ \frac{du}{dx}=\sec x\tan x\right)$

$=\int(u^2-1)du$

$=\frac{u^3}{3}-u+c$

$=\boxed{\frac{\sec^3x}{3}-\sec x+c}$

7-36

$\int\tan^3x\sec^2x\,dx \leftarrow \left(u=\tan x,\ \frac{du}{dx}=\sec^2x\right)$

$=\int u^3du$

$=\boxed{\frac{\tan^4x}{4}+c}$

7-37

$$\int \tan^4 x \sec^2 x \, dx \leftarrow \left(\begin{array}{l} u = \tan x \\ \frac{du}{dx} = \sec^2 x \end{array} \right)$$

$$= \int u^4 du$$

$$= \boxed{\frac{\tan^5 x}{5} + c}$$

7-38

$$\int \cot x \, dx$$

$$= \int \frac{\cos x}{\sin x} dx \quad \leftarrow \left(\begin{array}{l} u = \sin x \\ \frac{du}{dx} = \cos x \end{array} \right)$$

$$= \int \frac{1}{u} du$$

$$= ln|u| + c$$

$$= \boxed{ln|\sin x| + c}$$

7-39

$$\int \frac{4x^2 - 2x + 2}{x^3 + x} dx$$

$$= \int \frac{2}{x} + \frac{2x - 2}{x^2 + 1} dx$$

$$= \int \frac{2}{x} dx + \int \frac{2x}{x^2 + 1} dx - \int \frac{2}{x^2 + 1} dx$$

$$= 2ln|x| + ln|u| - 2\int \frac{1}{x^2 + 1} dx$$

$$= 2ln|x| + ln|x^2 + 1| - 2\tan^{-1} x + c$$

$$= ln|x^2| + ln|x^2 + 1| - 2\tan^{-1} x + c$$

$$= \boxed{ln|x^2 \cdot (x^2 + 1)| - 2\tan^{-1} x + c}$$

7-40

$$\int_1^2 \frac{1}{x} dx$$

$T(20)$

$$= \frac{1}{2}\left(\frac{b-a}{n}\right)(y_0 + 2y_1 + 2y_2 + \cdots 2y_{19} + y_{20})$$

$$= \frac{1}{2}\left(\frac{2-1}{20}\right)\left[\left(\frac{1}{1} + 2\left(\frac{1}{1.05}\right) + 2\left(\frac{1}{1.10}\right) + \cdots\right.\right.$$

$$\left. 2\left(\frac{1}{1.95}\right) + 1\left(\frac{1}{2}\right)\right]$$

$$= \boxed{0.693303}$$

(exact value)

$$\int_1^2 \frac{1}{x} dx = \Big[ln|x| \Big]_1^2$$

$$= ln\,2 - ln\,1$$

$$= ln\,2$$

$$= 0.693147$$

7-41

$$\int_0^\infty \underset{f(x)}{x} \cdot \underset{g'(x)}{e^{-x}} dx$$

$$= \lim_{l \to \infty} \boxed{\int_0^l x \cdot e^{-x} dx}^{(i)}$$

(i)

$$\int_0^l \underset{f(x)}{x} \cdot \underset{g'(x)}{e^{-x}} dx \leftarrow \text{Integration by part}$$

$$= x \cdot (-e^{-x}) - \int 1 \cdot (-e^{-x}) dx$$

$$= -x \cdot e^{-x} + \int e^{-x} dx$$

$$= \Big[-x \cdot e^{-x} - e^{-x} \Big]_0^l$$

$$= [-l \cdot e^{-l} - e^{-l}] - [-1]$$

$$= \lim_{l \to \infty} [-l \cdot e^{-l} - e^{-l} + 1]$$

$$= \boxed{\lim_{l \to \infty} -l \cdot e^{-l}}^{(ii)} - \lim_{l \to \infty} e^{-l} + 1$$

(ii)

$$-\lim_{l \to \infty} \cdot l \cdot e^{-l} = -\infty \cdot 0$$

$$= -\lim_{l \to \infty} \frac{l}{e^l} \leftarrow \left(\frac{\infty}{\infty}\right)$$

$$= -\lim_{l \to \infty} \frac{(l)'}{(e^l)'}$$

$$= \frac{-1}{\infty}$$

$$= -0$$

$$= 0$$

$$= 0 - 0 + 1 = \boxed{1}$$

7-42

$$\int_{-\infty}^0 e^{2x} dx$$

$$= \lim_{l \to -\infty} \boxed{\int_l^0 e^{2x} dx}^{(i)}$$

(i)

$$\int_l^0 e^{2x}\,dx \qquad \leftarrow \left(\begin{aligned}u&=2x\\ \frac{du}{dx}&=2\end{aligned}\right)$$

$$\frac{1}{2}\int_l^0 2\cdot e^u\,dx=\frac{1}{2}\int_l^0 e^u\frac{du}{dx}\,dx$$

$$\frac{1}{2}\int_l^0 e^u\,du=\frac{1}{2}[e^u]$$

$$=\frac{1}{2}\Big[e^{2x}\Big]_l^0$$

$$=\frac{1}{2}[1-e^{2l}]$$

$$=\frac{1}{2}\lim_{l\to-\infty}[1-e^{2l}]=\frac{1}{2}[1-0]=\boxed{\frac{1}{2}}$$

7-43

• $\int_0^3 \frac{1}{u}\,du$

$ln|u|\Big]_0^3=ln\,3-ln\,0 \leftarrow$ (undefined)

This is wrong because the integral is improper

$$\lim_{l\to0^+}\int_l^3\frac{1}{u}du=\lim_{l\to0^+}ln|u|\Big]_l^3=ln\,3-ln\,l=\boxed{\infty}$$

• $\int_{-2}^0 \frac{1}{u}\,du$

$\int_{-2}^0\frac{1}{u}\,du=ln|u|\Big]_{-2}^0$

$ln\,0-ln|-2| \leftarrow$ undefined

This is wrong because the integral is improper

$$\lim_{l\to0^-}\int_{-2}^l\frac{1}{u}du=ln|u|\Big]_{-2}^l=ln|l|-ln|-2|$$

$$=\boxed{-\infty}$$

7-44

$$\int_{-2}^3\frac{1}{u}du$$

$$=\int_{-2}^0\frac{1}{u}du+\int_0^3\frac{1}{u}du$$

$$=\lim_{l\to0^-}\int_{-2}^l\frac{1}{u}du+\lim_{l\to0^+}\int_l^3\frac{1}{u}du$$

$=-\infty+\infty$ (does not converge)

cf.)

$\int_{-2}^3\frac{1}{u}du=ln|u|\Big]_{-2}^3$

$ln\,3-ln|-2|$

$ln\,3-ln\,2$

This is wrong

7-45

$$\int_0^4\frac{1}{(x-1)^{\frac{2}{3}}}dx$$

$$=\lim_{l\to1^-}\int_0^l\frac{dx}{(x-1)^{\frac{2}{3}}}+\lim_{l\to1^+}\int_l^4\frac{dx}{(x-1)^{\frac{2}{3}}}$$

$$\int(x-1)^{-\frac{2}{3}}dx=\frac{(x-1)^{-\frac{2}{3}+\frac{3}{3}}}{-\frac{2}{3}+1}$$

$$=3(x-1)^{\frac{1}{3}}$$

$$=\lim_{l\to1^-}\Big[3(x-1)^{\frac{1}{3}}\Big]_0^l+\lim_{l\to1^+}\Big[3(x-1)^{\frac{1}{3}}\Big]_l^4$$

$$=3\lim_{l\to1^-}\Big[(l-1)^{\frac{1}{3}}-(-1)\Big]+3\lim_{l\to1^+}\Big[3^{\frac{1}{3}}-(l-1)^{\frac{1}{3}}\Big]$$

$$=3+3(3^{\frac{1}{3}})\approx\boxed{7.33}$$

Chapter 8 First-Order Differential Equation

8-01

$\frac{dy}{dx}=2\cdot\sqrt{x\cdot y}$ $(x,y>0)$ and $y(0)=1$; Find $y(1)$

▶ $\frac{dy}{dx}=2\sqrt{x}\sqrt{y}=2x^{\frac{1}{2}}y^{\frac{1}{2}}$

$\frac{1}{y^{\frac{1}{2}}}\frac{dy}{dx}=2x^{\frac{1}{2}}$

$\int\frac{1}{y^{\frac{1}{2}}}\frac{dy}{dx}dx=2\int x^{\frac{1}{2}}dx$

$\int y^{-\frac{1}{2}}dy=2\int x^{\frac{1}{2}}dx$

$\frac{y^{-\frac{1}{2}+1}}{-\frac{1}{2}+1}=2\cdot\frac{x^{\frac{1}{2}+1}}{\frac{1}{2}+1}+c$

$\frac{y^{\frac{1}{2}}}{\frac{1}{2}}=2\cdot\frac{x^{\frac{3}{2}}}{\left(\frac{3}{2}\right)}+c$

$y^{\frac{1}{2}}=\frac{1}{2}\times2\times\frac{2}{3}x^{\frac{3}{2}}+c$

$\sqrt{y}=\frac{2}{3}x^{\frac{3}{2}}+c$ ← $(\sqrt{1}=\frac{2}{3}\cdot0^{\frac{3}{2}}+c$; $c=1)$

$\sqrt{y}=\frac{2}{3}x^{\frac{3}{2}}+1$

$y=\left(\frac{2}{3}x^{\frac{3}{2}}+1\right)^2$ ← $(x=1)$

$y=\left(\frac{5}{3}\right)^2=\boxed{\frac{25}{9}}$

8-02

A coin is thrown straight up from the top of building. If the acceleration of a particle is $a(t)=-32$ ft/sec^2, and the initial velocity of the coin is 60 ft/sec and the height of building is 30 ft at time $t=0$.

(a) the equation of the coin' s velocity at time t
(b) the equation of the coin' s height at time t
(c) the maximum height of the coin
(d) the height of the coin at time $t=4$

▶ $\frac{dv}{dt}=-32$

$\int\frac{dv}{dt}dt=\int-32dt$

$\int dv=-32t+c$

$v=-32t+c$ ← $(t=0$; $v=60$; $c=60)$

$v=\boxed{-32t+60}$ ← ⓐ

$\frac{ds}{dt}=v=-32t+60$

$\int\frac{ds}{dt}dt=\int(-32t+60)dt$

$s=-32\frac{t^2}{2}+60t+c$

$s=-16t^2+60t+c$ ← $(t=0$; $s=30$; $c=30)$

$s=\boxed{-16t^2+60t+30}$ ← ⓑ

$\frac{ds}{dt}=-32t+60=0 \Leftrightarrow t=1.875$

$s=-16(1.875)^2+60\cdot1.875+30$

$=\boxed{86.25\,ft}$ ← ⓒ

$s(4)=-16(4)^2+60\cdot4+30$

$=\boxed{14\,ft}$ ← ⓓ

8-03

Find the slope field, the general solution and the particular solution that go through $(0, 1)$.

▶ $y'=-\sin x$

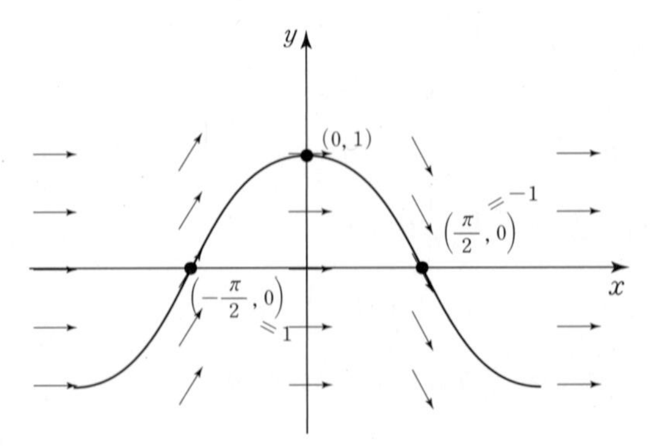

$$\frac{dy}{dx} = -\sin x$$

$$\int \frac{dy}{dx}\,dx = \int -\sin x\,dx + c$$

$y = \cos x + c$ ← (General Solution)

$(1 = \cos 0 + c\ ;\ c = 0)$

$y = \cos x$ ← (Particular Solution)

8-04

If you use Euler's method with step size $h=0.1$ to approximate the solution of the initial value

$$\frac{dy}{dx} = x + y^2\ ;\ y(0) = 1$$

then, find an approximate solution when $x = 0.2$.

▶ $(x_0, y_0) = (0, 1)$

$y_1 = f(x_0, y_0)h + y_0 = 1 \cdot (0 + 0.1) + 1 = 1.1$;

$(x_1, y_1) = (0.1, 1.1)$ ← $(x_1 = x_0 + h = 0 + 0.1 = 0.1)$

$y_2 = f(x_1, y_1)h + y_1 = (0.1 + (1.1)^2)(0.1) + 1.1$

$= 1.231$

$(x_2, y_2) = (0.2, 1.231)$ ← $(x_2 = x_1 + 0.1 = 0.1 + 0.1 = 0.2)$

∴ $y = 1.231$ when $x = 0.2$

8-05

If the population grows exponentially at a rate of 3% per year, how many years would be necessary for the population to double?

▶ $\frac{dy}{dt} = 0.03\,y$

$y = A_0 e^{0.03t}$

$2A_0 = A_0\,e^{0.03t}$

$ln\,2 = ln\,e^{0.03t}$

$ln\,2 = 0.03\,t$

$t = \frac{ln\,2}{0.03} = $ 23.1049 years

8-06

Radium decomposes at a rate proportional to the remaining mass. The half-life of radium is 1620 year. A sample of radium has a mass of 1000 mg. How much of the sample will remain after 2000 years? When will mass be reduced to 125 mg?

▶ $\frac{dy}{dt} = k\,y$ ← (Let y represent the mass of Radium)

$y = A_0 e^{kt}$ $(A_0 = y(0)$ ← Initial Amount$)$

$\frac{1}{2}A_0 = A_0 \cdot e^{k(1620)}$

$\frac{1}{2} = e^{1620k}\ ;\ ln(\frac{1}{2}) = ln\,e^{1620k}\ ;\ ln(\frac{1}{2}) = 1620\,k$

$k = \frac{ln\left(\frac{1}{2}\right)}{1620} = -0.0004278$

└ (Negative Value=Exponential Decay.)

$y = 1000\,e^{(-0.0004278)2000} = $ 425.02mg

$125 = 1000e^{(-0.0004278)t}$

$(\frac{125}{1000}) = e^{-0.0004278t}$

$ln(\frac{125}{1000}) = ln\,e^{-0.0004278t} = -0.0004278\,t$

$t = \frac{ln\left(\frac{125}{1000}\right)}{-0.0004278} = $ 4860.77 years

Chapter 9 Infinite Series

9-01

Investigate whether the sequence

$$\frac{\pi}{3!},\ \frac{\pi^2}{4!},\ \frac{\pi^3}{5!},\ \cdots,\ \frac{\pi^n}{(n+2)!}$$

is increasing, decreasing or neither.

▶ $\dfrac{\dfrac{\pi^{n+1}}{(n+3)!}}{\dfrac{\pi^n}{(n+2)!}}=\dfrac{\dfrac{\pi^n\cdot\pi}{(n+3)(n+2)!}}{\dfrac{\pi^n}{(n+2)!}}$

$=\dfrac{\pi^n\pi(n+2)!}{\pi^n(n+3)(n+2)!}=\dfrac{\pi}{(n+3)}<1$

deceasing ◀

9-02

Determine whether $\sum_{k=1}^{\infty}\frac{1}{k(k+1)}$ converges or diverges and find its sum if it converges.

▶ $\left[\dfrac{1}{A\cdot B}=\dfrac{1}{B-A}\left(\dfrac{1}{A}-\dfrac{1}{B}\right)\right]$

$\sum_{k=1}^{\infty}\left(\dfrac{1}{k}-\dfrac{1}{k+1}\right)=\lim_{n\to\infty}\sum_{k=1}^{n}\left(\dfrac{1}{k}-\dfrac{1}{k+1}\right)$

$\lim_{n\to\infty}\left(1-\dfrac{1}{2}\right)+\left(\dfrac{1}{2}-\dfrac{1}{3}\right)+\left(\dfrac{1}{3}-\dfrac{1}{4}\right)+\cdots+$

$\left(\dfrac{1}{n}-\dfrac{1}{n+1}\right)=\lim_{n\to\infty}\left(1-\dfrac{1}{n+1}\right)=\boxed{1}$

9-03

Find the rational number $0.123123123\cdots$.

▶ $0.123123123\cdots$

$=0.123+0.000123+0.000000123+\cdots$

$S_\infty=\dfrac{a}{1-r}=\dfrac{0.123}{1-\dfrac{1}{1000}}=\dfrac{0.123}{1-0.001}$

$=\dfrac{0.123}{0.999}=\boxed{\dfrac{123}{999}}$ $\leftarrow(|r|<1)$

9-04

$1+\dfrac{1}{2}+\dfrac{1}{4}+\dfrac{1}{8}+\dfrac{1}{16}+\cdots+\dfrac{1}{2^{n-1}}+\cdots$

▶ $a_1=1$

$r=\dfrac{1}{2}$

$S_\infty=\dfrac{1}{1-\dfrac{1}{2}}=\dfrac{1}{\dfrac{1}{2}}=\boxed{2}$

9-05

$\sum_{k=1}^{\infty}\dfrac{1}{k}$

▶ $\int_1^\infty\dfrac{1}{x}dx=\lim_{l\to\infty}\int_1^l\dfrac{1}{x}dx$ $\leftarrow$ (by Integral Test)

$=\lim_{l\to\infty} ln|x|\Big]_1^l$

$=\lim_{l\to\infty} ln|l|-ln\,1$

$=\boxed{\infty\ \text{Diverge}}$

9-06

$\sum_{k=1}^{\infty}\dfrac{2}{k^2+1}$ (by Integral Test)

▶ $\int_1^\infty\dfrac{2}{x^2+1}dx=2\int_1^\infty\dfrac{1}{x^2+1}dx$

$2\lim_{l\to\infty}\int_1^l\dfrac{1}{x^2+1}dx=2\lim_{l\to\infty}\Big[\tan^{-1}(x)\Big]_1^l$

$=\lim_{l\to\infty}2\cdot\Big[\tan^{-1}(l)-\tan^{-1}(1)\Big]=2\Big[\dfrac{\pi}{2}-\dfrac{\pi}{4}\Big]$

$=2\cdot\dfrac{\pi}{4}=\boxed{\dfrac{\pi}{2}}$ Converge ; Original Converge

9-07

$\sum_{k=1}^{\infty}\dfrac{1}{k-7}$

▶ $\left(\dfrac{1}{k-7}\geq\dfrac{1}{k}\right)$

$\sum_{k=1}^{n}\dfrac{1}{k}$ $\leftarrow$ (Harmonic Series Diverge)

$\boxed{\sum_{k=1}^{n}\dfrac{1}{k-7}\ \text{Diverge}}$

9-08

$\sum_{k=1}^{\infty}\dfrac{1}{\sqrt[3]{k+8}}$

▶ $\frac{1}{\sqrt[3]{k+8}} \le \frac{1}{\sqrt[3]{k}}$

└ (Diverge−Wrong Direction)

$$\frac{1}{\sqrt[3]{k+8}} \ge \frac{1}{\sqrt[3]{k+\sqrt[3]{k}}} = \frac{1}{2\cdot\sqrt[3]{k}}$$

$$\sum_{k=1}^{\infty} = \frac{1}{2\cdot\sqrt[3]{k}} = \frac{1}{2}\sum_{k=1}^{\infty}\frac{1}{\sqrt[3]{k}} \quad \leftarrow \left(p=\frac{1}{3}<1\right)$$

diverge, so $\sum_{k=1}^{\infty}\frac{1}{\sqrt[3]{k+8}}$ diverge

9-09

$\sum_{k=1}^{\infty}\frac{k^k}{k!}$ (Diverge by Ratio Test)

▶ $$\lim_{k\to\infty}\frac{\frac{(k+1)^{(k+1)}}{(k+1)!}}{\frac{k^k}{k!}} = \frac{k!(k+1)^{(k+1)}}{k^k(k+1)!}$$

$$= \frac{k!(k+1)^k(k+1)}{k^k(k+1)k!}$$

$$= \frac{(k+1)^k}{k^k} = \left(\frac{(k+1)}{k}\right)^k$$

$$= \left(1+\frac{1}{k}\right)^k$$

$$\boxed{\lim_{k\to\infty}\left(1+\frac{1}{k}\right)^k = e > 1}$$

9-10

$\sum_{k=1}^{\infty}\frac{3}{3k+7}$ (by Ratio Test).

▶ $$\lim_{k\to\infty} = \frac{\frac{3}{3(k+1)+7}}{\frac{3}{3k+7}} = \lim_{k\to\infty}\frac{3[3k+7]}{3[3(k+1)+7]}$$

$$= \lim_{k\to\infty}\frac{3k+7}{3k+10} = 1 \leftarrow \text{(inconclusive)}$$

Another test must be applied.

$$\int_1^{\infty}\frac{3}{3x+7}dx \leftarrow \left(\begin{array}{l} u=3x+7 \\ \frac{du}{dx}=3 \end{array}\right)$$

$$\int_1^{\infty}\frac{3}{u}dx = \int_1^{\infty}\frac{1}{u}\frac{du}{dx}dx = \int_1^{\infty}\frac{1}{u}du$$

$$= \Big[ln|u|\Big] = \Big[ln|3x+7|\Big]_1^l$$

$$= \lim_{l\to\infty}\Big[ln|3x+7|\Big]_1^l$$

$$= \lim_{l\to\infty}\Big[ln|3l+7| - ln|10|\Big]$$

$$= \boxed{\infty \leftarrow \text{Diverge}}$$

9-11

Find the interval of convergenre $\sum_{k=1}^{\infty}\frac{k^k\cdot x^k}{2}$.

▶ (Ratio Test Ⅱ)

$$\lim_{k\to\infty}\left|\frac{a_{k+1}}{a_k}\right| = \lim_{k\to\infty}\left|\frac{\frac{(k+1)^{k+1}\cdot x^{k+1}}{\not 2}}{\frac{(k)^k x^k}{\not 2}}\right|$$

$$= \lim_{k\to\infty}\left|\frac{(k+1)^{k+1}\cdot x^{k+1}}{(k)^k x^k}\right|$$

$$= \lim_{k\to\infty}\left|\frac{(k+1)^k(k+1)\cdot \not x^k\cdot x}{(k)^k \not x^k}\right|$$

$$= \lim_{k\to\infty}\left|\left(1+\frac{1}{k}\right)^k(k+1)x\right|$$

$$= \lim_{k\to\infty}\left|\left(1+\frac{1}{k}\right)^k(k+1)x\right| \leftarrow \left(\lim_{k\to\infty}\left(1+\frac{1}{k}\right)^k = e\right)$$

$$= \infty > 1$$

diverge for all x except $x=0$

> Interval of convergence is the single point when $x=0$ and radius of convergence is $R=0$

Ⓐ case

9-12

Maclaurin Polynomial for $f(x)=\tan^{-1}x$

▶ $f(0)=\tan^{-1}0=0$

$$f'(0)=(\tan^{-1}x)'=\frac{1}{1+x^2}=\frac{1}{1+0^2}=1$$

$$f''(0)=((1+x^2)^{-1})'=-1(1+x^2)^{-2}\cdot 2x$$

$$=-1(1+0^2)^{-2}\cdot 2\cdot 0=0$$

$$f'''(0)=-2x(1+x^2)^{-2}$$

$$=(-2x)'(1+x^2)^{-2}+(\overset{0}{\not{-2x}})((1+x^2)^{-2})'$$

$$=-2(1+x^2)^{-2}=-2$$

$$f(0)+f'(0)x+\frac{f''(0)}{2!}x^2+\frac{f'''(0)}{3!}x^3+\cdots$$

$$=0+x+0+\frac{-2}{3!}x^3+\cdots$$

$$=x+\frac{-2}{3\cdot 2}x^3+\cdots$$

$$=\left[x-\frac{1}{3}x^3+\frac{x^5}{5}-\frac{x^7}{7}+\cdots\right]$$

$$\boxed{P_{2\bar{n}+1}(x)=\sum_{k=0}^{\bar{n}}\frac{(-1)^k}{2k+1}x^{2k+1}}$$

9-13

Taylor serles for $f(x)=\sin x$ about $x=\frac{\pi}{4}$

▶ $f\left(\frac{\pi}{4}\right)=\sin\left(\frac{\pi}{4}\right)=\frac{\sqrt{2}}{2}$

$f'\left(\frac{\pi}{4}\right)\cos\left(\frac{\pi}{4}\right)=\frac{\sqrt{2}}{2}$

$f''\left(\frac{\pi}{4}\right)=-\sin\left(\frac{\pi}{4}\right)=-\frac{\sqrt{2}}{2}$

$f'''\left(\frac{\pi}{4}\right)=-\cos\left(\frac{\pi}{4}\right)=-\frac{\sqrt{2}}{2}$

$f''''\left(\frac{\pi}{4}\right)=\sin\left(\frac{\pi}{4}\right)=\frac{\sqrt{2}}{2}$

$$f(c)+f'(c)(x-c)+\frac{f''(c)}{2!}(x-c)^2+\frac{f'''(c)}{3!}(x-c)^3+\frac{f''''(c)}{4!}(x-c)^4+\cdots$$

$$\therefore \boxed{\frac{\sqrt{2}}{2}+\frac{\sqrt{2}}{2}\left(x-\frac{\pi}{4}\right)-\frac{\frac{\sqrt{2}}{3}}{2!}\left(x-\frac{\pi}{4}\right)^2-\frac{\frac{\sqrt{2}}{2}}{3!}\left(x-\frac{\pi}{4}\right)^3+\frac{\frac{\sqrt{2}}{2}}{4!}\left(x-\frac{\pi}{4}\right)^4+\cdots}$$

9-14

Maclcurin serles for $f(x)=\frac{1}{1-x}$ and interval of convergence.

▶ $f(0)+f'(0)\cdot x+\frac{f''(0)}{2!}x^2+\frac{f'''(0)}{3!}x^3+\frac{f''''(0)}{4!}x^4+\cdots$

$f(x)=\frac{1}{1-x}$; $f(0)=1$

$f'(x)=((1-x)^{-1})'$

$=-1(1-x)^{-2}(-1)=(1-x)^{-2}$; $f'(0)=1$

$f''(x)=((1-x)^{-2})'=-2(1-x)^{-3}(-1)$

$=2(1-x)^{-3}$; $f''(0)=2$

$f'''(x)=(2(1-x)^{-3})'=(-3)2(1-x)^{-4}(-1)$

$=3\cdot 2(1-x)^{-4}$; $f'''(0)=3\cdot 2$

$$\frac{1}{1-x}=1+x+\frac{2}{2!}x^2+\frac{3\cdot 2}{3!}x^3+\cdots$$

$$=\boxed{1+x+x^2+x^3+\cdots+x^n+\cdots}=\sum_{k=0}^{\infty}x^k$$

Ratio Test Ⅱ

$$p=\lim_{n\to\infty}\left|\frac{x^{n+1}}{x^n}\right|=|x|<|$$

$p=1\leftarrow(x=\pm 1)$

$x=1\rightarrow 1+1+1+1+1+1\leftarrow$ (Diverge)

$x=-1\rightarrow 1-1+1-1+1-1\leftarrow$ (Diverge)

$\boxed{-1<x<1}\leftarrow$ (Interval of Convergence)

9-15

Find the Maclaurin Series for

$f(x)=\frac{1}{1-5x^3}$.

▶ $1+(5x^3)+(5x^3)^2+(5x^3)^3+\cdots$

$=\boxed{1+5x^3+25x^6+125x^9+\cdots}$

9-16

Maclaurin Serres for $f(x)=e^x$

▶ $f(0)+f'(0)x+\frac{f''(0)}{2!}x^2+\frac{f'''(0)}{3!}x^3\cdots$

$f(x)=e^x$; $f(0)=1$

$f'(x)=e^x$; $f'(0)=1$

$f''(x)=e^x$; $f''(0)=1$

$f'''(x)=e^x$; $f'''(0)=1$

$$=\boxed{1+x+\frac{1}{2!}x^2+\frac{1}{3!}x^3+\frac{1}{4!}x^4+\cdots}$$

9-17

Maclaurin Series for $f(x)=e^{3x}$.

▶ $1+(3x)+\frac{1}{2!}(3x)^2+\frac{1}{3!}(3x)^3+\frac{1}{4!}(3x)^4+$

$$=\boxed{1+3x+\frac{3^2}{2!}x^2+\frac{3^3}{3!}x^3+\frac{3^4}{4!}x^4+\cdots}$$

9-18

$\lim_{x\to 0} \frac{e^{x^3}-1}{x^3}$ by using Taylor Series

▶ $e^x=1+x+\frac{x^2}{2!}+\frac{x^3}{3!}+\cdots$

$e^{x^3}=1+x^3+\frac{x^6}{2!}+\frac{x^9}{3!}+\cdots$

$$\lim_{x\to 0} \frac{1+x^3+\frac{x^6}{2!}+\frac{x^9}{3!}+\cdots-1}{x^3}$$

$$\lim_{x\to 0} 1+\frac{x^3}{2!}+\frac{x^6}{3!}+\cdots$$

(terms crossed out, → 0)

$$\lim_{x\to 0} \frac{e^{x^3}-1}{x^3}=\boxed{1}$$

9-19

Maclaurin series for $e^{x^3}\cdot\frac{1}{(1-x)}$

▶ $[1+x^3+\frac{x^6}{2!}+\frac{x^9}{3!}+\cdots]\cdot[1+x+x^2+\cdots]$

$=\boxed{1+x+x^2+2x^3+2x^4+\cdots}$

9-20

Approximate sin 47° to six decimal place (remaimder less than 0.0000005).

▶ Talyer series about $x=45°=\frac{\pi}{4}$

$$f(a)+f'(a)(x-a)\frac{f''(a)}{2!}(x-a)^2+\frac{f'''(a)}{3!}(x-a)^3+\frac{f''''(a)}{4!}(x-a)^4\cdots$$

$f\left(\frac{\pi}{4}\right)=\frac{\sqrt{2}}{2}$

$f'(x)=\cos\left(\frac{\pi}{4}\right)=\frac{\sqrt{2}}{2}$

$f''(x)=(\cos x)'=-\sin x=-\frac{\sqrt{2}}{2}$

$f'''(x)=(-\sin x)'=-\cos x=-\frac{\sqrt{2}}{2}$

$$=f\left(\frac{\pi}{4}\right)+f'\left(\frac{\pi}{4}\right)\left(x-\frac{\pi}{4}\right)+\frac{f''\left(\frac{\pi}{4}\right)\left(x-\frac{\pi}{4}\right)^2}{2!}+\cdots$$

$$+\frac{f^n\left(\frac{\pi}{4}\right)}{n!}\left(x-\frac{\pi}{4}\right)^n+\boxed{\frac{f^{n+1}(\bigstar)}{(n+1)!}\left(x-\frac{\pi}{4}\right)^{n+1}}$$

$$|R_n|=\left|\frac{1}{(n+1)!}\left(\frac{\pi}{4}+\frac{\pi}{90}-\frac{\pi}{4}\right)^{n+1}\right|<0.0000005$$

($\frac{\pi}{4}+\frac{\pi}{90}$ → 47°)

$$\left|\frac{\left(\frac{\pi}{90}\right)^{n+1}}{(n+1)!}\right|<0.0000005$$

$n=2$ → 0.00000709(×)

$n=3$ → 0.00000006(○)

$\left(\frac{\pi}{4}+\frac{\pi}{90}-\frac{\pi}{4}\right)$

$$\sin 47°=\frac{\sqrt{2}}{2}+\frac{\sqrt{2}}{2}\left(\frac{\pi}{90}\right)+\frac{\left(-\frac{\sqrt{2}}{2}\right)}{2!}\cdot\left(\frac{\pi}{90}\right)^2+\frac{\left(-\frac{\sqrt{2}}{2}\right)}{3!}\cdot\left(\frac{\pi}{90}\right)^3$$

$=0.73178946+(-0.00043079)+(-0.0000059)$

$=\boxed{0.731354}$

Chapter 10 Polar Coordinates & Vector-Valued Function

10-01

Find the area of $r=\sin 2\theta$.

▶ $4\int_0^{\frac{\pi}{2}} \frac{1}{2}(\sin 2\theta)^2 d\theta$

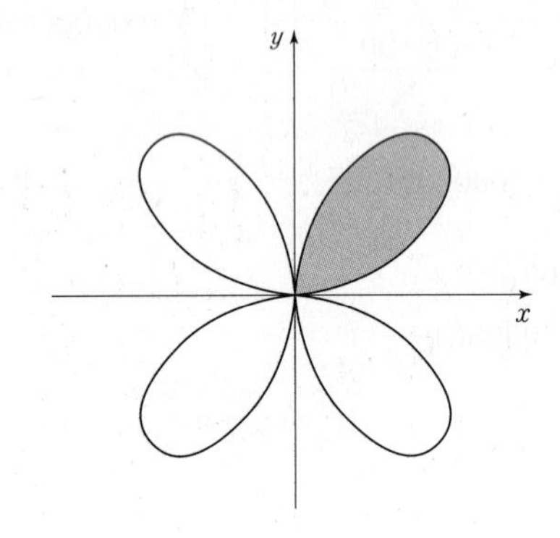

θ	0	$\frac{\pi}{6}$	$\frac{\pi}{3}$	$\frac{\pi}{2}$
$r=\sin 2\theta$	0	0.866	0.866	0

$$2\int_0^{\frac{\pi}{2}} \sin^2(2\theta)\,d\theta \quad \leftarrow \begin{pmatrix} \cos 2A = 1-2\sin^2 A \\ \sin^2 A = \dfrac{1-\cos 2A}{2} \end{pmatrix}$$

$$2\int_0^{\frac{\pi}{2}} \frac{1-\cos 4\theta}{2}\,d\theta$$

$$\begin{aligned} \int_0^{\frac{\pi}{2}} 1-\cos 4\theta\, d\theta &= \int_0^{\frac{\pi}{2}} d\theta - \int_0^{\frac{\pi}{2}} \cos(4\theta)\,d\theta \\ &= [\theta]_0^{\frac{\pi}{2}} - \frac{1}{4}\int_0^{\frac{\pi}{2}} \cos u \frac{du}{d\theta}\,d\theta \\ &= \frac{\pi}{2} - \frac{1}{4}[\sin 4\theta]_0^{\frac{\pi}{2}} \\ &= \boxed{\frac{\pi}{2}} \end{aligned}$$